DIGITAL CIRCUIT

디지털 회로 입문

호리 케이타로 지음 | 박승만 옮김

日本 옴사 · 성안당 공동 출간

디지털 회로 입문

Original Japanese edition
SHINDENKI BIGINAA SHIRIIZU HAJIMETE MANABU DEIJITARU KAIRO
NYUUMON BIGINAA KYOUSHITSU
by Keitarou Hori
copyright © 1998 by Keitarou Hori
published by Ohmsha, Ltd.

This Korean language edition is co-published by Ohmsha, Ltd. and SEONG AN
DANG Publishing Co.
Copyright © 1999
All rights reserved.

이 책의 목표

음악 팬들에게는 레코드판이 CD로 대체되어졌고, 또한 컴퓨터는 일반가정에까지도 널리 보급되어 있다.

오늘날의 세계는 그야말로 디지털 시대라 할 수 있으며, 이런 시대적 배경에 따라 전기에 대해 배우려는 사람들에게는 디지털 회로가 필수적인 기술임은 말할 필요도 없다.

현재 시중에는 디지털 회로에 관련된 전문서적이 대량으로 출판되고 있으나, 쉽게 손대기 어려운 디지털 회로를 초보자가 독학으로 배우기에는 일방적인 설명에만 치우쳐 있어 금방 싫증나버리는 경우가 많다.

이 책은 저자가 실제로 공업계 고등학생에게 디지털 회로를 가르쳐 본 경험을 바탕으로, 두 명의 학생에게 설명하는 형식으로 구성되어 있다. 학생 두 명이 문제를 풀어가는 과정이나 그 과정에서 생기는 의문점의 대부분은 독자가 학습해 가면서 한번쯤 경험한 것들일 것이다.

이러한 형식으로 집필된 본서를 접하게 됨으로써 마치 교실에서 다른 급우들과 함께 수업받는 듯한 느낌으로 학습해 갈 수 있으리라 생각한다. 초보자라면 독학의 외로움을 과감히 떨쳐버리고 즐겁게 한번 배워 보도록 하자. 이 책은 그림으로 해설하는 부분이 많아 내용을 쉽게 이해할 수 있도록 배려하였다.

한편, 각 장의 끝에 실험 코너가 있는 것도 이 책의 특징이다. 실험은 이론을 확실하게 이해하는 데 있어 필수적이다. 귀찮다고 생각치 말고 직접 납땜 인두를 손에 잡고 실험해 보면서 디지털 회로에 대해 깊이 이해해 보도록 하자.

이 책은 처음으로 디지털 회로를 배우려는 초보자를 대상으로 쓴 것이기는 하지만, 내용에는 다소 욕심을 냈으므로 이 책을 이용함으로써 디지털 회로에 관한 기초 지식을 충분히 습득할 수 있을 것으로 기대한다.

東京都立藏前 공업고등학교 교사

堀 桂太郎

차 례

제 1 장 기초 이론을 마스터하자

제 2 장 디지털 IC를 마스터하자

그림으로 보는 디지털 회로

〈AND회로〉 〔예〕
- 입력 : a접점의 직렬
- 출력 : a접점

$Z = X_1 \cdot X_2$

〈OR회로〉 〔예〕
- 입력 : a접점의 병렬
- 출력 : a접점

$Z = X_1 + X_2$

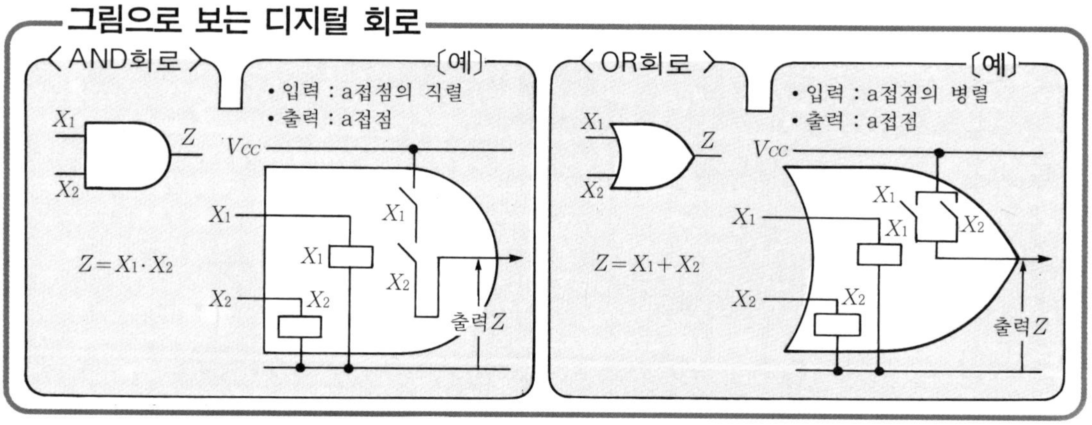

〈NOT회로〉 ────── 〔예〕──

• 출력 : b접점

X ▷○ Z　Vcc

$Z = \overline{X}$　X　X　$\overline{X}$

출력 Z

〈NAND회로〉

• 입력 : a접점의 직렬
• 출력 : b접점

X_1
X_2
Z

$Z = \overline{X_1 \cdot X_2}$

〈NOR회로〉

• 입력 : a접점의 병렬
• 출력 : b접점

X_1
X_2
Z

$Z = \overline{X_1 + X_2}$

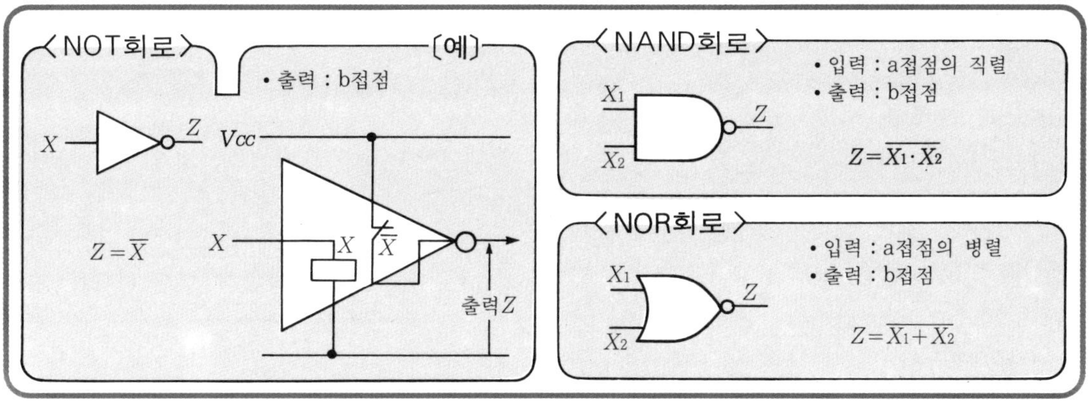

제 6 장 **계수회로를 마스터하자**

제 1 장

기초 이론을 마스터하자

디지털 회로에는 제일 먼저 배워두어야 할 기초 이론이 있다. 디지털 회로에 대해 배울 때, 기초 이론을 뛰어넘어 처음부터 여러 가지 회로를 배워 보는 것도 나쁘지는 않을 것이다. 그러나 회로를 약간 변경하고 싶을 때나 예상대로 회로가 동작하지 않을 때 해결의 열쇠가 되는 것은 역시 기초 이론에 관한 지식뿐이다.

같은 동작을 하는 회로라도 몇 가지 방법을 생각해 볼 수 있다. 그럴 경우, 기초 이론을 확실히 이해해 두면 가장 간단하고도 경제적인 회로를 택할 수 있게 된다.

귀찮다고 기초 이론을 뛰어넘어 공부를 시작해 보았자 결국은 앞으로 더 나가지도 못하고 제자리로 돌아오게 될 것이다.

디지털 회로를 배우는 데 있어 중요한 기초 이론은 2진수를 이해하는 것과 진리표와 논리식을 이해하는 데 있다. 더불어 논리식에 관한 지식에는 드모르강(De Morgan)의 정리나 카르노맵 (Karnaugh map) 등이 있다.

디지털 회로는 애매모호함을 용납치 않는 0이나 1의 확실한 세계이다. 다시 말해 규칙대로 하는 한 가장 명료한 세계인 것이다.

이 장에서는 디지털 회로에 필요한 기초 이론을 쉽게 설명하고 있다. 이론이나 수식이 벅차다고 생각하지 말고 편안한 마음으로 배워 보도록 하자.

❶ 디지털과 아날로그

디지털 방식의 이점을 이해하자

◗ 디지털 시계와 아날로그 시계

박사　여러분의 손목시계는 디지털식입니까? 아날로그식입니까?

학생 1　제 시계는 디지털식입니다.

학생 2　제 시계는 아날로그식입니다.

박사　시각이 직접 숫자로 표시된 것이 디지털식이고, 바늘로 시간을 가리키는 것이 아날로그식이지요. 그럼 시간을 물었을 때 "지금은 몇 시 몇 분입니다"라고 대답하는 경우를 생각해 봅시다. 각각의 시계 외관은 다음과 같습니다.

디지털 시계　　　아날로그 시계

학생 1　제 디지털 시계로는 지금 6시 12분입니다.

학생 2　제 아날로그 시계는, 음~ 지금 6시 12분과 13분 사이를 가리키고 있습니다.

박사　위의 디지털 시계에서는 6시 12분 다음은 6시 13분이고, 그 사이에는 없습니다. 이 예와 같이 디지털이란 상태를 단속적으로 표시하는 것이고, 아날로그란 상태를 연속적으로 표시하는 것이다.

◗ 카세트 테이프와 콤팩트 디스크

박사　음악을 카세트 테이프에 녹음하는 경우를 생각해 봅시다.

가수의 목소리는 공기중을 전달해 가는 아날로그 신호입니다. 이 음성은 마이크를 통

해 아날로그 전기신호로 바뀌고, 자기 헤드
를 거쳐 카세트 테이프에 녹음됩니다.

학생 1 즉, 이 카세트 테이프에는 음악이
아날로그 형식의 정보로 기록되어 있는 것이
군요.

박사 그렇습니다. 옛날 레코드판도 마찬
가지지요. 다음은 CD(콤팩트 디
스크)를 생각해 봅시다. 가수의 음
성을 마이크를 통해 아날로그 전기신호로 변환
하기까지는 앞의 과정과 같습니다.

그러나 CD에서는 이 아날로그 신호를 디지
털 신호(0과 1만으로 된 신호)로 변환시킨 후
기록하게 됩니다.

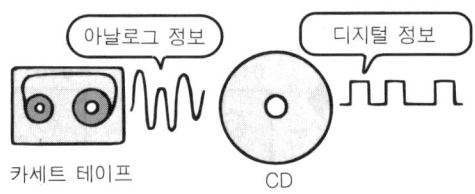

즉, CD에는 음악이 디지털 형식의 정보로
기록되어 있는 것이지요.

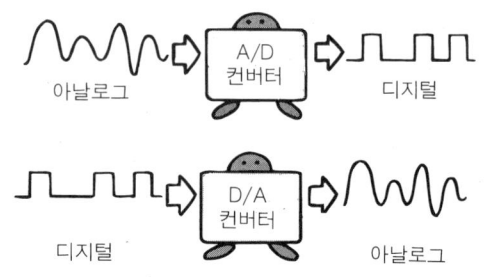

디지털 신호라는 것은 0과 1의 두 개의 데
이터만으로 이루어진 신호입니다.

학생 2 아날로그 신호를 디지털 신호로 변
환할 수 있습니까?

박사 가능합니다. 아날로그 신호를 디
지털 신호로 변환하는 회로를
A/D 컨버터, 디지털 신호를 아날로그 신호
로 변환하는 회로를 D/A 컨버터라 하고,
여러 가지 방식의 회로가 고안되어 있습니다.

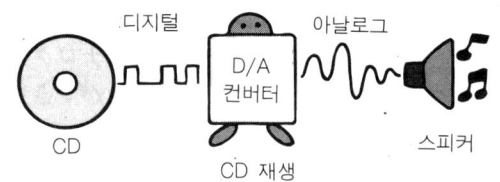

음악을 CD에 기록할 때는 A/D 컨버터를
사용하지만, 반대로 CD로 기록된 음악을 재
생할 때는 D/A 컨버터가 사용됩니다.

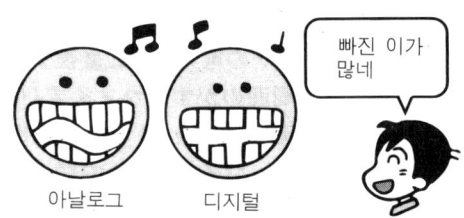

학생 1 원래는 연속적인 아날로그 신호로
된 가수의 음성을 0과 1의 단속적인 디지털
신호로 변환하면, 그 최초의 매끄러운 음성
데이터가 완전한 형태를 갖추기가 어렵지 않
겠습니까?

박사 걱정할 필요가 없습니다. 아날로
그 신호를 디지털 신호로 변환해
도, 원래의 데이터를 완전하게 재현할 수 있
는 이론이 있지요(표본화 정리라고 합니다).

학생 2   디지털과 아날로그와의 차이를 잘 알게 되었는데, 그러면 어느 쪽이 더 우수한지요?

박사   각각 장점과 단점이 있습니다. 예를 들어 음악을 아날로그 신호로 기록하는 카세트 테이프는 녹음 및 재생을 위한 회로는 간단하지만 음질은 디지털 방식보다 떨어집니다.

카세트 테이프   CD
(아날로그식)   (디지털식)

반대로 음악을 디지털 신호로 기록하는 CD에서는 재생하는데 있어 D/A 컨버터 등이 필요하고 회로가 복잡하지만, 아날로그 방식에 비해 고음질의 음악을 즐길 수 있습니다.

학생 1   왜 디지털 방식쪽이 음질이 좋습니까?

박사   그럼, 디지털 방식의 우수한 점을 알아 봅시다.

노이즈라는 단어를 들어본 적이 있습니까? 잡음이란 의미이지요. 노이즈는 우리들 주변 각처에 숨어 있습니다. 마이크를 사용해 음성신호를 아날로그 전기신호로 변환하는 경우라도, 예컨대 주위의 희미한 잡음(몸을 움직이는 소리나 공기가 흐르는 소리 등)을 완전하게 막는 것은 불가능합니다. 마이크 자체

도 내부에서 노이즈가 발생되고 있고 전기신호를 증폭하는 트랜지스터도 내부에서 노이즈가 발생되고 있습니다.

노이즈, 손실은 어디에도 있다.…

이런 노이즈의 영향으로 원래의 신호는 본래의 모습이 망가져 버립니다. 또 신호가 전기회로속을 전달해 갈 때는 도선이 가진 전기저항 등에 의해 크기가 약해집니다. 이것을 손실이라 부릅니다.

아날로그 신호는 특히 노이즈나 손실의 영향을 받기 쉽지요.

그러나 0이나 1로 이루어진 디지털 신호에서는 노이즈나 손실에 의해 0의 신호가 1로 바뀌어 버리거나 반대로 1이었던 신호가 0으로 바뀌어 버리는 경우는 거의 생각할 수 없습니다. 즉, 아날로그 신호보다 노이즈나 손실에 강하다는 것이지요.

학생 2   음악 카세트 테이프를 아래와 같이 몇 번이고 계속해서 복사하면 점점 음질이 떨어지는 것은 바로 노이즈나 손실 때문이군요.

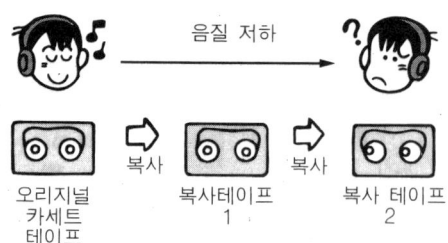

학생 1 한편 디지털 방식의 정보는 몇 번이고 복사해도 원래의 상태가 변하지 않습니다.

컴퓨터와 디지털 신호

박사 컴퓨터에 의한 정보 처리에는 디지털 신호가 사용되고 있습니다.

디지털 신호의 세계에서는 신호는 0과 1 두 가지 상태밖에 없습니다.

전압이 없는 상태를 0, 전압이 있는 상태를 1로 해서 두 가지 상태를 구별하고 있습니다.

우리들이 보통 사용하고 있는 숫자는 '0, 1, 2, 3, 4, 5, 6, 7, 8, 9'의 10개, 10진수입니다.

한편, 디지털 세계에서 사용되는 숫자는 '0, 1' 2개, 이것을 2진수라고 합니다. 컴퓨터에서는 2진수를 사용하여 정보 처리를 하게 되지요.

학생 2 0과 1밖에 없는 세계에서 어떻게 일반적인 계산, 예컨대 $5+8=13$이 가능합니까?

박사 컴퓨터는 2진수의 계산밖에 할 수 없습니다. 따라서 입력된 10진수의 데이터를 2진수로 변환시킨 후 계산하여 결과를 다시 10진수로 되돌린 후 출력하게 되지요.

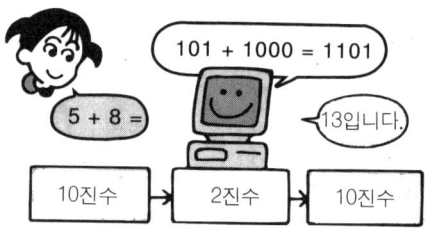

학생 1 이런! 번거롭군요.

그대로 10진수로 계산할 수는 없습니까?

전압의 유무 상태만 구별하는 것이라면 2진수이지만, 전압이 없는 상태를 0, 전압이 1볼트인 상태를 1, 전압이 2볼트인 상태를 2, 마찬가지로 아래와 같이 해서 전압이 9볼트인 상태를 9로 정하면 10진수의 세계를 만들 수 있지 않습니까?

0	0볼트	5	5볼트
1	1볼트	6	6볼트
2	2볼트	7	7볼트
3	3볼트	8	8볼트
4	4볼트	9	9볼트

박사　좋은 의견입니다. 확실히 이론상에서는 학생이 말한 대로입니다만 각 상태의 차가 1볼트인 것만으로는 노이즈나 손실 때문에 정확하고 안정하게 10가지 상태를 구별하기란 불가능합니다. 그렇다고 해서 각 상태의 전압 차를 크게 해가는 높은 전압을 다루는 일이 되어 실용적인 회로를 만들 수 없습니다. 또한 10가지 상태를 구별하는 회로는 두 가지 상태를 구별하는 회로보다 훨씬 복잡합니다.

이와 같은 이유에서 디지털 세계에서는 0과 1, 즉 2진수를 사용하고 있습니다. 통상적인 디지털 회로에서는 전압이 0볼트인 상태를 0(또는 L), 전압이 5볼트인 상태를 1(또는 H)로 하고 있습니다.

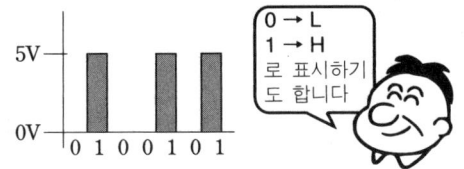

확인문제

〖문제 1〗　디지털 신호와 아날로그 신호의 차이는?

〖문제 2〗　PC의 플로피 디스크에 기록한 데이터는 열화하는 일없이 몇 번이라도 복사가 가능한데, 그 이유는?

☞ **답**

1. 디지털 신호는 0이나 1의 단속적인 신호, 아날로그 신호는 수많은 값을 가진 연속적인 신호이다.
2. 플로피 디스크의 데이터는 디지털 신호로 노이즈나 손실에 강하다.

❷ 2진수의 세계

0과 1의 세계에 익숙해지자

2진수의 셈 방법

박사 　2진수는 0, 1로 세면 다음은 자리올림하여 10이 되는 셈 방법입니다. 이때 이 10은 '십' 이라 읽지 않는데, 이유는 '십' 은 10진수의 10이기 때문이지요. 2진수로 10은 '일영' 이라 읽습니다.

학생 1 　읽는 법은 알았습니다만 숫자를 보는 것만으로 그것이 몇 진수인지 구별할 수 있습니까?

박사 　몇 진수인지 명확히 나타내기 위해 아래와 같은 규칙을 적용합니다.

$(1011)_2$ ← 2진수라는 의미

$(127)_{16}$ ← 16진수라는 의미

1011 　　← 10진수는 그대로

1011B 　← 2진수를 Binary (바이너리) 라하여 그 머리글자를 딴다.

156H 　← 16진수는 Hexadecimal

2진수와 16진수

박사 　예컨대 10진수의 138은 2진수로는 10001010이 됩니다. 138이

이 정도로 긴 데 더 큰 수일 경우는 0과 1이 더욱 길게 배열되겠지요. 물론 디지털 회로에서는 이 2진수가 기본입니다만, 우리 사람에게 있어서는 긴 2진수 표현은 다루기가 매우 어려운 법이지요. 틀리기 쉬운 원인이 되기도 합니다.

한편, 16진수라는 것은 긴 2진수를 간결하게 표현하는데 적합합니다. 따라서 컴퓨터 회로 등에서는 16진수 표시도 잘 사용되고 있습니다.

학생 1 　2진수에서는 0과 1, 10진수에서는 0에서 9까지의 숫자를 사용했는데 16진수에서는 어떻게 합니까?

박사 　16진수에서는 0에서 시작하여 0, 1, 2, 3, …으로 16개의 숫자가 필요합니다. 그러나 우리들은 최고 9까지의 숫자밖에 사용할 수 없습니다. 따라서 9 이상의 숫자를 대신하여 알파벳을 사용합니다.

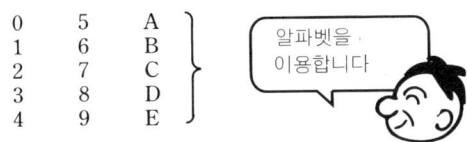

0	5	A
1	6	B
2	7	C
3	8	D
4	9	E

학생 2　즉 16진수에서는 F 다음이 10(일영)이 되는 것이군요.

박사　그렇습니다. 각 진수의 대응표는 다음과 같습니다.

10진수	2진수	16진수
0	0	0
1	1	1
2	10	2
3	11	3
4	100	4
5	101	5
6	110	6
7	111	7
8	1000	8
9	1001	9
10	1010	A
11	1011	B
12	1100	C
13	1101	D
14	1110	E
15	1111	F
16	10000	10
17	10001	11

비트란?

학생 1　'비트'란 무엇입니까?

박사　비트라는 것은 자리를 말합니다. 예컨대 1비트는 1자리를 말하기 때문에 네모난 되가 하나 있다고 생각할 수 있습니다. 2진수의 세계에서는, 숫자는 0과 1 두 개로만 되어 있기 때문에 이 되 안에 넣는 숫자는 0이나 1 중 어느 것인가 밖에 없

습니다. 즉 1비트로는 두 가지 정보를 표현할 수 있습니다.

학생 2　2비트라면 되가 두 개 있다고 볼 수 있으므로 4가지 정보를 표현할 수 있겠군요.

박사　어떤 비트 수로 몇 가지의 정보를 표현할 수 있는지는 다음과 같이 계산할 수 있습니다.

2 비트　(예) 3비트
$$2^3 = 2 \times 2 \times 2 = 8가지$$

또, 8비트를 1바이트, 1024바이트를 1킬로바이트, 1024킬로바이트를 1메가바이트라 합니다.

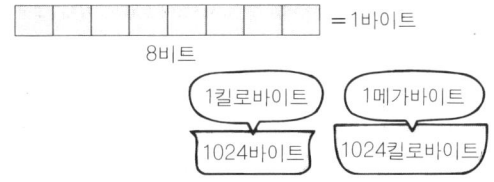

2진수 계산에 익숙해지자

박사　수의 표현에 대해서는 거의 알게 된 것 같으므로, 여기서 간단한 2진수 계산을 연습해 보자. 우선 덧셈부터 해본다.

〘문제 1〛　다음 2진수의 덧셈을 하여라
1011＋1110

☞ 답
```
   1011
+) 1110
  11001
```
자리올림

학생 1 익숙하지 않으면 $1+1$을 무심코 2 라 할 수도 있겠지만, 침착하게 하면 간단하군요.

〖문제 2〗 다음 2진수의 뺄셈을 하여라.
$$1110-1011$$

☞ **답**

$$
\begin{array}{r}
\overset{\frown}{1}\,\overset{\frown}{1}\,\overset{}{1}\,0 \quad \text{빌림}\\
-)\ 1\ 0\ 1\ 1\\
\hline
0\ 0\ 1\ 1
\end{array}
$$

〖문제 3〗 다음 2진수의 곱셈을 하여라.
$$1110\times1011$$

☞ **답**

$$
\begin{array}{r}
1110\\
\times)\ 1011\\
\hline
1110\\
1110\\
0000\\
1110\\
\hline
10011010
\end{array}
$$

학생 2 10진수의 곱셈과 같지만 덧셈을 할 때 자리올림에 주의하지 않으면 깜박 틀리게 되겠네요.

● 2진수를 10진수로 변환한다

박사 그러면 2진수를 10진수로 변환하는 방법에 대해 공부해 봅시다. 564라는 10진수에 대해 생각해 보면, 이 564는 아래와 같이 되어 있다고 생각할 수 있습니다.

$$564=5\times10^2+6\times10^1+4\times10^0$$
$$=\ \ 500\ +\ \ 60\ \ +\ \ 4$$

학생 2 각 자리의 숫자, 여기서는 5, 6, 4란 수에 자리마다의 가중치를 곱하고 있군요.

$$
\begin{array}{ccc}
100\ \text{자리} & 10\,\text{자리} & 1\ \text{자리}\\
5 & 6 & 4\\
5\times100 & 6\times10 & 4\times1\\
5\times10^2 & 6\times10^1 & 4\times10^0
\end{array}
$$

기수

학생 1 각 자리마다 가중치는 다음과 같습니다.

$$1의\ 자리\cdots\cdots\cdots10^0$$
$$10의\ 자리\cdots\cdots\cdots10^1$$
$$100의\ 자리\cdots\cdots\cdots10^2$$

박사 그렇습니다. 10진수를 다루고 있기 때문에 가중치의 기수(基數)는 10이 됩니다.

2진수를 10진수로 변환할 때는 이 방식을 이용합니다.

1101이란 2진수에 대해 생각해 봅시다.

학생 2 지금 배운 방법으로 $(1101)_2$를 나타내면 아래와 같이 되겠군요.

$$(1101)_2=1\times2^3+1\times2^2+0\times2^1+1\times2^0$$
$$=8\ +\ 4\ +\ 0\ +\ 1=13$$

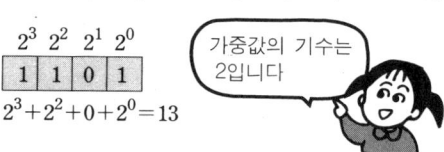

즉 $(1101)_2=(13)_{10}$이 되겠군요.

박사 그렇습니다. 이 방법으로 2진수를 10진수로 변환할 수 있습니다. 가중치의 기수가 2인 점에 주의하기 바랍니다.

〖문제 4〗 다음 2진수를 10진수로 변환하여라.
① 10110　　② 11011110

학생 1 5비트의 2진수 각 비트의 가중치는 다음과 같이 되겠군요.

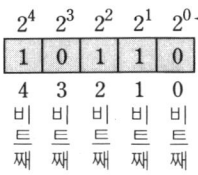

☞ 답

① $1 \times 2^4 + 0 \times 2^3 + 1 \times 2^2 + 1 \times 2^1 + 0 \times 2^0$
   $= 22$

② $1 \times 2^7 + 1 \times 2^6 + 0 \times 2^5 + 1 \times 2^4 + 1 \times 2^3$
   $+ 1 \times 2^2 + 1 \times 2^1 + 0 \times 2^0$
   $= 128 + 64 + 16 + 8 + 4 + 2 = 222$

16진수를 10진수로 변환한다

학생 2   2진수를 10진수로 변환하는 방법을 알았습니다. 16진수를 10진수로 변환하는 것도 같은 방법으로 할 수 있을 것 같은데요.

박사   바로 그렇습니다. 어떤 수를 10진수로 변환하는 것은 항상 같은 방식대로 합니다. 단, 수에 따라 기수를 바꾸기만 하면 됩니다. 예로 16진수 2A6E를 10진수로 변환해 봅시다.

$$(2A6E)_{16} = 2 \times 16^3 + 10 \times 16^2 + 6 \times 16^1$$
$$+ 14 \times 16^0$$
$$= 4096 + 2560 + 96 + 14$$
$$= (6766)_{10}$$

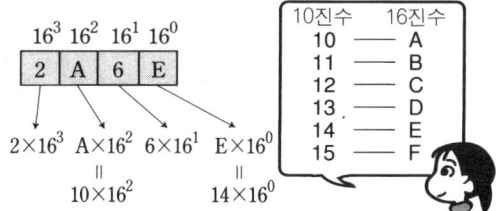

10진수를 2진수로 변환한다

박사   이번에는 10진수를 2진수로 변환하는 방법을 배워 보겠습니다. 그

예로 10진수 564를 2진수로 변환해 봅시다.
먼저 564를 2로 나눕니다. 계속해서 답을 2로 나누어 갑니다.

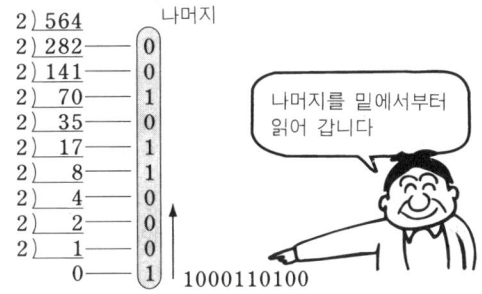

나눈 답이 0이 되었을 때, 지금까지의 나머지(0이나 1)를 밑에서부터 차례로 읽어 나가면 2진수로 변환시킨 결과가 됩니다.
즉 답은 $(1000110100)_2$입니다.

학생 1   제가 한번 10진수 1029를 2진수로 변환해 보겠습니다.

답은 $(10000000101)_2$입니다.

박사   그러면 10진수를 16진수로 변환하는 방법을 알겠습니까?

학생 1   예! 10진수를 16으로 나누어 그 나머지를 밑에서부터 나열하면 됩니다.

학생 2   그럼 제가 10진수 564를 16진수로 변환해 보겠습니다.

```
16)564     나머지
16) 35 ── 4 ┐
16)  2 ── 3 │ 234
      0 ── 2 ┘
```
16진수로 변환할 때는 16으로 나누어 갑니다.

답은 $(234)_{16}$이 되었습니다.

(234)$_{16}$을 10진수로 되돌려 보겠습니다.
$$2 \times 16^2 + 3 \times 16^1 + 4 \times 16^0 = 512 + 48 + 4$$
$$= 564$$

2진수⇔16진수의 변환

박사 다음에 2진수⇔16진수의 변환을 배워 봅시다. 2진수를 16진수로 변환할 수 있습니까?

학생 1 할 수 있습니다. 2진수를 일단 10진수로 변환하고 그것을 16진수로 변환하면 되겠지요.

$$\boxed{2진수} \Longrightarrow \boxed{10진수} \Longrightarrow \boxed{16진수}$$

박사 물론 그렇게 해도 변환할 수 있지만 10진수를 거치지 않고 직접 변환하는 방법이 있습니다. 2진수 1000110100을 예로 들어 보면, 이 2진수는 10비트입니다. 가장 가중치가 작은(오른쪽) 비트를 최하위 비트(LBS), 가장 가중치가 큰(왼쪽) 비트를 최상위 비트(MSB)라 합니다.

최상위 비트
(MSB)

최하위 비트
(LSB)

1	0	0	0	1	1	0	1	0	0

그럼, 2진수를 최하위 비트부터 4비트마다 잘라 나갑니다.

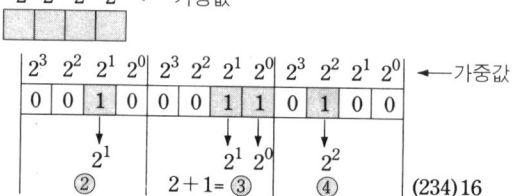

잘라낸 4비트마다 다음의 가중값을 생각해서 16진수로 변환해 갑니다.

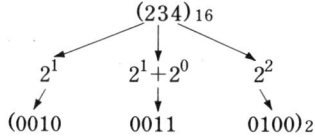

이것으로 됐습니다. 답은 (234)$_{16}$입니다.

역으로 16진수를 2진수로 변환할 때는, 16진수의 각 비트를 4비트의 2진수로 변환해 갑니다.

(234)$_{16}$

2^1 $2^1 + 2^0$ 2^2

(0010   0011   0100)$_2$

4비트의 8, 4, 2, 1의 가중치를 조합하여 2진수를 만드는 것입니다.

2^3 2^2 2^1 2^0 ← 각 비트의 가중값

8	4	2	1

박사 이렇게 2진수와 16진수간은 가장 간단하게 변환할 수 있습니다.

확인문제

《문제 1》 다음의 진수 변환을 하여라.
　① (281)$_{10}$→2진수　　② (10111)$_2$→10진수　　③ (AD4)$_{16}$→10진수

☞ **답**

① 100011001　　② $2^4 + 2^2 + 2^1 + 2^0 = 23$　　③ $10 \times 16^2 + 13 \times 16^1 + 4 \times 16^0 = 2772$

❸ 기본 게이트 회로(1)

게이트는 신호가 통과하는 문

게이트 회로

박사　디지털 회로를 구성하는 기본 요소가 게이트입니다. 게이트는 입력된 데이터에 따라 출력 데이터를 결정하는 회로입니다.

학생 2　게이트(gate)란 문이란 의미이지요.

학생 1　게이트는 디지털 신호가 빠져나가는 문으로 생각하여 이렇게 부르는 것이군요.

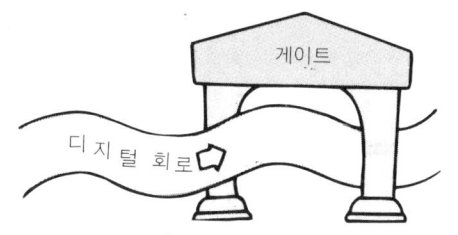

박사　그렇습니다. 디지털 신호는 0이나 1의 어느 것인가밖에 없습니다.

따라서 게이트 회로의 입력 데이터, 출력 데이터도 0이나 1 중의 하나입니다.

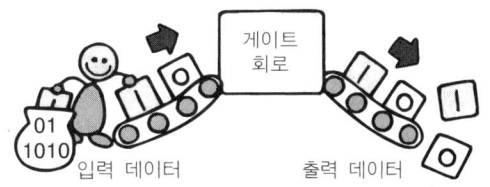

여러분이 처음으로 배우게 될 게이트 회로는 AND(앤드) 회로, OR(오어) 회로, NOT(낫) 회로 3가지입니다. 이들 게이트 회로는 디지털 회로를 구성하는 가장 중요한 요소입니다.

아무리 복잡해 보이는 디지털 회로라도 세밀하게 분할해서 생각해 보면, 결국은 이들 세 가지 게이트로 구성되어 있다고도 볼 수 있습니다.

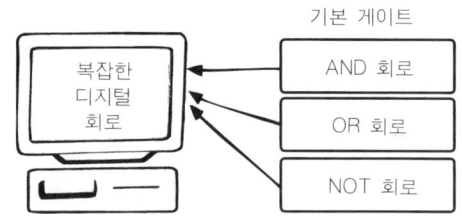

기본 게이트

복잡한 디지털 회로 ← AND 회로 / OR 회로 / NOT 회로

▶ AND 회로

박사 AND 회로부터 배워 봅시다.

AND 회로의 그림 기호를 살펴 봅시다.

입력 A / B — 출력 X

AND 회로

AND 회로는 입력된 두 개의 데이터를 곱한 결과를 출력합니다.

다루는 데이터가 2종류(0이나 1)이고, 입력핀이 2개라면 4가지의 입력을 생각해 볼 수 있겠지요.

A	B
0	0

A	B
0	1

A	B
1	0

A	B
1	1

2^2=4가지의 조합이 있습니다

각각의 경우 AND 회로는 다음과 같이 동작합니다.

0→A / 0→B — X→0 입력 출력

0→A / 1→B — X→0 입력 출력

1→A / 0→B — X→0 입력 출력

1→A / 1→B — X→1 입력 출력

박사 AND 회로의 입력과 출력 관계를 이해하겠습니까?

학생 1 AND 회로의 입력 데이터와 출력 데이터의 관계를 표로 나타내 보겠습니다.

입 력		출 력
A	B	X
0	0	0
0	1	0
1	0	0
1	1	1

진리표라 합니다

박사 이와 같은 표를 진리표라 합니다.

진리표는 디지털 회로를 생각하는 데 있어 강력한 무기가 됩니다. 실제 회로와의 대응 관계를 보면, 전압이 없을 때를 0, 전압이 있을 때를 1로 하는 정논리와, 전압이 없을 때를 1, 전압이 있을 때를 0으로 하는 부논리 두 가지 형태가 있습니다.

	OFF 전압 없음	ON 전압 있음
정논리	0	1
부논리	1	0

학생 2 항상 AND 회로의 출력은 하나이고 입력은 두 개입니까?

박사 출력은 항상 1개뿐지만 입력은 3개 이상인 AND 회로도 있습니다.

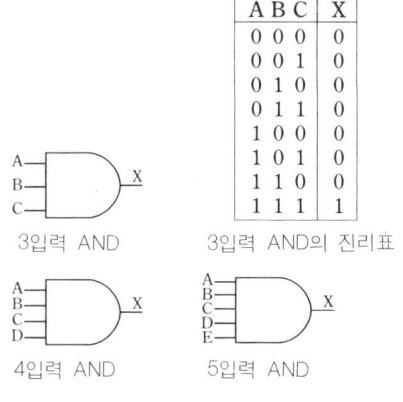

A B C	X
0 0 0	0
0 0 1	0
0 1 0	0
0 1 1	0
1 0 0	0
1 0 1	0
1 1 0	0
1 1 1	1

3입력 AND

3입력 AND의 진리표

4입력 AND

5입력 AND

학생 1 입력핀의 수가 증가해도 입력 데이터를 곱한 결과를 출력하는 기능은 같군요.

박사　AND는 '논리곱'이라고도 합니다. 2입력 AND 회로의 입력과 출력의 관계는 논리식으로 「X＝A·B」로 표시합니다.

　AND 회로를 스위치 회로로 나타내면 다음과 같이 생각할 수 있습니다.

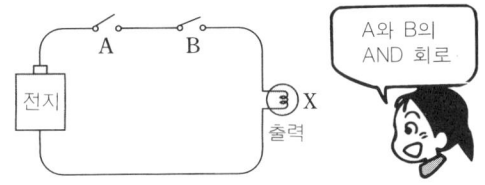

　모든 스위치 회로를 ON(1)으로 했을 때만 출력에 전압이 나타납니다.

　AND 회로는 AND 게이트라 부르는 경우도 있습니다.

OR 회로

박사　다음은 OR 회로의 그림 기호를 살펴 봅시다.

입력 A B ─ X 출력

OR 회로

　OR 회로는 입력된 두 개의 데이터를 합한 결과를 출력으로 합니다.

[0]→A [0]→B → X →[0]　입력　출력
[0]→A [1]→B → X →[1]　입력　출력

[1]→A [0]→B → X →[1]　입력　출력
[1]→A [1]→B → X →[1]　입력　출력

박사　OR 회로의 관계는 어떠한가?

학생 1　이런! A와 B 양쪽에 1이 입력되

었을 때는 $1+1=2$가 아닌가!

학생 2　디지털 회로의 세계에서는 데이터는 0이나 1의 어느 것인가이므로 2란 결과는 없게 되지요.

박사　디지털 회로에서는 $1+1=1$이라고 생각합니다. 마찬가지로 $1+1+1=1$이 되는 것에 주의합시다.

학생 1　OR 회로의 입력 데이터와 출력 데이터의 관계를 진리표로 나타내 보겠습니다.

입　력		출　력
A	B	X
0	0	0
0	1	1
1	0	1
1	1	1

OR 회로의 진리표

박사　OR 회로도 AND 회로와 마찬가지로 출력은 모두 1개뿐이지만 입력은 3개 이상인 회로도 있습니다.

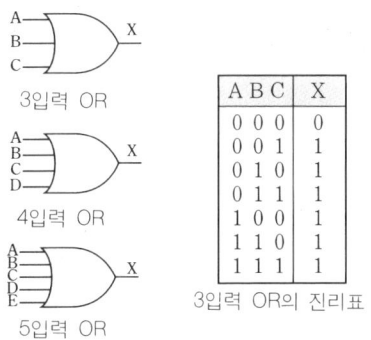

3입력 OR

4입력 OR

5입력 OR

A B C	X
0 0 0	0
0 0 1	1
0 1 0	1
0 1 1	1
1 0 0	1
1 1 0	1
1 1 1	1

3입력 OR의 진리표

학생 1　입력핀의 수가 증가해도 입력 데이터를 합한 결과를 출력하는 기능은 같군요 (단, $1+1=1$).

박사　OR은 '논리합'이라 부르고 있습니다. 2입력 OR 회로의 입력과 출력 관계는 논리식으로 「X＝A＋B」로 표시합니다.

　OR 회로를 스위치 회로로 나타내면 아래와 같이 생각할 수 있습니다.

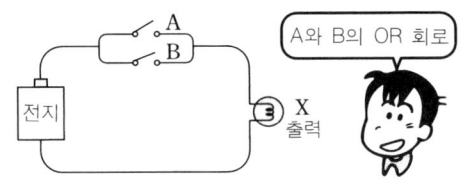

적어도 어느 하나의 스위치를 ON(1)으로 하면 출력에 전압이 나타납니다.

OR 회로는 OR 게이트라 부르는 경우도 있습니다.

학생 1   NOT 회로의 입력 데이터와 출력 데이터의 관계를 진리표로 나타내 보겠습니다.

입력	출력
A	X
0	1
1	0

NOT 회로

박사   NOT은 부정입니다. 0이나 1밖에 없는 세계에서 그 어느 하나를 선택할 경우, 0을 부정하면 1이 선택되고 1을 부정하면 0이 선택됩니다.

NOT 회로의 그림 기호를 나타내면 다음과 같습니다.

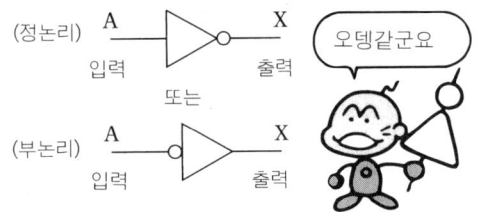

NOT 회로는 입력된 데이터를 부정한 결과를 출력합니다.

NOT 회로에서는 입력과 출력은 항상 각각 1개입니다.

박사   NOT은 '논리부정'이라고도 부릅니다. NOT 회로의 입력과 출력의 관계는 논리식으로 「X＝$\overline{A}$」로 표시합니다.

NOT 회로를 스위치 회로로 나타내면 아래와 같이 생각할 수 있습니다.

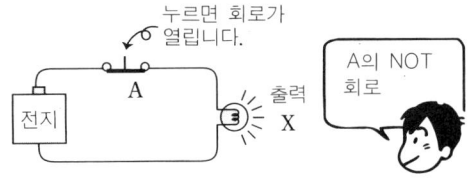

스위치를 누르면 (1) 출력에 전압이 나타나지 않습니다.

NOT 회로는 NOT 게이트, 또는 인버터라 부르는 경우도 있습니다.

3개의 기본 게이트 회로

박사   기본을 하나 하나 이해해 나가는 것은 중요한 일이지요. 디지털 회로의 기본이 되는 3개의 게이트 회로(AND, OR, NOT)에 대해 지금까지 배운 것을 정리해 봅시다.

명칭	AND (논리곱)	OR (논리합)	NOT (논리부정)
그림기호	A B ▭—X	A B ▭—X	A ▷o—X
논리식	X=A · B	X=A+B	X=Ā
진리표	A B X 0 0 0 0 1 0 1 0 0 1 1 1	A B X 0 0 0 0 1 1 1 0 1 1 1 1	A X 0 1 1 0

3개의 기본 게이트회로의 정리

박사　그러면 여기서 연습문제를 하나 풀어 봅시다. 다음 디지털 회로의 진리표를 작성해 보시오.

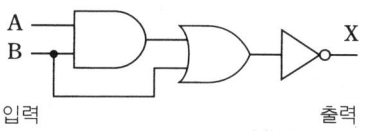
입력　　　　　　　　　　출력

학생 1　각각의 입력에 대한 출력을 구하면 되겠군요. 하나씩 생각해 보겠습니다.

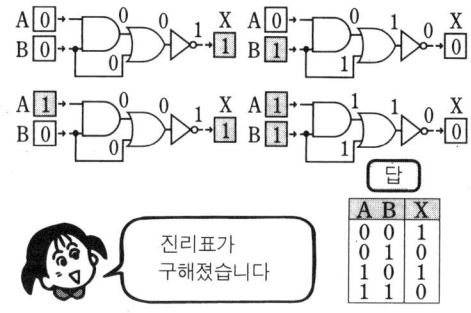

답

A	B	X
0	0	1
0	1	0
1	0	1
1	1	0

진리표가 구해졌습니다

확인문제

《문제 1》 다음 디지털 회로의 진리표를 작성하여라

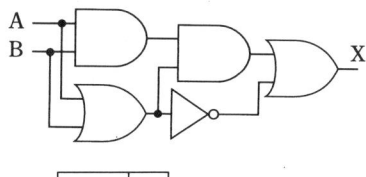

☞ 답

A	B	X
0	0	1
0	1	0
1	0	0
1	1	1

[힌트]

A, B 두 개의 입력에 4가지의 0, 1 신호를 입력했을 때의 출력 X를 생각해 본다.

❹ 기본 게이트 회로(2)

기본 게이트 회로에 대해 깊이 이해해 보도록 하자

● NAND 회로

학생 1　3가지 기본 회로(AND, OR, NOT)를 배웠는데 이밖에 다른 게이트 회로도 있습니까?

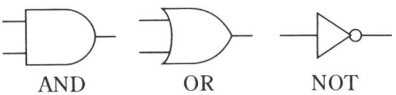
AND　　　OR　　　NOT

박사　있지요. NAND(난드) 회로를 살펴 봅시다.

입력 A — NAND — 출력 X, B

NAND 회로는 AND 출력을 부정 (NOT) 한 것과 같은 동작을 합니다.

AND+NOT　　　　NAND

⊐⊃—▷○ = ⊃○

따라서 진리표는 다음과 같습니다.

A	B	X'
0	0	0
0	1	0
1	0	0
1	1	1

NOT →

X
1
1
1
0

A	B	X
0	0	1
0	1	1
1	0	1
1	1	0

AND의 출력　　NAND의 출력　　NAND의 진리표

확실히 알기 위해 NAND 회로의 기능을 확인해 봅시다.

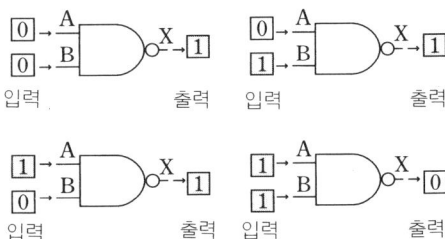
입력　　　출력　　입력　　　출력
입력　　　출력　　입력　　　출력

2입력 NAND 회로의 입력과 출력 관계는 논리식으로 「$X = \overline{A \cdot B}$」로 표시됩니다. 또 NAND 회로를 스위치 회로로 나타내면 아래와 같이 생각할 수 있습니다. 두 개의 푸시버튼 스위치를 동시에 눌렀을 때만 출력전압이 없어집니다.

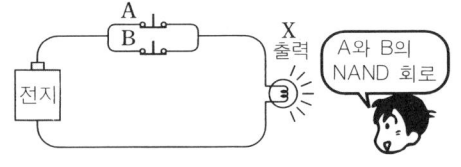
전지　　　출력 X　　A와 B의 NAND 회로

NAND 회로도 AND 회로나 OR 회로와 마찬가지로 입력이 여러 개인 것이 있습니다.

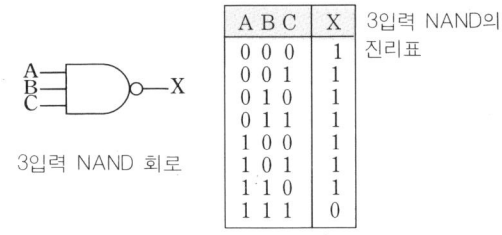
3입력 NAND 회로

A B C	X
0 0 0	1
0 0 1	1
0 1 0	1
0 1 1	1
1 0 0	1
1 0 1	1
1 1 0	1
1 1 1	0

3입력 NAND의 진리표

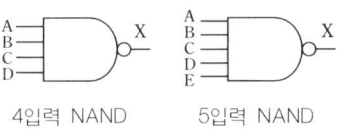

4입력 NAND   5입력 NAND

NOR 회로

박사 NOR(노어) 회로를 살펴 봅시다.

A
B 입력   X
출력

NOR 회로

NAND 회로가 AND 출력을 NOT한 것처럼 NOR 회로는 OR 출력을 부정(NOT)한 회로와 같은 기능을 합니다.

OR + NOT   NOR

⟯⟯─▷○─ = ⟯⟯○

학생 1 그러면 진리표는 다음과 같겠군요.

A	B	X′
0	0	0
0	1	1
1	0	1
1	1	1

▷○→
NOT

X
1
0
0
0

A	B	X
0	0	1
0	1	0
1	0	0
1	1	0

OR의 출력   NOR의 출력   NOR의 진리표

박사 NOR 회로의 기능을 확인해 봅시다.

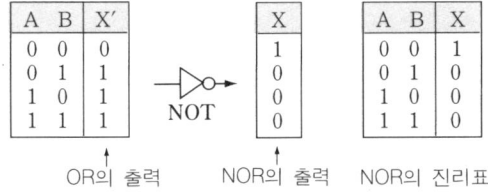

2입력 NOR 회로의 입력과 출력 관계는 논리식으로 「X=$\overline{A+B}$」로 표시합니다. 또 NOR 회로를 스위치 회로로 나타내면 아래와

같이 생각할 수 있다.

푸시버튼 스위치를 하나라도 누르면 출력전압이 나오지 않게 됩니다.

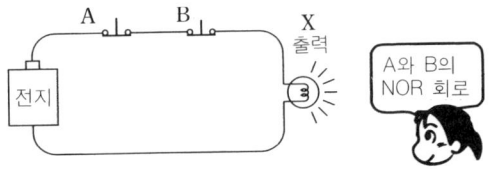

A와 B의 NOR 회로

NOR 회로에도 다음과 같이 입력이 여러 개인 것이 있습니다.

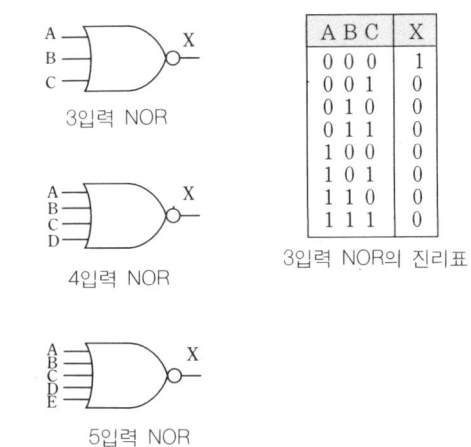

3입력 NOR

4입력 NOR

5입력 NOR

A B C	X
0 0 0	1
0 0 1	0
0 1 0	0
0 1 1	0
1 0 0	0
1 0 1	0
1 1 0	0
1 1 1	0

3입력 NOR의 진리표

EX-OR 회로

박사 다음은 EX-OR(익스클루시브 오어) 회로를 배워 봅시다.

입력 A
B   출력
X

EX-OR 회로

EX-OR 회로는 배타적 논리합이라 부르며 다음 회로와 같은 동작을 합니다.

A
B   X = ⟯⟯⟩ EX-OR

학생 2 진리표를 구해 보자.

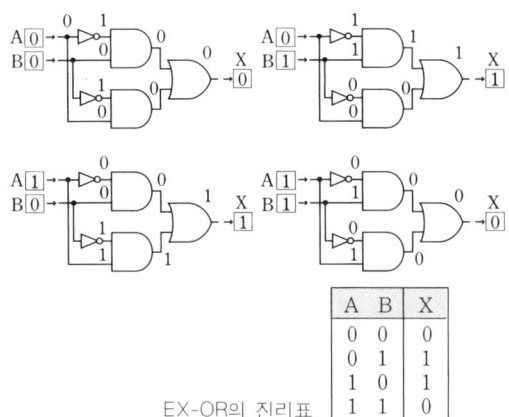

A	B	X
0	0	0
0	1	1
1	0	1
1	1	0

EX-OR의 진리표

학생 1   EX−OR 회로는 입력 A와 입력 B가 다를 때 출력 X가 1이 되는군요.

박사   EX−OR 회로의 동작을 확인해 봅시다.

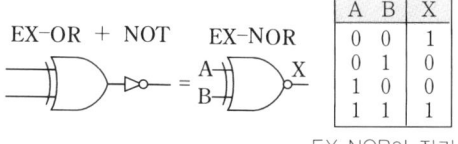

EX-OR 회로의 동작

2입력 EX−OR 회로의 입력과 출력 관계는 논리식으로 「$X=\overline{A}\cdot B+A\cdot\overline{B}$」로 표시합니다. EX−OR 회로와 NOT 회로를 조합한 것이 EX−NOR(익스클루시브 노어) 회로입니다.

EX-OR + NOT   EX-NOR

A	B	X
0	0	1
0	1	0
1	0	0
1	1	1

EX-NOR의 진리표

버퍼 회로

박사   기본 게이트 회로의 마지막 순서로 버퍼 회로를 배워 봅시다.

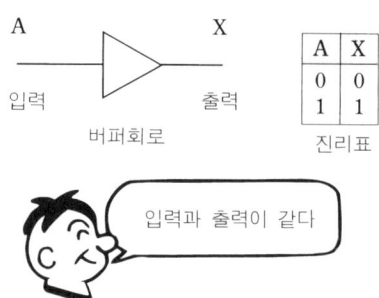

버퍼회로

A	X
0	0
1	1

진리표

입력과 출력이 같다

학생 1   어? 진리표를 보면 입력 데이터와 출력 데이터가 완전히 같은데, 이것은 아무런 기능도 하지 않는 회로가 아닙니까?

박사   확실히 버퍼 회로는 입력 데이터에 대해 어떠한 대응도 하지 않습니다. 즉 0, 1의 데이터에 대해 생각하면 어떠한 의미도 없는 회로입니다.

버퍼는 무엇을 하나?

학생 2   의미가 없는 회로가 왜 있지요?

박사   예를 들어 회로도를 보고 실제로 회로를 조립하고 있는 경우를 생각해 봅시다. 배선에는 구리선 등을 이용하는데, 긴 배선에서는 구리의 전기저항 등으로 인해 전압이 떨어져 버리는 경우도 있습니다. 5볼트(정논리의 1)가 이 전압강하에 의해 긴 배선 도중에 5볼트를 크게 밑돌아 정논리의 0으로 변해 버리는 경우도 생각할 수 있습니다. 이럴 때 긴 배선 도중에 버퍼 회로를 넣어 두면 거기부터는 정격대로 5볼트가 새로이 출력됩니다.

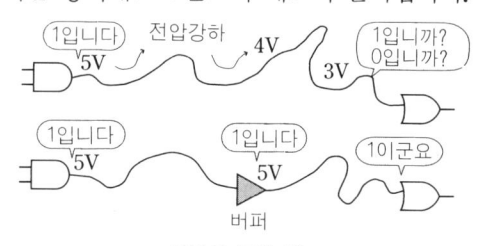

버퍼의 동작 예

게이트 회로는 입력전압을 그대로 통과시키는 것이 아니라 입력된 전압(데이터)을 기초로 출력 데이터를 결정해 거기부터 새롭게 전압 데이터를 출력시키는 것입니다.

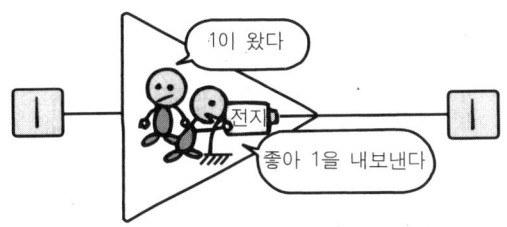

또 버퍼는 팬아웃(fan−out)의 확대나 TTL의 인터페이스에도 이용할 수 있습니다. 이것에 대해서는 제2장에서 배우겠습니다.

학생 1　NOT 회로를 두 개 직렬로 연결해도 버퍼 회로와 같은 기능의 회로를 얻을 수 있겠군요.

$$0 \;\triangleright\!\!\circ\; 1 \;\triangleright\!\!\circ\; 0 \;=\; \triangleright$$

NOT　+　NOT　　　　버퍼

● 게이트 IC

학생 2　실제로 디지털 회로를 조립하는 경우, 게이트 회로는 어떻게 만듭니까?

박사　　게이트 회로는 IC화되어 시판되고 있습니다. 예컨대 74LS08이라는 형번의 IC에는 2입력 AND 회로가 4개 들어 있습니다.

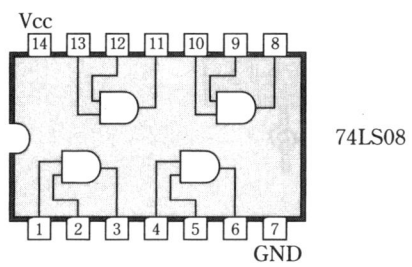

74LS08

Vcc와 GND에는 이 게이트 IC를 작동시키기 위한 전압(5볼트)을 접속합니다.

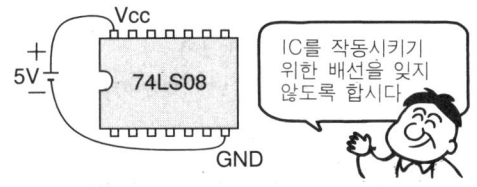

많은 종류의 게이트 IC가 시판되고 있으므로 필요에 따라 선택하십시오.

게이트 IC에 대해서는 후에 다시 상세하게 배우겠습니다.

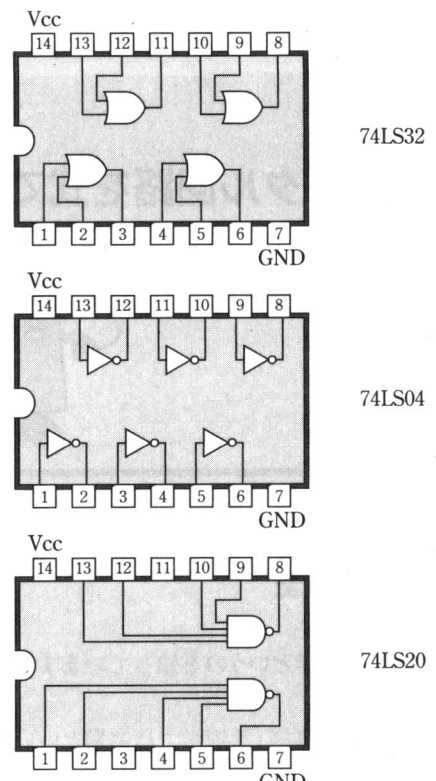

74LS32

74LS04

74LS20

확인문제

《문제 1》 게이트 소자에 접속한 NOT은 아래와 같이 ○로 생략해서 표기할 수 있다.
각 회로의 진리표를 구하여라.

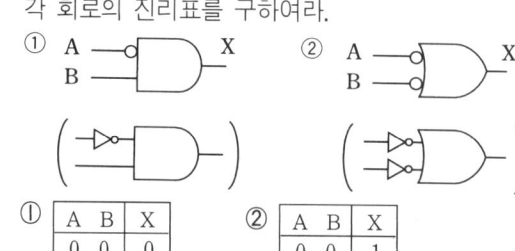

☞ 답 ①

A	B	X
0	0	0
0	1	1
1	0	0
1	1	0

②

A	B	X
0	0	1
0	1	1
1	0	1
1	1	0

❺ 논리식

디지털 회로를 식으로 표현하는 방법을 마스터하자

불 대수

박사　논리학에 대해 알고 있습니까?

학생 2　어떤 사항(논리학에서는 명제라 부른다)이 참인가, 거짓인가를 논하는 학문이지요.

학생 1　예를 들어 명제 '인간이 살아가기 위해서는 산소가 필요하다'는 참이지만, 명제 '산소가 존재하기 위해서는 인간이 필요하다'는 거짓입니다.

참인가
거짓인가
그것이
문제로다

박사　논리학자이면서 수학자였던 영국의 조지 불(George Bool)(1815 ~1864)은 논리학을 수학적으로 해석하고자 논리대수의 이론(1847)을 고안하였습니다.

이 논리는 불 대수(Boolean algebra)라 하며, 명제를 A, B, C 등의 변수로, 참과 거짓을 1과 0으로 치환하였습니다.

불 대수는 전기회로의 릴레이 접점 수를 줄이는 계산 등에 응용되었습니다. 또 디지털 회로의 설계나 해석에도 유효하다는 것이 밝혀져 현재에도 널리 이용되고 있습니다. 이제부터 불 대수의 기초에 대해 배워 봅시다.

학생 2　우리들은 지금까지 몇 가지의 논리식에 대해 배웠습니다.

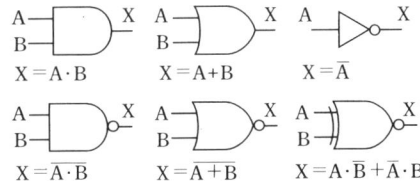

$$X = A \cdot B \qquad X = A + B \qquad X = \overline{A}$$

$$X = \overline{A \cdot B} \qquad X = \overline{A + B} \qquad X = A \cdot \overline{B} + \overline{A} \cdot B$$

박사　불 대수의 기본적인 정리는 다음과 같습니다.

명　　칭	공　　식
공리	$1 + A = 1$ $0 \cdot A = 0$
항등법칙	$0 + A = A$ $1 \cdot A = A$
동일법칙	$A + A = A$ $A \cdot A = A$
보원법칙	$A + \overline{A} = 1$ $A \cdot \overline{A} = 0$
복원법칙	$\overline{\overline{A}} = A$
교환법칙	$A + B = B + A$ $A \cdot B = B \cdot A$
결합법칙	$A + (B + C) = (A + B) + C$ $A \cdot (B \cdot C) = (A \cdot B) \cdot C$
분배법칙	$A \cdot (B + C) = A \cdot B + A \cdot C$ $A + B \cdot C = (A + B) \cdot (A + C)$
흡수법칙	$A \cdot (A + B) = A, \ A + A \cdot B = A$ $A + \overline{A} \cdot B = A + B, \ \overline{A} + A \cdot B = \overline{A} + B$
드모르강의 정리	$\overline{A + B} = \overline{A} \cdot \overline{B}$ $\overline{A \cdot B} = \overline{A} + \overline{B}$

학생 1 왠지 어려운 것 같아 보이지만, 잘 살펴보니 항등법칙($0+A=A$, $1\cdot A=A$)이나 교환법칙($A+B=B+A$, $A\cdot B=B\cdot A$) 등은 보통 우리들이 사용하고 있는 수학과 같군요.

박사 그렇습니다. 그러나 이 중에는 불 대수 특유의 정리도 있으므로 주의하기 바랍니다.

예) 배분법칙

$$A+B\cdot C=(A+B)(A+C)$$

은 일반 수학의 세계에서는 성립되지 않습니다.

> 불 대수 특유의 정리에 주의합시다.

논리식

박사 디지털 회로를 논리식으로 표시하는 연습을 해 봅시다. 회로도를 논리식으로 나타내면 회로의 설계나 해석에 많은 도움이 됩니다.

논리식의 기본은

AND	$X=A\cdot B$
OR	$X=A+B$
NOT	$X=\overline{A}$

의 세 가지입니다.

다음 회로를 논리식으로 표시해 봅시다.

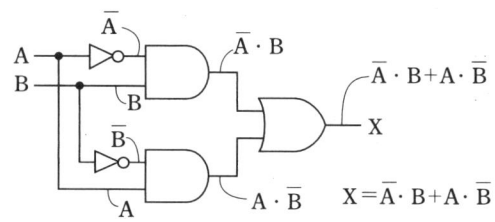

$$X=\overline{A}\cdot B+A\cdot\overline{B}$$

학생 2 위는 EX−OR 회로이군요.

박사 다음의 디지털 회로를 논리식으로 표시해 봅시다.

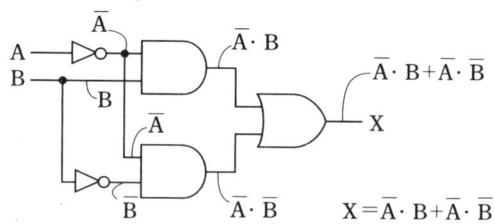

$$X=\overline{A}\cdot B+\overline{A}\cdot\overline{B}$$

$X=\overline{A}\cdot B+\overline{A}\cdot\overline{B}$이다.

이 식은 아래와 같이 변형할 수 있습니다.

$$\begin{aligned}X&=\overline{A}\cdot B+\overline{A}\cdot\overline{B}\\&=(B+\overline{B})\cdot\overline{A}\quad\text{·········· 분배의 법칙}\\&=1\cdot\overline{A}\quad\text{····················· 보원의 법칙}\\&=\overline{A}\quad\text{······························ 항등의 법칙}\end{aligned}$$

즉 이 디지털 회로는 NOT 회로 하나로 구성할 수 있다는 것입니다.

학생 1 원래 회로에서는 게이트 회로가 많이 필요했지만, 논리식을 간단하게 함으로써 같은 동작을 하는 회로를 간단하게 구성할 수 있군요.

『문제 1』 다음의 디지털 회로를 간단하게 변형시켜라.

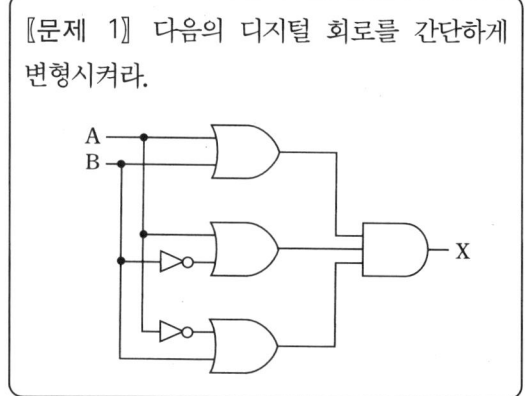

☞ **답** 우선 논리식을 구한다.

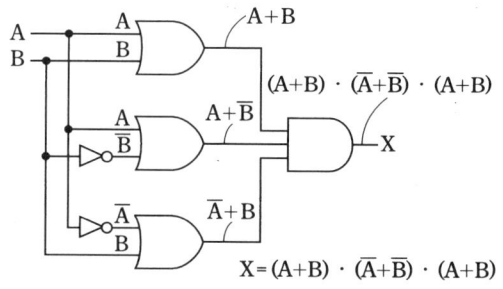

$$X=(A+B)\cdot(\overline{A+B})\cdot(A+B)$$

다음에 논리식을 간단하게 한다.

$$X = (A+B) \cdot (A+\overline{B}) \cdot (\overline{A}+B)$$
$$= (\underline{A \cdot A} + A \cdot \overline{B} + A \cdot B + \underline{B \cdot \overline{B}})\,(\overline{A}+B)$$

$$\qquad A \qquad\qquad\qquad\qquad 0$$

$$= A \cdot (1 + \overline{B} + B) \cdot (\overline{A}+B)$$
$$= A \cdot (\overline{A}+B)$$
$$= A \cdot \overline{A} + A \cdot B = A \cdot B$$

간단하게 한 논리식을 이용해 디지털 회로를 그린다.

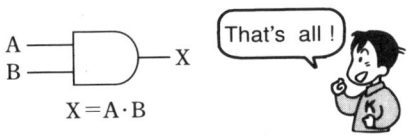

$$X = A \cdot B$$

박사 지금까지 디지털 회로의 진리표를 구하는데, 회로 내에 0, 1을 써서 생각해 보았습니다. 논리식은 진리표를 구할 때도 이용할 수 있습니다.

학생 2 디지털 회로의 논리식을 구해서 그 식에 0, 1을 대입하면 되겠군요.

박사 그렇습니다. 그럼 예제로 확인해 봅시다.

《예제 2》 다음 디지털 회로의 진리표를 논리식으로 구하여라.

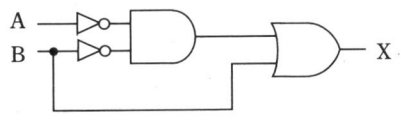

☞ **답** 회로에서 논리식을 구한다.

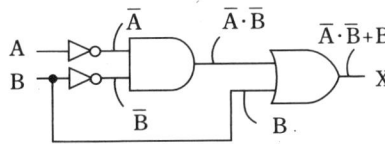

논리식에 0, 1을 대입하면 진리표를 구할 수 있습니다.

A	B	$X = \overline{A} \cdot \overline{B} + B$
0	0	$X = \overline{0} \cdot \overline{0} + 0 = 1$
0	1	$X = \overline{0} \cdot \overline{1} + 1 = 1$
1	0	$X = \overline{1} \cdot \overline{0} + 0 = 0$
1	1	$X = \overline{1} \cdot \overline{1} + 1 = 1$

A	B	X
0	1	1
1	0	1
1	1	0
1	1	1

드모르강(De Morgan)의 정리

박사 드모르강의 정리는 불 대수에서 특히 중요한 정리입니다.

드모르강의 정리

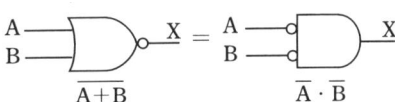

$$\overline{A \cdot B} = \overline{A} + \overline{B}$$
$$\overline{A + B} = \overline{A} \cdot \overline{B}$$

드모르강의 정리를 디지털 회로로 알아 봅시다.

$$\overline{A \cdot B} = \overline{A} + \overline{B}$$

$$\overline{A \cdot B} \qquad\qquad \overline{A} + \overline{B}$$

$$\overline{A + B} = \overline{A} \cdot \overline{B}$$

$$\overline{A + B} \qquad\qquad \overline{A} \cdot \overline{B}$$

학생 1 이들은 진리표를 구해 봄으로써 증명할 수 있습니다.

A	B	$\overline{A \cdot B}$	$\overline{A} + \overline{B}$
0	0	1	1
0	1	1	1
1	0	1	1
1	1	0	0

$\overline{A \cdot B} = \overline{A} + \overline{B}$

A	B	$\overline{A + B}$	$\overline{A} \cdot \overline{B}$
0	0	1	1
0	1	0	0
1	0	0	0
1	1	0	0

$\overline{A + B} = \overline{A} \cdot \overline{B}$

학생 2   드모르강의 정리는 AND 회로를 OR 회로로, 혹은 OR 회로를 AND 회로로 변형할 때 이용할 수 있겠군요.

박사   다음과 같이 기억해 두면 편리합니다.

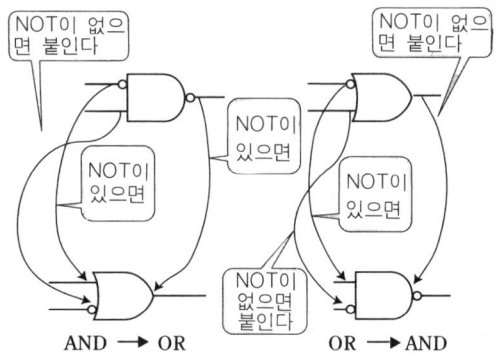

다음과 같은 디지털 회로에 대해 생각해 봅시다.

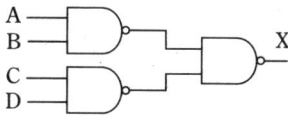

학생 1   드모르강의 정리를 사용해 다음과 같이 변형할 수 있습니다.

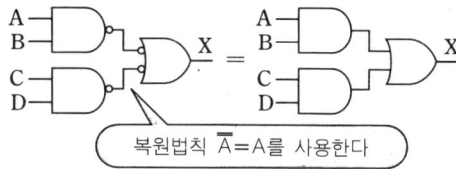

박사   위의 회로는 모두 같은 동작을 하지만, 변형된 회로에서는 이 회로가 X=A·B+C·D의 동작을 한다는 것을 바로 알 수 있습니다. 디지털 회로는 가능한 한 간결하면서도 동작을 이해하기 쉽도록 연구하여 그리시오.

● NAND 회로

박사   OR 회로는 AND 회로와 NOT 회로로 만들어진다는 것을 배웠습니다.

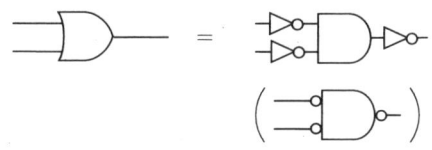

그런데 아래의 회로는 어떤 동작을 할까요?

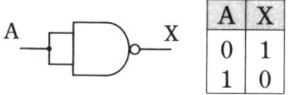

A	X
0	1
1	0

학생 1   진리표를 구해 보면 NOT 회로와 같은 기능을 하는 것을 알 수 있습니다.

박사   NAND 회로를 두 개 사용하여 AND 회로를 만들 수 있습니다.

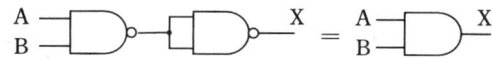

즉 NAND 회로로부터, NOT 회로, AND 회로, 또 OR 회로를 만들 수 있습니다.

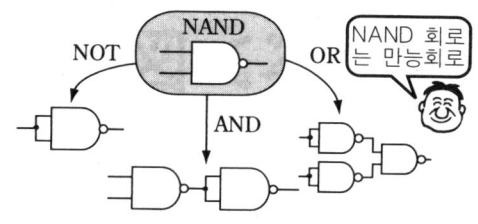

학생 2   이것은 NAND 회로가 있으면 어떤 기본 게이트 회로도 구성할 수 있다는 말이지요.

박사   그렇습니다. 그럼 예제로 확인해 봅시다.

〖예제 3〗 다음 디지털 회로를 NAND 회로만으로 구성하여라.

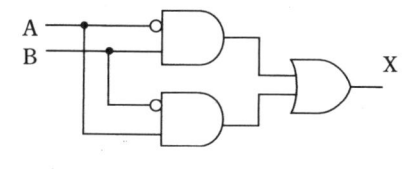

☞ 답
　드모르강의 정리를 사용하여 OR 게이트를
NAND 회로로 치환시킨다.

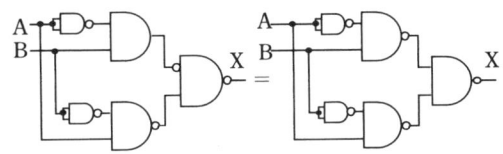

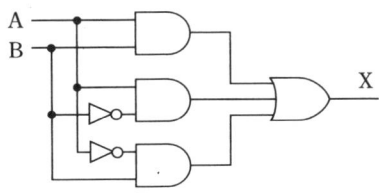

확인문제

〖문제 1〗 다음 디지털 회로를 간단하게 하여라.

☞ 답
$$X = A \cdot B + A \cdot \overline{B} + \overline{A} \cdot B$$
$$= A \cdot (B + \overline{B}) + \overline{A} \cdot B = A + \overline{A} \cdot B = A + B$$

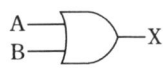

[힌트]
회로도에서 구한 논리식을 간단하게 해 본다.

❻ 벤다이어그램

디지털 회로를 시각적으로 표현합시다

▋ 벤다이어그램(Venn diagram)

박사   벤다이어그램을 사용하면 디지털
회로의 기능을 시각적으로 파악할
수 있습니다.

먼저 1변수 벤다이어그램부터 살펴봅시다.

전체 영역을 사각으로 표시하고 변수 A의
영역을 원으로 표시합니다.

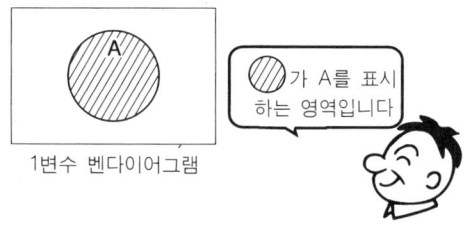

○가 A를 표시
하는 영역입니다

1변수 벤다이어그램

그러면 아래 그림에서 빗금친 부분은 $\overline{A}$를
나타내게 됩니다.

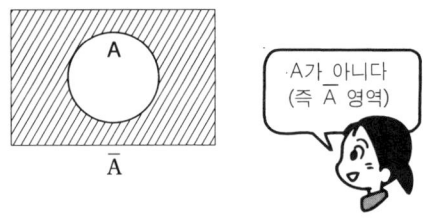

$\overline{A}$

A가 아니다
(즉 $\overline{A}$ 영역)

학생 2 $\overline{A}$란 것은 A의 NOT을 나타내고
있군요.

박사   다음은 2변수 벤다이어그램을 살
펴 봅시다.

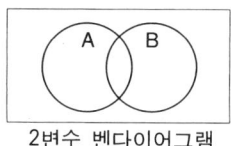

2변수 벤다이어그램

벤다이어그램에서 빗금친 부분이 나타내는
논리식과 대응하는 디지털 회로를 그린 후 확
인하기 바랍니다.

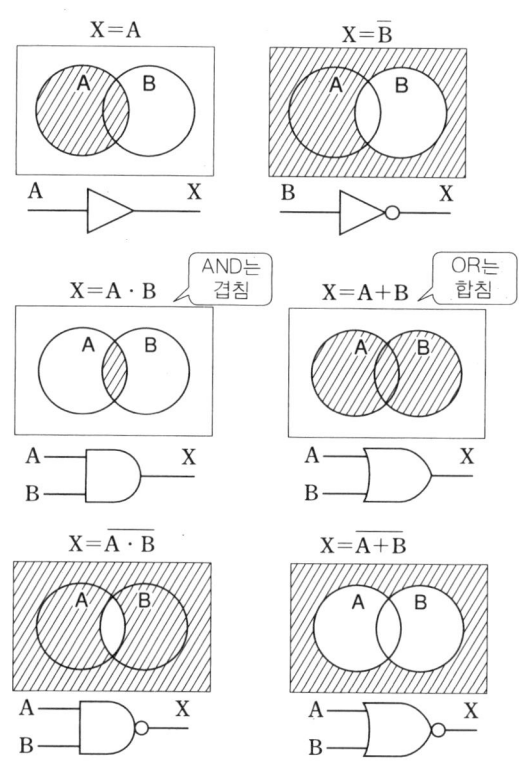

〖예제 1〗 다음 벤다이어그램에서 빗금친 부분에 대응하는 논리식을 구하여라

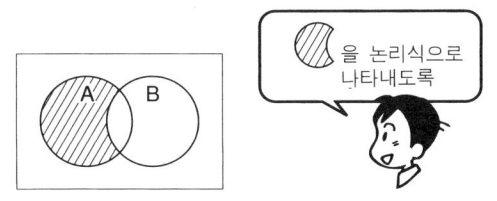

을 논리식으로 나타내도록

☞ 답 문제의 영역은

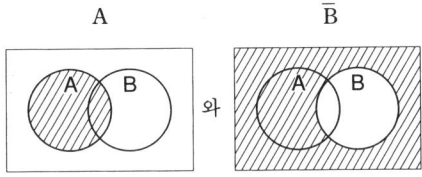

와의 AND(겹침)로 생각할 수 있습니다.

$$X = A \cdot \overline{B}$$

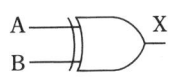

〖예제 2〗 다음 벤다이어그램에서 빗금친 부분에 대응하는 논리식을 구하여라.

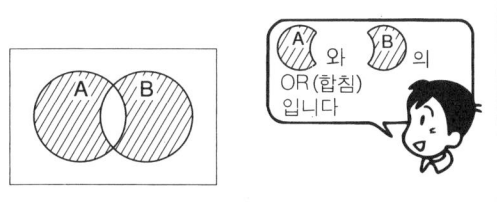

A 와 B 의 OR(합침) 입니다

☞ 답

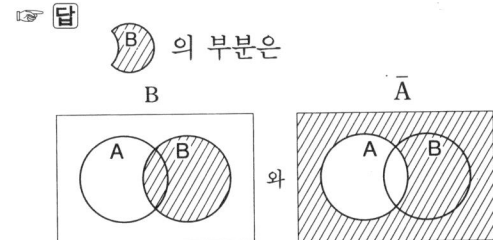

의 부분은

의 AND(겹침)로 B·$\overline{A}$이다. 이것과 예제 1에서 구한 부분과의 OR가 답이 된다.

$$X = \overline{A} \cdot B + A \cdot \overline{B}$$

EX-OR 이군요

박사 벤다이어그램을 사용하여 불 대수의 기본 정리인 흡수법칙을 증명해 봅시다.

① $A \cdot (A + B) = A$

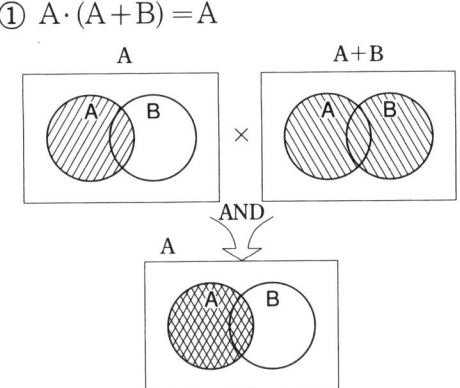

② $A + (A \cdot B) = A$

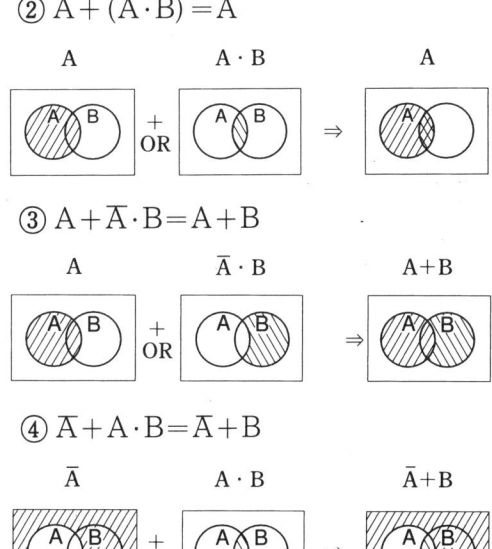

③ $A + \overline{A} \cdot B = A + B$

④ $\overline{A} + A \cdot B = \overline{A} + B$

학생 1 벤다이어그램을 사용하면 논리식을 시각적으로 알아볼 수 있어 쉽게 생각할 수 있겠군요.

〖예제 3〗 벤다이어그램을 사용하여 드모르강의 정리를 증명하여라.
① $\overline{A + B} = \overline{A} \cdot \overline{B}$
② $\overline{A \cdot B} = \overline{A} + \overline{B}$

☞ 답

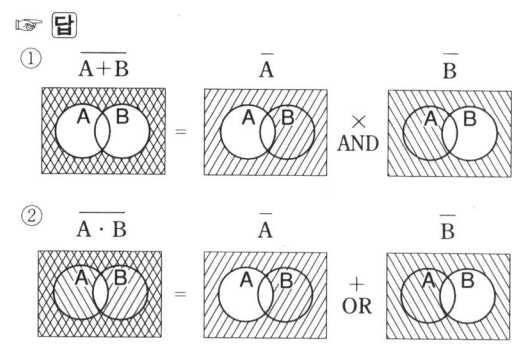

① $\overline{A+B}$ = $\overline{A}$ × AND $\overline{B}$

② $\overline{A \cdot B}$ = $\overline{A}$ + OR $\overline{B}$

박사 3변수 벤다이어그램도 마찬가지로 생각할 수 있습니다.

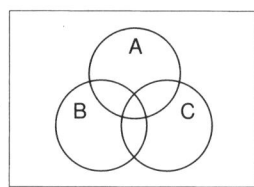

3변수 벤다이어그램

벤다이어그램에서 빗금친 부분을 논리식으로 나타내었으므로 확인해 주기 바랍니다.

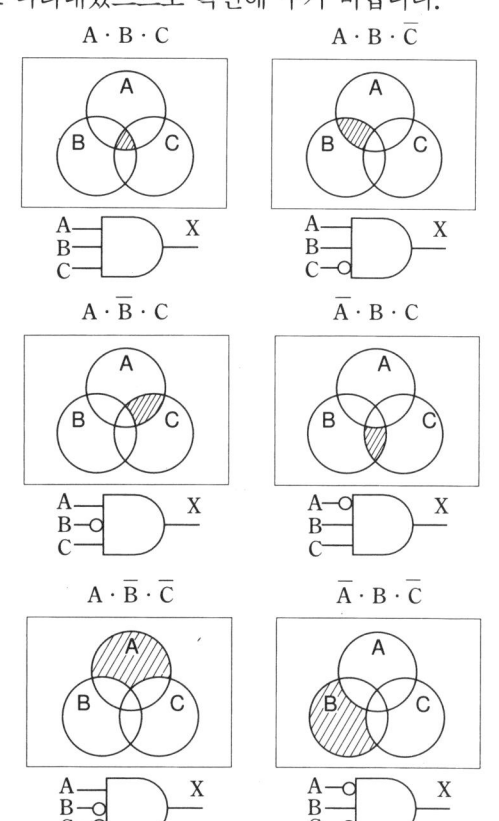

$A \cdot B \cdot C$ $A \cdot B \cdot \overline{C}$

$A \cdot \overline{B} \cdot C$ $\overline{A} \cdot B \cdot C$

$A \cdot \overline{B} \cdot \overline{C}$ $\overline{A} \cdot B \cdot \overline{C}$

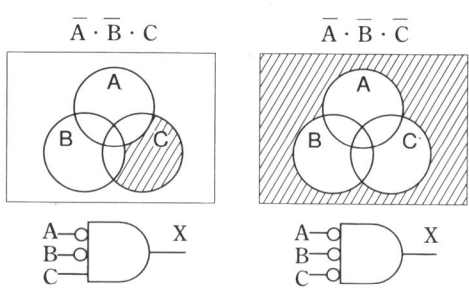

$\overline{A} \cdot \overline{B} \cdot C$ $\overline{A} \cdot \overline{B} \cdot \overline{C}$

《예제 4》 다음의 벤다이어그램에서 빗금친 부분에 대응하는 논리식을 구하여라.

☞ 답

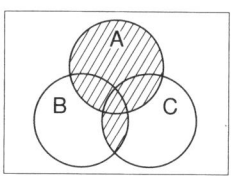

A + $B \cdot C$
        OR

즉, X=A+B·C입니다

《예제 5》 벤다이어그램을 사용하여 분배법칙을 증명하여라.
① $A \cdot (B+C) = A \cdot B + A \cdot C$
② $A + B \cdot C = (A+B) \cdot (A+C)$

☞ 답

①

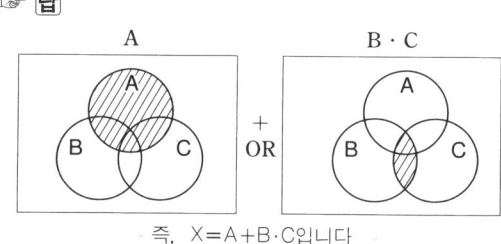

A × $B+C$
      AND

$A \cdot B + A \cdot C$

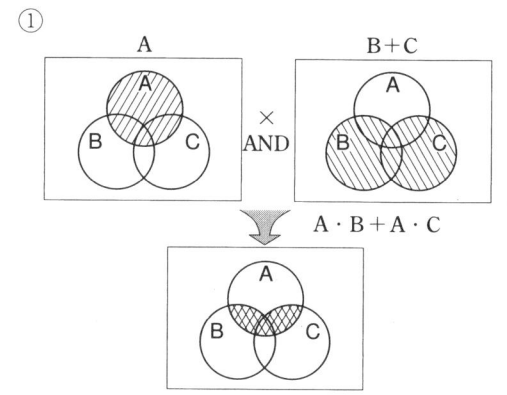

②

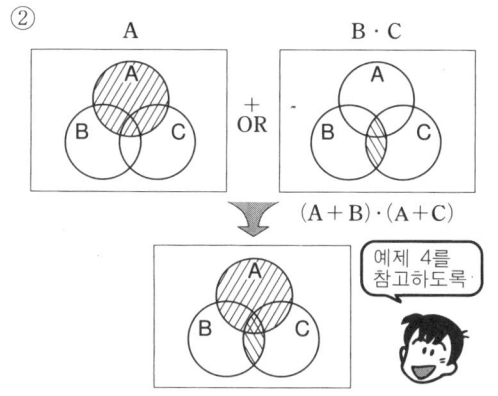

$(A+B) \cdot (A+C)$

예제 4를
참고하도록

학생 2　앞에서 디지털 회로를 간단하게 하기 위해 논리식을 사용하는 것에 대해 배웠습니다. 회로를 간단하게 변형하기 위해 벤다이어그램을 이용할 수 있습니까?

박사　할 수 있습니다. 다음 예제로 확인해 봅시다.

《예제 6》 다음의 디지털 회로를 벤다이어그램을 사용하여 간단하게 나타내어라.

A ── B ──── $\overline{A} \cdot B$ ──── X

$\overline{A} \cdot B + \overline{B}$

☞ 답 논리식을 벤다이어그램으로 표시한다.

$\overline{A} \cdot B$　　　B　　　$\overline{A} \cdot B + B$

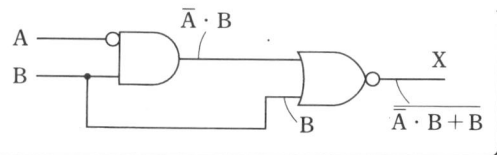

$\overline{\overline{A} \cdot B + B}$

이것은 $\overline{B}$를
나타내고 있지요

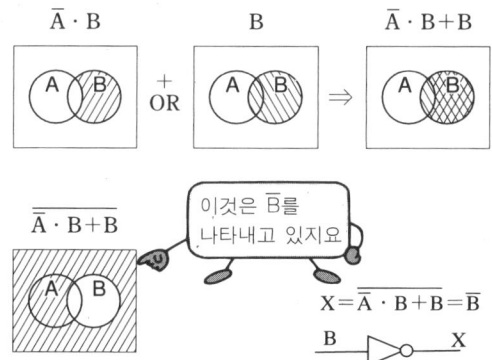

$X = \overline{\overline{A} \cdot B + B} = \overline{B}$

B ──▷○── X

박사　벤다이어그램은 디지털 회로뿐만 아니라 일반적인 문제에도 적용할 수 있습니다.

예를 들어, 어떤 여행 회사가 영국과 미국에 가본 적이 있는지에 대해 설문 조사를 했습니다.

설문 조사를 집계한 결과는 다음과 같습니다.

영국에 가본 적이 있는 사람······19명

미국에 가본 적이 있는 사람······23명

어디에도 가본 적이 없는 사람····41명

두 곳 모두 가본 적이 있는 사람···9명

이 결과를 벤다이어그램으로 나타내 주십시오.

학생 1　2변수인 벤다이어그램을 사용하였습니다.

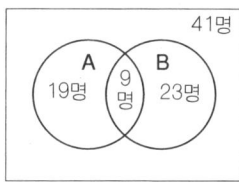

A : 영국에 가본 적이 있는 사람

B : 미국에 가본 적이 있는 사람

박사　그럼, 설문조사에 대답한 사람은 몇 명일까요? 작성된 벤다이어그램을 보고 생각해 봅시다.

학생 1　영국과 미국 두 곳 모두 가본 적이 있는 사람은 A와 B 양쪽 모두에 포함되어 있습니다.

이것을 고려하면 $(19+23-9)+41$이 설문조사에 대답한 명수가 되지요.

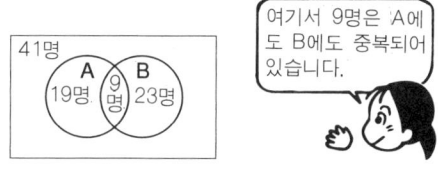

여기서 9명은 A에도 B에도 중복되어 있습니다.

박사　정확하게 맞추었습니다. 이것으로 3변수 벤다이어그램까지 배웠는데, 이 이상의 변수를 다룰 때는, 벤다이어그램에서는 도형이 들어가 복잡해집니다. 많은 변수를 다룰 때는 다음에 배울 카르노맵법이 효과적이지요.

확인문제

《문제 1》 다음 디지털 회로에 대응하는 벤다이어그램을 구하여라.

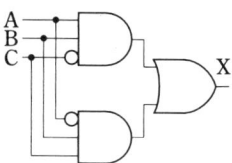

☞ 답

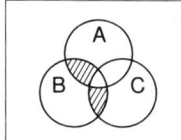

🔢 카르노맵

카르노맵에 의한 회로의 해석법을 마스터하자

▌2변수 카르노맵

박사 카르노맵도 벤다이어그램과 같이 디지털 회로를 시각적으로 표현하는 방법입니다. 우선 입력이 두 개일 때의 카르노맵법에 대해 설명하겠습니다. 입력이 3개 이상이라도 기본은 입력이 두 개일 때와 같으므로 확실히 배워두도록 합니다.

입력이 두 개(2변수)일 때는 다음의 카르노맵을 사용합니다.

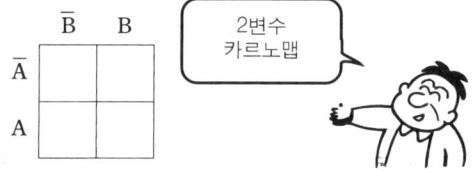

카르노맵에서는 범위를 나타내는데 루프를 사용합니다. 카르노맵이 나타내는 범위와 벤다이어그램이 나타내는 범위의 대응을 제시하였으므로 비교해 주기 바랍니다.

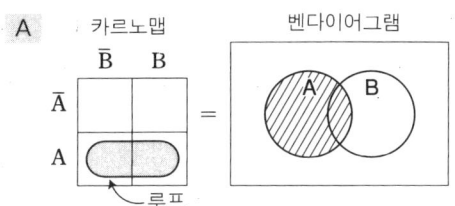

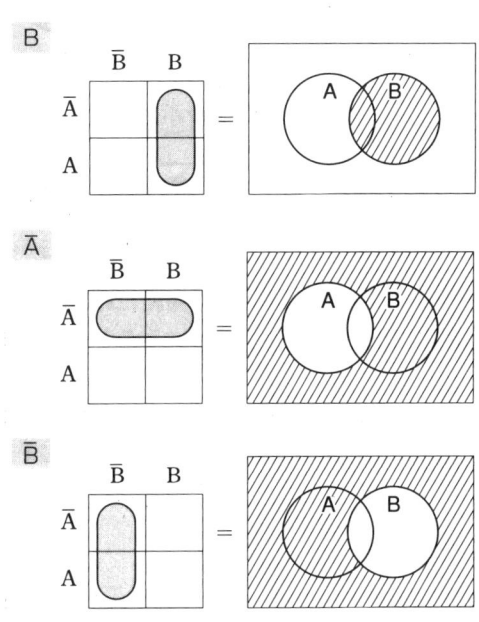

학생 1 카르노맵에서 A+B나 A·B 등은 어떻게 나타냅니까?

박사 A+B는 A와 B를 합친 부분을 의미합니다. 따라서 카르노맵으로 나타내면 다음과 같습니다.

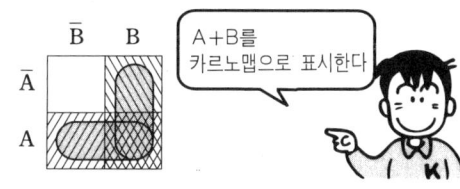

학생 2 그렇다면 A·B는 A와 B가 중복된 부분을 의미하므로 카르노맵으로 나타내면 다음과 같겠군요.

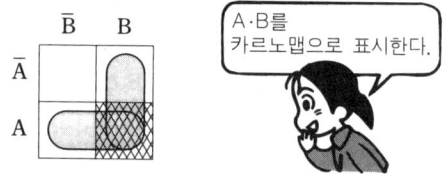

A·B를 카르노맵으로 표시한다.

형태는 조금 달라도 카르노맵이나 벤다이어 그램 모두 같은 방식으로 사용할 수 있겠군요.

〖예제 1〗 $X=\overline{A}\cdot B$의 범위를 카르노맵으로 나타내어라.

☞ 답

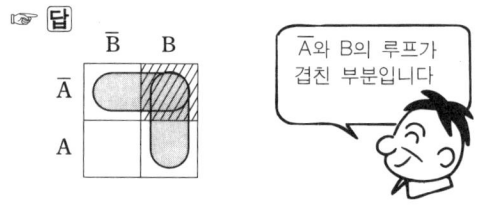

$\overline{A}$와 B의 루프가 겹친 부분입니다

박사 카르노맵을 써서 루프 대수의 기본 정리를 증명할 수도 있습니다.

〖예제 2〗 카르노맵을 사용하여 드모르강의 정리를 증명하여라.
① $\overline{A+B}=\overline{A}\cdot\overline{B}$
② $\overline{A\cdot B}=\overline{A}+\overline{B}$

☞ 답
①

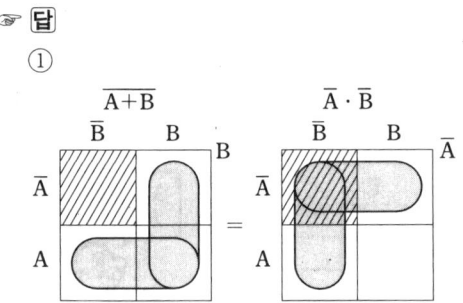

②

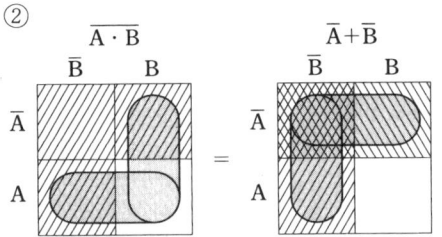

박사 다음에 카르노맵을 사용하여 디지털 회로를 간단하게 하는 방법을 설명하겠습니다. 우선 다음의 회로를 간단하게 하시오.

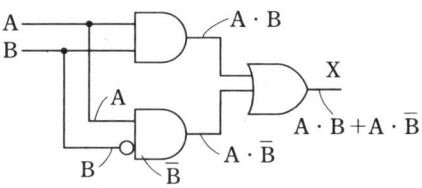

학생 1 이 회로의 논리식은 $X=A\cdot B+A\cdot\overline{B}$입니다.

박사 논리식을 카르노맵으로 표시하시오.

학생 2 다음과 같이 생각하였습니다.

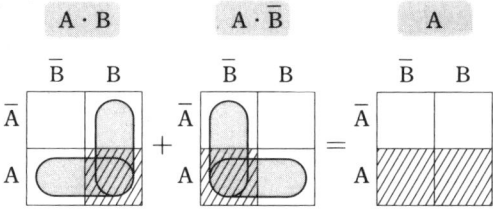

이 논리식은 A의 영역을 나타내고 있습니다. 즉 $X=A$로 간단하게 할 수 있지요.

박사 예 맞습니다. 이와 같이 카르노맵은 논리식을 간단하게 하는데 효과적이지만 때로는 주의가 필요합니다. 다음의 카르노맵에 대응하는 논리식을 봐 주십시오.

2변수로는 4가지의 단순 곱을 생각할 수 있습니다.

위의 $\overline{A}\cdot\overline{B}$나 $\overline{A}\cdot B$와 같은 논리곱을 단순곱이라 부릅니다. 단순곱을 합의 형태로 나타낸 식을 가법 표준형이라 합니다.

〈가법표준형〉

$X=$ 단순곱 $+$ 단순곱 $+\cdots+$ 단순곱

예) $X=\overline{A}\cdot B+A\cdot\overline{B}+A\cdot B$

카르노맵으로 논리식을 간단하게 하기 위해서는 가법 표준형으로 표시되어 있어야 합니다.

학생 2 다시 말해 이것은, 만약 가법 표준형이 아닌 논리식이 있는 경우에는 우선 가법 표준형으로 고친 후 카르노맵을 이용해야 한다는 말입니까?

박사 그렇습니다. 여기서 카르노맵을 사용하여 논리식을 간단하게 변형해 가는 순서를 정리해 봅시다.

카르노맵을 사용하여 논리식을 간단하게 하는 순서

① 논리식을 가법 표준형으로 전개한다.
② 논리식의 단순곱에 대응하는 카르노맵 부분에 1을 써넣는다.
③ 세로나 가로로 인접하는 1이 쓰여진 영역을 루프로 둘러싼다.
④ 루프로 표시되어 있는 영역을 읽는다.

《예제 3》 카르노맵을 사용하여 다음의 논리식을 간단하게 하여라.

$X=\overline{A}\cdot\overline{B}+\overline{B}\cdot(A+B)$

☞ 답

① 가법 표준형으로 전개한다.

$X=\overline{A}\cdot\overline{B}+A\cdot\overline{B}+B\cdot\overline{B}=\overline{A}\cdot\overline{B}+A\cdot\overline{B}$

② 카르노맵에서 대응하는 부분에 1을 써넣는다.

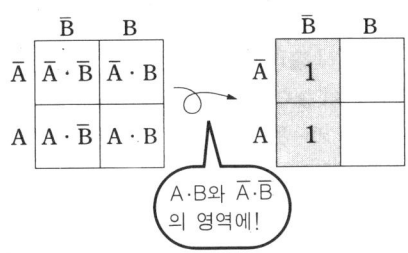

③ 세로나 가로로 인접하는 1의 영역을 루프로 둘러싼다.

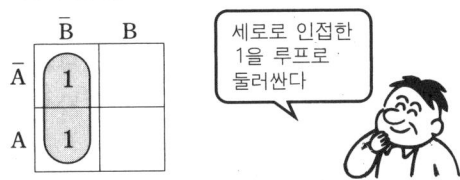

④ 루프로 표시되어 있는 영역을 읽는다.

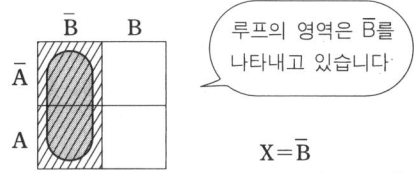

$X=\overline{B}$

박사 다음의 논리식을 간단하게 하시오.

$X=\overline{A}\cdot B+A\cdot\overline{B}$

학생 1 주어진 논리식은 이미 가법 표준형으로 되어 있으므로 미리 카르노맵에 1을 적어 넣습니다.

그런데 세로나 가로로 인접하는 부분이 없기 때문에 루프를 그릴 수 없습니다.

박사 이렇게 루프를 그릴 수 없을 때는 주어진 논리식은 더 이상 간단하게 할 수 없다는 것입니다.

학생 2 $X=\overline{A}\cdot B+A\cdot\overline{B}$, 즉 EX−OR은 더 이상 간단하게 할 수 없다는 것이군요.

학생 1 자신이 생각한 논리식을 카르노맵으로 표시해 보면, 회로가 가장 간단한 형태

로 되어 있는지 판단할 수 있겠군요.

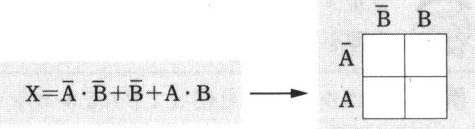

〈논리식을 카르노맵으로 확인할 수 있다〉

3변수 카르노맵

박사　다음으로 3변수 카르노맵에 대해 설명해 보겠습니다. 입력이 세 개(3변수)일 때는 다음의 카르노맵을 사용합니다.

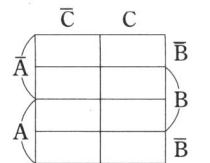

$\bar{B}$가 상하로 떨어져 배치되어 있지만 카르노맵을 사용할 때는 상하의 $\bar{B}$ 영역은 인접해 있는 것으로 생각하고 구하기 바랍니다.

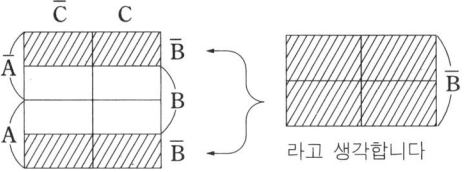

라고 생각합니다

3변수의 카르노맵이 나타내는 범위와 벤다이어그램이 나타내는 범위의 대응을 제시하였으므로 비교해 주기 바랍니다.

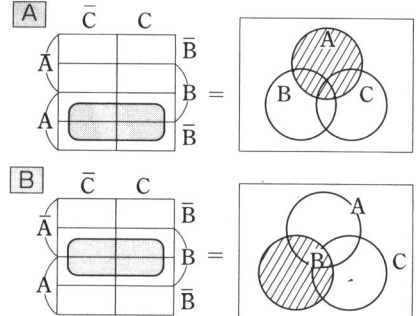

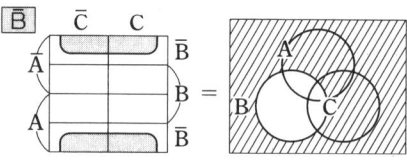

《예제 4》 3변수 카르노맵을 사용하여 분배법칙을 증명하여라
① $A \cdot (B+C) = A \cdot B + A \cdot C$
② $A + B \cdot C = (A+B) \cdot (A+C)$

☞ **답**

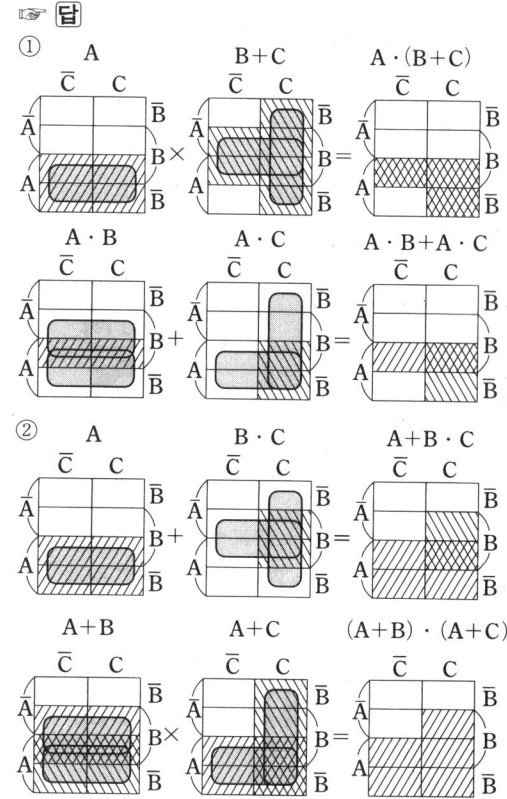

박사　카르노맵을 사용하여 3변수의 논리식을 간단하게 해 보시오.

《예제 5》 다음 논리식을 간단하게 하여라.
$$X = A \cdot B \cdot \bar{C} + A \cdot \bar{B} \cdot C + A \cdot B \cdot C + A \cdot \bar{B} \cdot \bar{C}$$

☞ **답**

논리식은 가법 표준형으로 되어 있으므로

그대로 카르노맵에서 대응하는 부분에 1을 써넣는다.

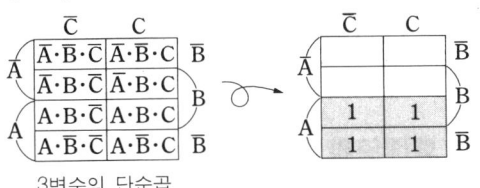

3변수의 단순곱

인접한 영역을 루프로 둘러싼다.

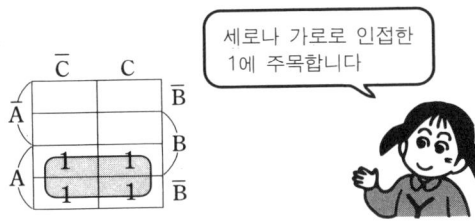

세로나 가로로 인접한 1에 주목합니다

루프로 둘러싼 영역을 읽는다.

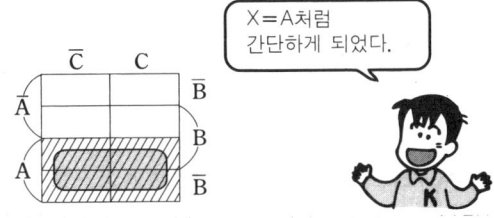

X=A처럼 간단하게 되었다.

확인문제

《문제 1》 카르노맵을 사용하여 다음의 디지털 회로를 간단하게 하여라

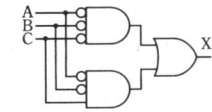

☞ 답

$X = \overline{A} \cdot \overline{B} \cdot \overline{C} + \overline{A} \cdot \overline{B} \cdot C$

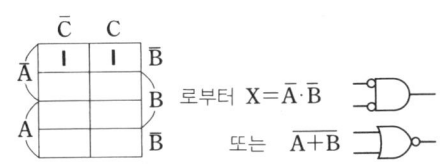

로부터 $X = \overline{A} \cdot \overline{B}$

또는 $\overline{A + B}$

❽ 논리회로의 설계

기본적인 논리회로를 설계하는 방법을 배워보자

▌진리표로부터 논리식을 구한다

박사　지금까지 게이트 소자로 구성된 회로를 디지털 회로라 불러 왔습니다. 이것은 논리회로라고도 합니다. 논리회로는 입력된 0이나 1로 구성된 디지털 신호를 처리하여 출력하는 회로입니다.

여기서는 진리표로부터 논리식을 구하는 방법을 설명하겠습니다.

(1) 가법 표준형의 논리식

박사　가법 표준형에 대해서는 카르노맵에서 설명하였습니다. 기억하고 있습니까?

학생 1　단순곱의 합의 형태로 표시된 논리식입니다.

X = ☐단순곱☐ + ☐단순곱☐ + ··· + ☐단순곱☐

예) X = A·B·C + A·B̄·C + A·B̄·C̄

가법 표준형의 논리식

박사　그렇습니다. 다음의 진리표로부터 가법 표준형의 논리식을 구하는 방법을 설명하겠습니다.

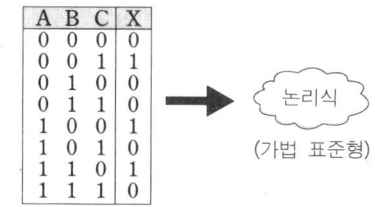

A	B	C	X
0	0	0	0
0	0	1	1
0	1	0	0
0	1	1	0
1	0	0	1
1	0	1	0
1	1	0	1
1	1	1	0

논리식
(가법 표준형)

우선, 출력이 1이 되는 경우에 주목해 봅시다.

출력 1에 주목

주목한 부분의 입력에 대해 단순곱을 만듭니다. 이때 입력이 0이면 부정, 1이면 그대로입니다.

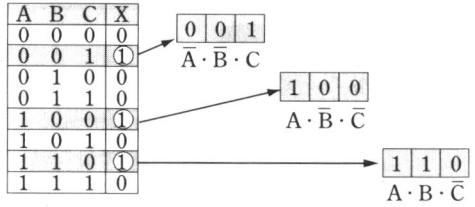

구해낸 모든 단순곱의 합을 구합니다.

$$X = \overline{A} \cdot \overline{B} \cdot C + A \cdot \overline{B} \cdot \overline{C} + A \cdot B \cdot \overline{C}$$

가법 표준형의 논리식
이 구해졌습니다

이것으로 진리표가 가법 표준형의 논리식
으로 표시되었습니다.

학생 2 논리식으로부터 진리표를 구해 본 결
과 차이가 없음을 알았습니다.

$$X = \overline{A} \cdot \overline{B} \cdot C + A \cdot \overline{B} \cdot \overline{C} + A \cdot B \cdot \overline{C}$$

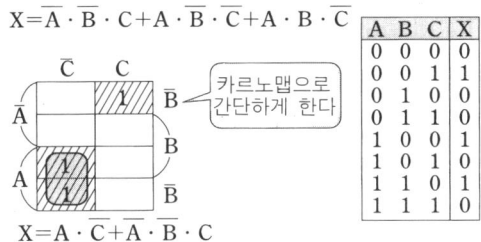

카르노맵으로
간단하게 한다

A	B	C	X
0	0	0	0
0	0	1	1
0	1	0	0
0	1	1	0
1	0	0	1
1	0	1	0
1	1	0	1
1	1	1	0

$$X = A \cdot \overline{C} + \overline{A} \cdot \overline{B} \cdot C$$

(2) 곱셈법 표준형의 논리식

박사 곱셈법 표준형은 단순합의 곱의 형
태로 표시된 논리식입니다.

$$X = \boxed{\text{단순합}} \cdot \boxed{\text{단순합}} \cdot \cdots \cdot \boxed{\text{단순합}}$$

예) $X = (A+B+C) \cdot (A+\overline{B}+\overline{C}) \cdot (\overline{A}+B+\overline{C})$

가법 표준형의 논리식

다음 진리표로부터 곱셈법 표준형의 논리
식을 구하는 방법을 설명합니다.

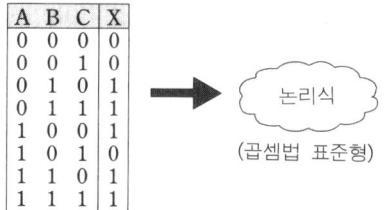

A	B	C	X
0	0	0	0
0	0	1	0
0	1	0	1
0	1	1	1
1	0	0	1
1	0	1	0
1	1	0	1
1	1	1	1

논리식

(곱셈법 표준형)

가법 표준형의 논리식을 구할 때는 출력이
1일 때를 주목하여 단순곱을 생각했지만,
여기서는 출력이 0일 때를 주목합니다.

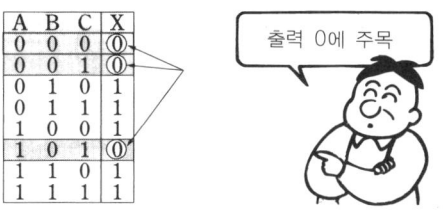

출력 0에 주목

입력이 0이면 그대로, 1이면 부정으로 생
각하고 단순합을 구합니다.

A	B	C
0	0	0

$A+B+C$

A	B	C
0	0	1

$A+B+\overline{C}$

A	B	C
1	0	1

$\overline{A}+B+\overline{C}$

구해낸 모든 단순합의 곱을 구하면 원하는
논리식을 얻을 수 있습니다.

$$X = (A+B+C) \cdot (A+B+\overline{C}) \cdot (\overline{A}+B+\overline{C})$$

학생 1 출력이 1인 곳이 적은 진리표로부
터 논리식을 구할 때는 가법 표준형, 역으로
출력이 0인 곳이 적은 진리표를 다룰 때는 곱
셈법 표준형을 구하는 방법을 선택하면 효율
적이겠군요.

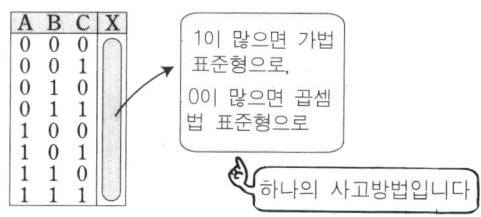

A	B	C	X
0	0	0	
0	0	1	
0	1	0	
0	1	1	
1	0	0	
1	0	1	
1	1	0	
1	1	1	

1이 많으면 가법
표준형으로,
0이 많으면 곱셈
법 표준형으로

하나의 사고방법입니다

박사 지금 학생이 말한 것도 일리는 있
습니다. 그러나 곱셈법 표준형은
가법 표준형에 비해 논리식을 간단하게 하기
가 까다롭습니다. 카르노맵을 사용하여 논리
식을 간단하게 할 때도 가법 표준형을 기준으
로 삼고 있습니다. 따라서 실제로는 가법 표
준형을 많이 이용합니다.

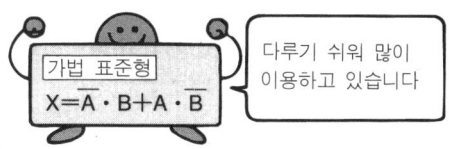

가법 표준형
$X = \overline{A} \cdot B + A \cdot \overline{B}$

다루기 쉬워 많이
이용하고 있습니다

【예제 1】

① 다음 진리표를 나타내는 논리식
(가법 표준형) 을 구하여라.

② 구해낸 논리식을 간단하게 하여라.

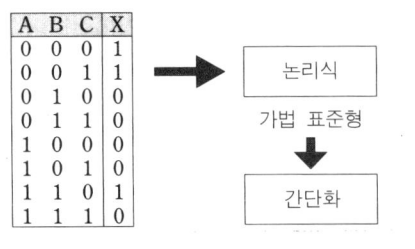

A	B	C	X
0	0	0	1
0	0	1	1
0	1	0	0
0	1	1	0
1	0	0	0
1	0	1	0
1	1	0	1
1	1	1	0

논리식
가법 표준형
↓
간단화

☞ 답

① 출력이 1일 때에 주목하여 단순곱을 구하고 논리합으로 연결한다.

A	B	C	X	
0	0	0	①	$\overline{A}\cdot\overline{B}\cdot\overline{C}$
0	0	1	①	$\overline{A}\cdot\overline{B}\cdot C$
0	1	0	0	
0	1	1	0	
1	0	0	0	
1	0	1	0	
1	1	0	①	$A\cdot B\cdot\overline{C}$
1	1	1	0	

$$X=\overline{A}\cdot\overline{B}\cdot\overline{C}+\overline{A}\cdot\overline{B}\cdot C +A\cdot B\cdot\overline{C}$$

② 카르노맵을 사용하여 회로를 간단하게 한다.

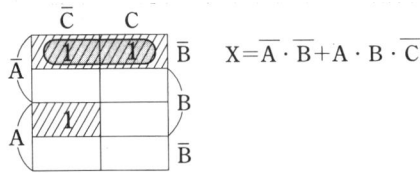

$$X=\overline{A}\cdot\overline{B}+A\cdot B\cdot\overline{C}$$

【예제 2】
① 다음의 진리표를 나타내는 논리식 (곱셈법 표준형)을 구하여라.
② 구한 논리식을 간단하게 하여라.

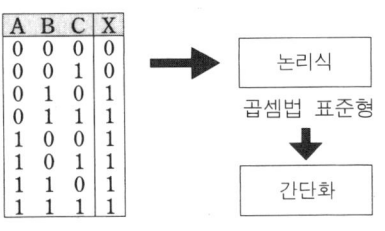

A	B	C	X
0	0	0	0
0	0	1	0
0	1	0	1
0	1	1	1
1	0	0	1
1	0	1	1
1	1	0	1
1	1	1	1

논리식
곱셈법 표준형
↓
간단화

☞ 답

① 출력이 0일 때에 주목하여 단순합을 구하고 논리곱으로 연결한다.

A	B	C	X	
0	0	0	⓪	$A+B+C$
0	0	1	⓪	$A+B+\overline{C}$
0	1	0	1	
0	1	1	1	
1	0	0	1	
1	0	1	1	
1	1	0	1	
1	1	1	1	

$$X=(A+B+C)\cdot(A+B+\overline{C})$$

② 논리식을 전개하고 간단하게 한다.

$$\begin{aligned}
X&=(A+B+C)\cdot(A+B+\overline{C})\\
&=A\cdot A+A\cdot B+A\cdot\overline{C}+A\cdot B+B\cdot B+B\cdot\overline{C}\\
&\quad+A\cdot C+B\cdot C+C\cdot\overline{C}\\
&=A\cdot(1+B+\overline{C}+B+C)+B\cdot(1+\overline{C}+C)\\
&=A+B
\end{aligned}$$

● 논리회로 설계의 순서

박사 진리표로부터 논리식을 구하는 방법을 배웠습니다. 그러나 경우에 따라서는 진리표를 스스로 만들어야만 하는 경우도 있습니다. 주어진 논리 조건으로부터 원하는 논리회로를 만드는 순서에 대해 설명하겠습니다.

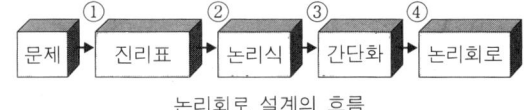

논리회로 설계의 흐름

논리회로의 설계 순서
① 대상으로 하는 문제를 잘 파악하여 이에 대응하는 진리표를 만든다.
② 진리표로부터 논리식(가법 표준형 또는 곱셈법 표준형)을 구한다.
③ 카르노맵 등을 사용하여 논리식을 간단하게 한다.
④ 논리식으로부터 논리회로를 구성한다.

《예제 3》 3명의 심사원 중 두 명 이상이 찬성했을 때 합격으로 판정하는 심사 방식이 있다. 이 심사 방식을 논리회로로 나타내어라.

☞ 답

① 진리표를 만든다.

심사위원의 의견을 찬성＝1, 반대＝0으로 생각한다. 또 판정 결과는 합격＝1, 불합격＝0으로 생각한다.

심사원			판정 결과
A	B	C	X
0	0	0	0
0	0	1	0
0	1	0	0
0	1	1	1
1	0	0	0
1	0	1	1
1	1	0	1
1	1	1	1

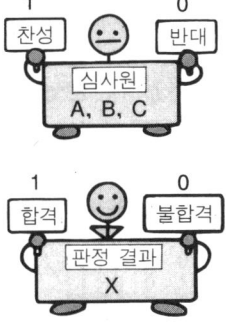

② 논리식을 구한다.

출력이 1일 때를 주목하여 가법 표준형의 논리식을 구한다.

A	B	C	X	
0	0	0	0	
0	0	1	0	
0	1	0	0	
0	1	1	①	$\overline{A} \cdot B \cdot C$
1	0	0	0	
1	0	1	①	$A \cdot \overline{B} \cdot C$
1	1	0	①	$A \cdot B \cdot \overline{C}$
1	1	1	①	$A \cdot B \cdot C$

$$X = \overline{A} \cdot B \cdot C + A \cdot \overline{B} \cdot C + A \cdot B \cdot \overline{C} + A \cdot B \cdot C$$

③ 논리식을 간단하게 한다.

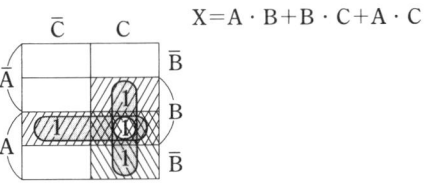

$$X = A \cdot B + B \cdot C + A \cdot C$$

④ 간단하게 한 논리식으로부터 논리회로를 구성한다.

$$X = A \cdot B + B \cdot C + A \cdot C$$

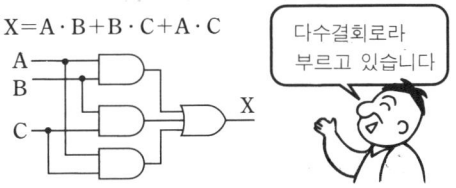

다수결회로라 부르고 있습니다

학생 1 논리회로의 설계는 어렵지 않군요.

제가 설계한 논리회로입니다

박사 디지털 회로는 아날로그 회로와 달리 까다로운 조정 개소가 없기 때문에 이론대로 구성하면 대부분 정확하게 동작합니다. 설계할 때는 논리식의 간단화에 대해 충분히 검토하고 나서 회로를 구성하도록 합니다. 같은 기능을 하는 회로라도 논리식이 간단하지 않으면 필요없는 부품을 사용하게 될 수도 있습니다.

$$X = \overline{A} \cdot B \cdot C + A \cdot \overline{B} \cdot C + A \cdot B \cdot \overline{C} + A \cdot B \cdot C$$

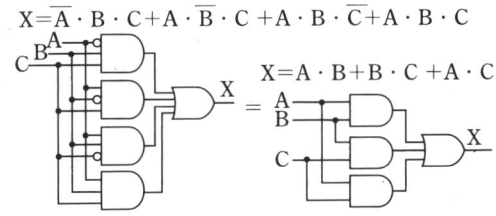

$$X = A \cdot B + B \cdot C + A \cdot C$$

게이트 IC의 종류에도 주의할 필요가 있습니다. 예를 들어 다음 논리식으로 표시되는 논리회로를 구성하는 경우를 생각해 봅시다.

$$X = A \cdot B + C$$

학생 2　저는 다음과 같은 논리회로를 설계해 보았습니다.

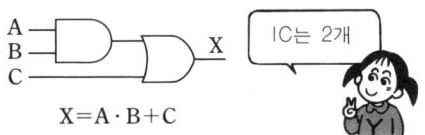

$$X = A \cdot B + C$$

IC는 2개

박사　정확하게 설계했습니다. 실제로 이 회로를 조립할 때는 AND와 OR의 게이트 IC가 각 1개씩 필요합니다. 한편 이 회로를 드모르강의 정리를 사용하여 다음과 같이 변형합니다.

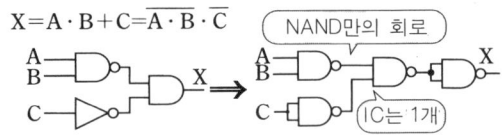

$$X = A \cdot B + C = \overline{\overline{A \cdot B} \cdot \overline{C}}$$

NAND만의 회로

IC는 1개

　그러면 이 회로는 NAND만으로도 구성할 수 있음을 알 수 있습니다. 1개의 NAND 게이트 IC(예를 들어 74LS00)에는 4개의 NAND 게이트가 들어 있습니다. 따라서 변형된 회로라면 게이트 IC 1개로 같은 동작을 일으킬 수도 있습니다.

학생 1　실제로 회로를 조립할 때는 IC와의 대응 등도 생각해야겠군요.

확인문제

《문제 1》　다음 진리표에 대응하는 디지털 회로를 구하여라.

A	B	C	X
0	0	0	0
0	0	1	0
0	1	0	1
0	1	1	1
1	0	0	1
1	0	1	0
1	1	0	1
1	1	1	0

☞ **답**　$X = \overline{A} \cdot B \cdot \overline{C} + \overline{A} \cdot B \cdot C + A \cdot \overline{B} \cdot \overline{C} + A \cdot B \cdot \overline{C}$
$\qquad = \overline{A} \cdot B + A \cdot \overline{C}$

✦ 실험 코너

디지털 회로의 기초 이론을 실험으로 확실하게 하자

▌필요한 공구

박사   지금까지 논리회로의 기초에 대해 배웠습니다.

공학을 확실히 몸에 익히기 위해서는 실험 과정을 반드시 거쳐야 합니다. 디지털 회로를 이해하는데 있어서도 실험은 매우 중요합니다.

책을 읽었을 때 간단하고 사소하게 느껴졌던 것이라도, 실제로 실험해 보면 그냥 무심코 지나쳤던 중요한 사항을 깨닫는 경우가 많습니다. 공학은 이론을 실천에 응용하는 학문입니다. 귀찮게 생각치 말고 납땜 인두를 손에 쥐고 배운 것을 실제 회로에서 시험해 봅시다.

최소한으로 준비해야 하는 공구류는 다음과 같습니다.

① 라디오펜치, 니퍼

전자 공작용 소형 펜치와 니퍼를 준비합시다.

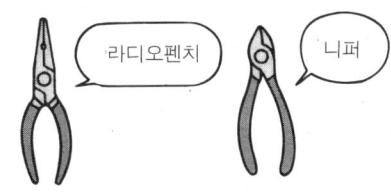

② 드라이버, 핀셋

드라이버는 크기가 여러 종류의 것을 플러스, 마이너스 형태별로 각각 준비합시다. 핀셋은 세밀한 작업을 할 때는 꼭 필요한 편리한 공구입니다. 앞이 뾰족한 전자공작용 핀셋이 시판되고 있습니다.

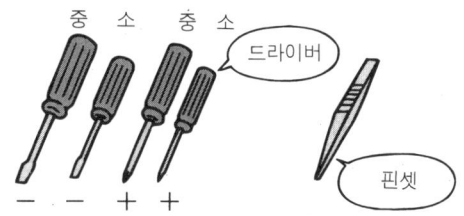

③ 납땜 인두, 인두대

15~20W 정도로 인두 끝에 세라믹을 입힌 것을 준비합시다. 인두대는 부주의로 발생될 수 있는 화재 등의 사고를 방지하는 데도 꼭 필요한 공구입니다.

④ 땜납 흡수선(solder wick)

잘못 납땜했을 때 등에 위력을 발휘하므로 반드시 준비해야 할 도구입니다.

⑤ 테스터

디지털식, 아날로그식 어느 것이라도 상관없습니다.

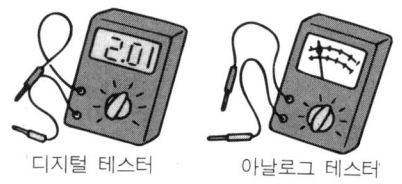

디지털 테스터   아날로그 테스터

이밖에 안정된 직류 5V를 얻을 수 있는 전원장치가 필요합니다. 이것에 대해서는 후에 설명하겠습니다.

납땜의 숙련자

박사 전자공작을 하는 경우, 무엇보다 먼저 습득해야 하는 것이 납땜 기술입니다.

유감스럽게도 초보자가 납땜을 제대로 할 수 있는 경우는 좀처럼 없습니다.

학생 1 저의 납땜 기술을 봐 주십시오

나쁜 예

저는 인두 끝에 땜납을 녹여 접속 부분에 붙이겠습니다.

접속부   땜납

박사 땜납 중에는 땜납이 잘 붙도록 해 주는 플럭스라는 기름이 들어 있습니다.

학생이 말한 방법대로 하면 납땜을 하기 전에 플럭스가 열로 날아가 버릴 우려가 있습니다. 또 땜납이 녹아 접속 부분에 들러 붙기 위해서는 접속 부분도 가열되어 있어야 합니다. 그럼 납땜 기술의 핵심에 대해 알려 드리겠습니다.

납땜 기술의 핵심

① 인두 끝을 접속부에 대고 수 초간 가열한다.

우선 접속부를 가열한다

② 그 상태에서 땜납을 인두 끝과 접속부 사이에 적당량 녹인다.

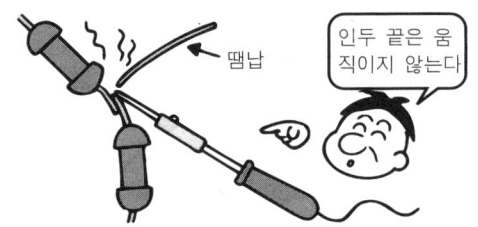

땜납

인두 끝은 움직이지 않는다

③ 땜납이 녹아 접속부로 흘러 들어가는지를 확인한다. 여기서 인두 끝을 떼는 것은 절대 금지! 인두 끝을 접속부에 댄 채 2초 정도 기다린 후 인두 끝을 뗀다.

땜납이 녹아도 곧바로 인두 끝을 떼지 않는다.

실제로 회로를 만들기 전에 납땜 연습을 충분히 해 두도록 합니다.

직류 전원 장치

박사　직류 5V를 얻을 수 있는 전원장
　　치를 준비 못한 사람을 위해 3단
자 레귤레이터를 사용한 간단한 전원장치를
만드는 방법에 대해 설명하겠습니다.

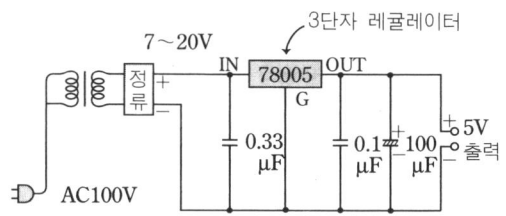

　3단자 레귤레이터란 광범위한 직류 입력전
압으로부터 안정된 출력전압을 얻을 수 있게
해 주는 IC입니다.

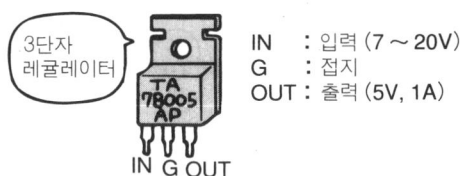

IN ： 입력 (7 ~ 20V)
G ： 접지
OUT ： 출력 (5V, 1A)

　입력용 직류전압을 얻기 위해서는 라디오
카세트용 등의 AC 어댑터를 준비해야 합니
다. 출력전압은 7~20V인 것이 적합합니다.

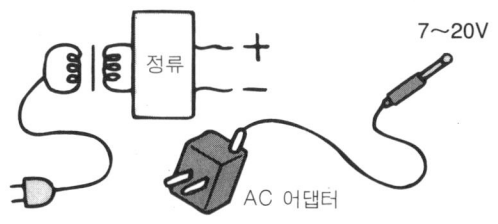

입력신호용 스위치 회로

박사　디지털 회로에 0이나 1의 신호를
　　입력하기 위한 스위치 회로를 제작

해 봅시다. 이 실험에서는 신호 1을 5V, 신호
0을 0V에 대응시키는 정논리를 사용합니다.

학생 2　그렇다면 다음과 같은 회로가 되겠
　　군요.

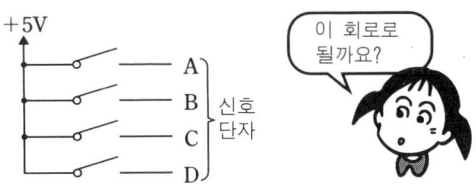

박사　이와 같이 생각한 회로에서는, 스
　　위치를 닫았을 때는 5V가 나오지
만 스위치를 열었을 때는, 각 단자는 어디에
도 연결되지 않은 상태가 됩니다.

　보통 디지털 회로에서는 신호 0은 0 전위,
즉 어스에 접속된 상태로 보고 있습니다. 어디
에도 연결되지 않은 신호에서는 불안정한 동작
을 하는 디지털 회로도 있으므로 주의하기 바
랍니다.

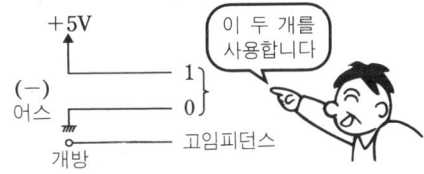

　따라서 신호입력 스위치의 회로도는 다음
과 같이 합니다.

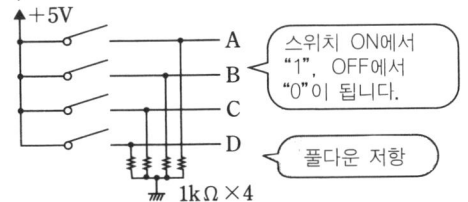

　스위치는 스냅 스위치를 사용하면 좋겠지
요. 제작한 후에는 전원장치에 연결하기 전
에 테스터로 배선을 확인하고, 이상이 없으
면 전원장치에 연결하여 단자의 출력전압을
확인하십시오.

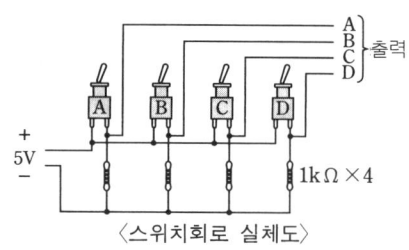

〈스위치회로 실체도〉

출력 표시 회로

박사 다음은 논리회로의 출력 결과를 표시하는 회로를 제작해 봅시다. 출력 결과를 보려면 테스터로 출력단자에 5V가 나오고 있는지를 조사해도 되지만, 까다로운데다가 복수의 출력단자의 출력을 동시에 볼 수 없으므로 LED를 사용하여 출력을 확인할 수 있는 회로를 만들어 봅시다.

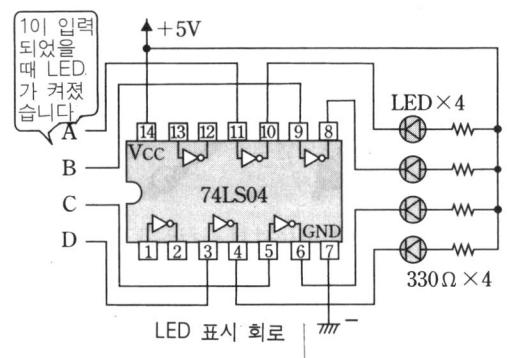

LED 표시 회로

여기서는 4개의 LED를 사용했으나 여유가 있으면 더 많이 사용하기 바랍니다.

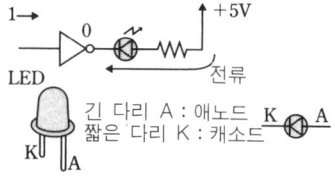

긴 다리 A : 애노드
짧은 다리 K : 캐소드

실험해 봅시다

학생 1 준비가 완료됐습니다. 그럼 실험을

시작하죠.

박사 그러면 AND 회로부터 실험해 봅시다. AND 게이트 IC에는 74LS08 등이 있습니다. IC 등의 반도체는 열에 약하다는 것이 결점입니다.

보통의 납땜 열에 망가지는 경우는 거의 없습니다만, 걱정이 되면 IC 소켓을 이용하십시오.

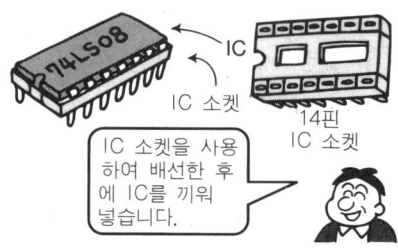

IC 소켓을 사용하여 배선한 후에 IC를 끼워넣습니다.

학생 2 우선 게이트 IC를 동작시키기 위한 전원을 연결해야 하겠군요.

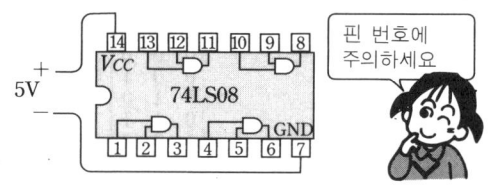

핀 번호에 주의하세요

박사 먼저 제작한 입력신호용 스위치 회로와 출력표시용 LED 회로를 접속하여 AND 게이트의 동작을 진리표로 알아 봅시다.

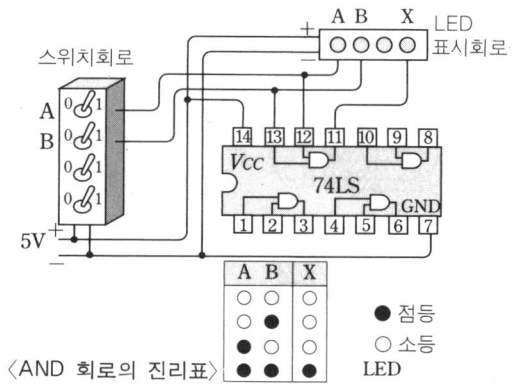

〈AND 회로의 진리표〉

● 점등
○ 소등
LED

출력이 0일 때는 0V이고, 1일 때는 5V가

나오고 있는 것도 테스터로 확인해 봅시다.

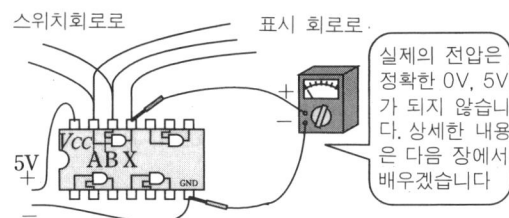

실제의 전압은 정확한 0V, 5V 가 되지 않습니다. 상세한 내용은 다음 장에서 배우겠습니다.

이밖에 몇 개의 게이트 IC를 준비하여 지금까지 배운 회로를 실험해 보기 바랍니다.

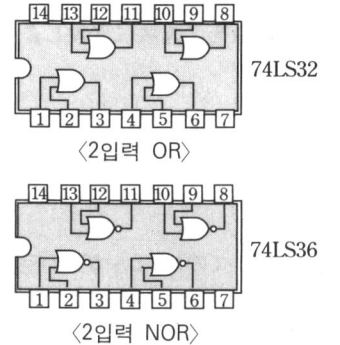

74LS32
〈2입력 OR〉

74LS36
〈2입력 NOR〉

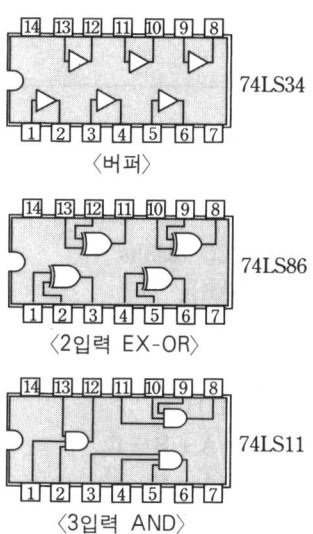

74LS34
〈버퍼〉

74LS86
〈2입력 EX-OR〉

74LS11
〈3입력 AND〉

《문제 1》 다음 두 개의 EX-OR 회로는 같은 기능을 하고 있음을 실험으로 확인하여라.

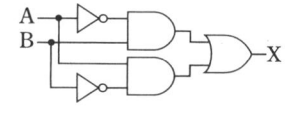

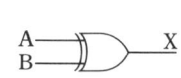

AND : 74LS08
OR : 74LS32
NOT : 74LS04
EX-OR: 74LS86

제 1장 도전 문제

1 다음의 2진수를 10진수로 변환하여라.
  ① $(101110)_2$
  ② $(1010111)_2$

2 다음의 2진수를 16진수로 변환하여라.
  ① $(111011)_2$
  ② $(1000110011)_2$

3 다음의 10진수를 2진수로 변환하여라.
  ① 289
  ② 5198

4 다음의 16진수를 2진수로 변환하여라.
  ① $(AC9)_{16}$
  ② $(6FF)_{16}$

5 변수 3개에 대한 드모르강의 정리를 적어라.

6 다음 이론식을 전개하여 간단하게 하여라.
  $X = (A + \overline{B} + C) \cdot (A + B + \overline{C})$

7 다음 논리회로에 대해 답하여라.

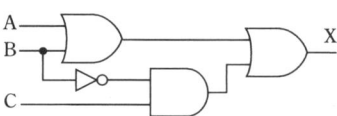

  ① 논리식을 구하여라.
  ② 구해낸 논리식을 카르노맵을 사용하여 간단하게 하여라.
  ③ 간단하게 한 논리식을 벤다이어그램으로 나타내어라.
  ④ 진리표를 작성하여라.

8 다음의 진리표를 논리식으로 나타내어라.

①

A	B	C	X
0	0	0	1
0	0	1	0
0	1	0	1
0	1	1	0
1	0	0	0
1	0	1	0
1	1	0	1
1	1	1	0

②

A	B	C	X
0	0	0	1
0	0	1	0
0	1	0	1
0	1	1	1
1	0	0	0
1	0	1	0
1	1	0	1
1	1	1	1

답

1 ① 46
   ② 87

2 ① $(3B)_{16}$ ② $(233)_{16}$

3 ① $(100100001)_2$
   ② $(1010001001110)_2$

4 ① $(101011001001)_2$
   ② $(11011111111)_2$

5 $\overline{A \cdot B \cdot C} = \overline{A} + \overline{B} + \overline{C}$
   $\overline{A + B + C} = \overline{A} \cdot \overline{B} \cdot \overline{C}$

6 $X = (A + \overline{B} + C) \cdot (A + B + \overline{C})$
   $= A \cdot A + A \cdot B + A \cdot \overline{C} + A \cdot \overline{B} + B \cdot \overline{B} +$
   $\quad \overline{B} \cdot \overline{C} + A \cdot C + B \cdot C + C \cdot \overline{C}$
   $= A \cdot (1 + B + \overline{C} + \overline{B} + C) + \overline{B} \cdot \overline{C} +$
   $\quad B \cdot C$
   $= A + \overline{B} \cdot \overline{C} + B \cdot C$

7 ① $X = A + B + \overline{B} \cdot C$

②
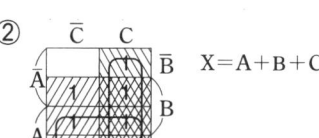
$X = A + B + C$

③
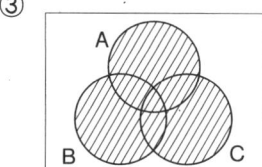

④
A	B	C	X
0	0	0	0
0	0	1	1
0	1	0	1
0	1	1	1
1	0	0	1
1	0	1	1
1	1	0	1
1	1	1	1

8 ① $X = \overline{A} \cdot \overline{B} \cdot \overline{C} + \overline{A} \cdot B \cdot \overline{C} + A \cdot B \cdot \overline{C}$
   ② $X = (A + B + \overline{C}) \cdot (\overline{A} + B + C) \cdot (\overline{A} + B + \overline{C})$

제 2 장
디지털 IC를 마스터하자

이 장의 목표

디지털 회로를 작성할 때는 디지털 IC를 사용한다. 디지털 IC 에 대해서는 제1장에서도 약간 다루었지만, 이 장에서는 실제로 디지털 IC를 사용할 때 필요한 지식에 대해 설명한다.

디지털 IC는 TTL형과 C-MOS형으로 크게 나눌 수 있으며, 우선 각각의 특징을 이해하는 것이 중요하다.

현재는 상당히 많은 종류의 디지털 IC가 시판되고 있고, 대부분의 디지털 IC는 누구라도 손쉽게 구할 수 있다. 그러나 실제로 회로를 구성하려고 하면, 규격표를 보고 핀 배치를 찾거나 IC의 특징을 확인해야만 하는 경우도 있다. 이 장에서는 디지털 IC의 종류와 규격표의 사용법을 설명한다. 또 디지털 IC를 사용할 때의 기본적인 주의 사항에 대해서도 설명한다. 아무리 우수한 성능을 가진 IC라도 사용법을 잘 몰라 망가뜨려서야 소용이 없으므로 정확한 사용법을 습득하여 IC의 성능을 충분히 활용하자.

디지털 회로의 세계는 매우 엄밀하기 때문에 규칙대로만 하면 성실히 동작한다. 반면 지나치게 엄밀하여 지금까지의 전자회로에서는 사소했던 것이라도 디지털 회로의 세계에서는 통용되지 않는 경우도 있다.

이 장에서 디지털 IC를 자유자재로 구사할 수 있도록 기초 지식을 배워 보자.

❶ TTL과 C-MOS

디지털 IC의 두 가지 타입의 차이점을 이해하자

TTL과 C-MOS의 구조

박사 디지털 IC에는 TTL과 C-MOS의 2종류가 있습니다.

예를 들어 AND 동작을 하는 게이트 IC에도 2종류가 있습니다. 이들 IC는 구조나 전기적인 특성이 크게 다르기 때문에 각각의 특징을 이해하고 사용하는 것이 중요합니다.

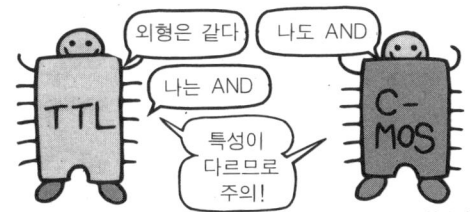

TTL은 NPN형 트랜지스터를 중심으로 만들어졌고, C-MOS는 FET(전계효과형 트랜지스터)를 사용하여 만들어졌습니다.

TTL은 바이폴러, C-MOS는 유니폴러라고도 합니다.

학생 2 둘의 차이점을 좀더 상세하게 가르쳐 주세요.

구조상의 차이를 TTL부터 설명하겠습니다.

박사 TTL이란 Transistor Transistor Logic의 약자로, 다음의 기본회로처럼 트랜지스터를 사용하여 구성되어 있습니다.

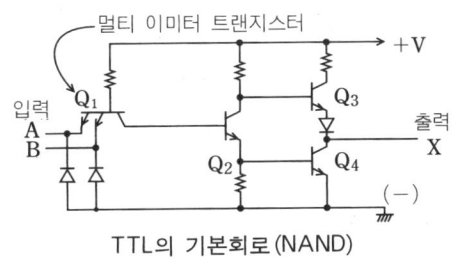

TTL의 기본회로(NAND)

학생 1 트랜지스터 Q_1은 이미터가 두 개 있군요.

박사 이렇게 복수의 이미터를 가진 트랜지스터를 멀티 이미터 트랜지스터라 부릅니다. 예를 들어 3입력 NAND이면 세 개의 이미터를 가진 멀티 이미터 트랜지스터가 사용됩니다.

학생 2 앞에서 배웠듯이 NAND를 가지고 있으면 그것으로 다른 게이트도 구성할 수 있겠지요.

박사 그렇습니다. 이로부터 앞의 NA-
ND 회로를 기본회로라 부르는
것입니다.

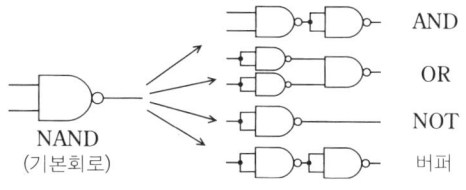

AND
OR
NOT
버퍼

NAND
(기본회로)

C-MOS(Complementary Metal
Oxide Semiconductor)의 기본회로는
다음과 같이 구성되어 있습니다.

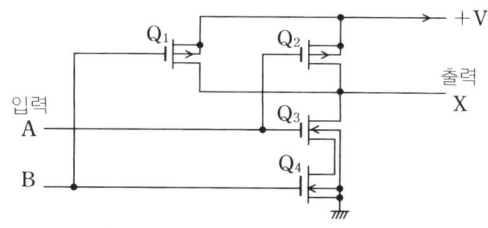

C-MOS의 기본회로(NAND)

학생 1 C-MOS쪽이 부품수가 적어 간단
하겠군요.

박사 그래서 구조적으로 C-MOS는 집
적화가 쉬워 만들기 쉽지요. 그러
나 성능면에서 비교하면 각각에 장단점이 있
습니다.

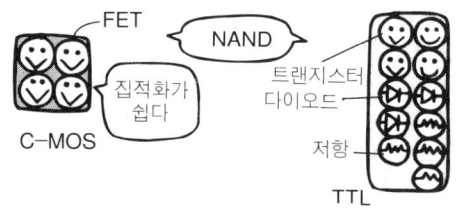

● 전기적 특성

박사 TTL의 규격에는 일반용의 74시
리즈와 군용의 54시리즈가 있습
니다.

물론 군용 규격쪽이 보다 엄격한 조건에서
사용할 수 있도록 만들어져 있습니다.
  그러나 우리들은 일반용으로 충분합니다.
따라서 이제부터 TTL은 74시리즈에 대해
알아보겠습니다.
  TTL과 C-MOS의 최대정격은 다음과 같
이 알려져 있습니다.

표준 시리즈 항목	TTL	C-MOS
전원전압	7V	20V
입력전압	5.5V	전원+0.5V
동작온도	0~70℃	-40~85℃
보존온도	-65~150℃	-65~150℃

〈TTL과 C-MOS의 최대정격〉

  최대정격을 넘는 조건에서 사용하면 IC가
망가져 버리므로 주의해야 합니다.

학생 1 TTL의 최대 전원전압은 7V이지
만 C-MOS에서는 최대 20V에서도 동작하
는군요.

박사 그렇습니다. 이것은 TTL과 C-
MOS의 큰 차이점입니다.

  다음에 좀더 상세하게 전기특성을 비교해

표준 시리즈 항목	TTL	C-MOS
입력저항	4kΩ	상당히 높다
전달지연시간	10ns	약 150ns
소비전력	10mW (게이트당)	사용조건에 따라 다르지만 TTL보다 적다

〈TTL과 C-MOS의 전기 특성〉

보겠습니다.

권장 동작전원전압

학생 2　전달 지연 시간이란 무엇입니까?

박사　게이트의 입력단자에 신호가 들어와 출력단자에서 신호가 나오기까지 걸리는 시간입니다.

학생 1　전달 지연 시간이 짧을수록 고성능이 되겠군요.

학생 2　이 점에서는 TTL이 우세하지요.

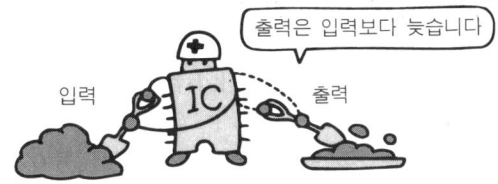

학생 1　지금까지 정논리에서는 5V를 논리신호 1, 0V를 논리신호 0으로 하여 논리회로를 생각해 왔습니다. 실제의 디지털 IC에서는 몇 볼트를 경계로 하여 1과 0을 구별하고 있는지요?

박사　아주 좋은 질문입니다. 1과 0을 구별하는 전압을 논리레벨이라고 합니다.

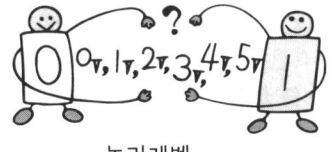

논리레벨

예를 들어 다음과 같은 회로를 만들어 입력 A에 거는 전압을 0V에서 5V까지 올렸습니다. 이때의 입력－출력전압 특성은 다음과 같습니다.

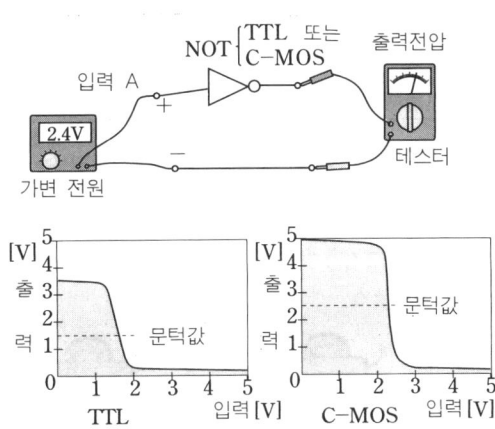

입력전압-출력전압 특성

학생 2　입력전압이 0V, 즉 논리신호 0일 때 출력의 논리신호는 1입니다. 이때의 출력전압은 TTL에서 약 3.5V, C-MOS에서는 약 5V입니다. TTL과 C-MOS에서는 출력 1을 나타내는 출력전압이 다르군요.

박사　그렇습니다. 또 TTL에서는 입력전압이 1V를 조금 넘기 전까지 입력신호는 0으로 판단되지만, C-MOS에서는 2V를 조금 넘기 전까지 입력신호는 0으로 판단됩니다.

TTL과 C-MOS를 함께 회로를 구성할 때는 이 점에 충분히 주의해야 합니다. 이점에 대해서는 후에 설명하겠습니다.

다시 한번 위의 입력전압－출력전압 특성을 봐 주십시오. 입력전압과 출력전압이 같아지는 점의 전압을 문턱값(threshold)이라 합니다. 문턱전압은 논리신호 0과 1을 구별하는 경계전압으로 볼 수 있는데, TTL이 C-MOS보다 낮습니다.

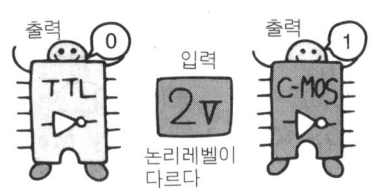

학생 2　또 C-MOS의 입력저항은 상당히 높군요.

박사　그렇습니다. C-MOS의 입력단자는 MOS형 FET의 게이트에 연결되어 있습니다.

MOS형 FET의 입력저항은 상당히 높습니다.

입력저항이 높다라는 것은 전류가 거의 흐르지 않는다는 것을 의미합니다. 이것은 이점일 수도 있지만, C-MOS의 입력단자는 약 5pF 정도의 정전용량을 가지고 있기 때문에, 여기에 정전기가 축적되어 FET의 게이트를 망가뜨릴 수도 있습니다.

학생 1　즉 C-MOS는 정전기에 약하다는 것이군요.

박사　C-MOS형의 IC를 다룰 때는 핀에 접촉하지 않도록 주의해야 합니다. 또 보존할 때에도 알루미늄 호일에 싸두거나 전기전도 스폰지에 꽂아 정전기에 영향받지 않도록 신경써야 합니다.

학생 2　그런데 소비전력은 어떤지요?

박사　소비전력은 C-MOS쪽이 적게 듭니다. 이것은 C-MOS의 커다란 이점이지요.

학생 1　지금까지 배운 TTL과 C-MOS의 차이점을 정리해 보겠습니다.

항　목	TTL	C-MOS
입력저항	낮다	높다
동작전압	5V	3~18V
스피드 (전달 지연 시간)	빠르다 (짧다)	느리다 (길다)
문턱전압	약 1.5V	약 2.5V (전원전압 5V)
소비전력	많다	적다

〈TTL과 C-MOS의 비교〉

 ## 74시리즈와 4000시리즈

박사　TTL에서는 74시리즈가 흔히 사용되고 있습니다. 명칭을 붙이는 형식은 다음과 같습니다.

```
메이커      74      패밀리      형번      외형
 └SN : 텍사스사    └LS : 고속          └N, AP 등
  MC : 모토롤러사    HC : C-MOS
  TD : 도시바        형 등
  HD : 히타찌 등
```

〈74시리즈 명칭의 예〉

74시리즈는 처음에는 TTL에만 있었지만, 그 후 C-MOS형의 HC 패밀리가 개발되었습니다. 이것은 C-MOS의 결점인 속도를 TTL 수준으로 고속화한 것입니다.

또 HC 패밀리는 지금까지의 TTL과 같은 핀 배치를 채용하고 있기 때문에 교환성도 우수한 IC입니다.

C-MOS에서는 4000시리즈가 흔히 사용
되고 있습니다. 명칭을 붙이는 방법은 아래
와 같습니다.

메이커 40 형번 출력단 형식 외형
└─B, UB 등

〈4000시리즈 명칭의 예〉

IC의 형상

박사 IC에는 다음과 같은 형상이 있습
니다.

DIP형   플랫형   SIP형

핀 번호는 다음과 같이 붙어 있습니다.

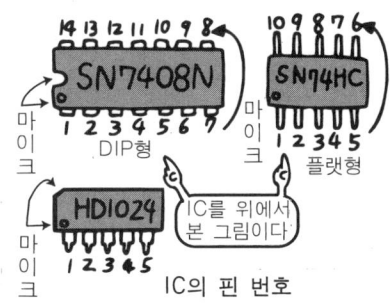

IC의 핀 번호

우리들에게는 DIP형이 취급하기 쉬울 것
으로 생각됩니다. 납땜할 때에 발생되는 열
을 피할 수 있고 교환하기 쉬운 IC 소켓을
사용할 것을 권합니다. IC 소켓을 사용할 때
는 크기나 핀의 수에 주의해 주십시오.

확인문제

《문제 1》 TTL과 C-MOS를 다음과 같은 점에서 비교하여라.
① 집적화의 용이성   ② 동작전압   ③ 문턱전압
④ 속도   ⑤ 소비전력

☞ 답 본문 참조

❷ IC를 사용할 때 주의할 점(1)

IC의 올바른 사용법을 마스터하자

● 일반적인 주의 사항

박사　IC를 사용하면 간단하게 디지털회로를 구성할 수 있습니다. 여기서는 IC를 사용함에 있어 주의해야 할 사항에 대해 설명하겠습니다. 아무리 고성능인 IC라도 주의 사항을 지키지 않으면 망가져 버릴 수 있습니다.

IC 취급상의 주의 사항

① 최대정격을 넘는 전압이나 전류에서 사용하지 않는다.

특히 IC는 역전압에 약하기 때문에 전원전압의 극성에 주의하도록 합니다.

② 납땜을 할 때는 핀 1개마다 10초 이내에 끝낸다.

IC의 열에 대한 최대정격은 보통 260℃에서 10초간입니다.

납땜 인두의 온도는 약 250℃∼300℃이므로, 10초 이상 핀을 가열하면 IC가 망가집니다.

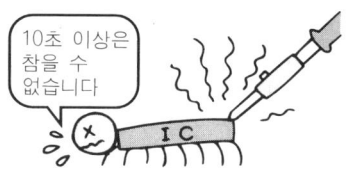

③ IC의 핀은 휘지 않게 조심한다.

IC의 핀은 휘는 경우에 대비해서 만들어져 있지 않습니다.

특히 밑동부터 휘면 곧 부러지므로 주의합니다.

④ 고온 다습한 장소에서 사용하거나 보관하는 것은 피한다.

고온 다습한 장소에 두면 IC의 플라스틱

패키지를 통해 수분이 내부까지 침입하는 경우도 있습니다.

⑤ 기계적인 충격을 주지 않는다.

최근의 IC는 기계적 진동에 대해 상당한 내성이 있지만, 과신은 금물입니다. 과도한 충격을 주면 당연히 망가집니다.

⑥ 핀 번호를 틀리지 않도록 한다.

IC는 특히 핀 수가 많은 전자 부품입니다. 배선할 때는 핀 번호가 틀리지 않았나 충분히 확인합시다.

⑦ C-MOS에서는 정전기로 인한 입력 단자의 파괴에 주의한다.

앞에서 설명했듯이 C-MOS의 입력단자는 약간이긴 하지만 정전용량을 가지고 있습니다. 정전기의 축적에 의한 고전압으로 입력 단자가 망가지지 않도록 주의합시다. 최근의 C-MOS에는 정전기에 대한 보호회로를 갖춘 것도 있지만, 쓸데없이 핀에 접촉하거나 하는 행동은 하지 않도록 합니다.

또 금속제의 인두 끝을 사용한 납땜 인두를 사용하면 거기에서 정전기가 흐르는 경우가 있습니다. C-MOS에는 세라믹형 인두 끝을 사용하도록 합니다.

보존할 때는 알루미늄 호일로 싸거나 전기 전도 스폰지에 꽂아 둡니다.

⑧ TTL과 C-MOS를 함께 사용할 때는 전원전압이나 논리레벨 등에 충분한 주의를 기울인다.

상세한 내용은 후에 설명하겠습니다.

⑨ 원칙적으로 출력핀끼리는 접속하지 않는다.

최대정격을 넘는 전류가 흘러 IC를 망가뜨리는 경우가 있습니다.

기타 배선작업을 할 때는 전원을 끊어 두는 등 일반적인 전자 부품과 마찬가지로 주의가 필요하다.

팬아웃 (TTL)

박사 TTL의 출력핀을 다른 입력핀에 접속한 경우를 생각해 봅시다.

출력핀이 신호 0일 때는 입력핀에서 출력핀으로 전류가 흘러 들어갑니다.

입력핀에서 흘러 나가는 전류를 토출전류, 출력핀으로 흘러 들어가는 전류를 흡입전류라 합니다.

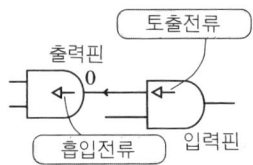

출력핀이 신호 1일 때는 출력핀에서 입력핀으로 전류가 흘러 들어갑니다.

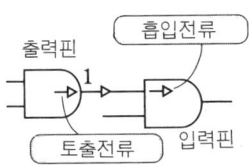

이때는 출력핀으로 흘러 나오는 전류를 토출전류, 입력핀으로 흘러 들어가는 전류를 흡입전류라 합니다.

학생 1 실제의 토출전류와 흡입전류의 크기를 가르쳐 주십시오.

박사 74LS 시리즈에서는 입력핀의 토출전류는 최대 0.4mA, 흡입전류는 최대 20μA, 출력핀의 토출전류는 최대 400μA, 흡입전류는 최대 8mA입니다.

학생 2 예를 들어 출력핀을 세 개의 입력핀에 접속하고, 출력핀이 신호 0인 경우는 다음과 같은 상태가 되겠군요.

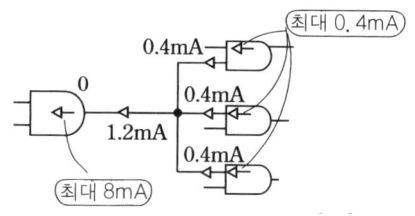

학생 1 출력핀의 최대 흡입전류는 8mA이므로, 접속하는 입력핀의 수를 무제한으로 증가시킬 수는 없겠군요.

박사 바로 그렇습니다. 입력핀 1개당 0.4mA를 토출한다고 하면, 8mA÷0.4mA＝20개가 출력핀이 신호 0일 때에 접속할 수 있는 최대 입력핀수가 됩니다. 이 수를 팬아웃(Fan-Out)이라 합니다.

학생 2 출력핀을 세 개의 입력핀에 접속하고 출력핀이 신호 1인 경우는 다음과 같은 상태가 되겠군요.

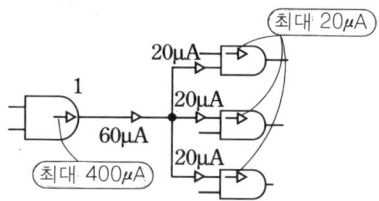

박사 이 경우의 팬아웃을 계산하시오.

학생 1 출력핀이 토출시키는 전류의 최대가 400μA이므로, 400μA÷20μA＝20개가 팬아웃이 됩니다.

박사 결국 74LS시리즈의 출력핀 하나에는 최대 20개까지의 입력핀이 연결될 수 있습니다.

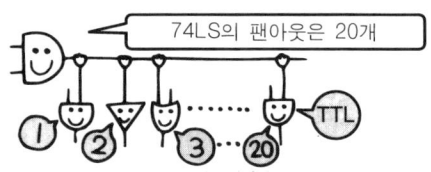

출력핀에 LED를 접속한 경우를 생각해 봅시다. LED가 발광할 때는 5mA의 전류

가 흐른다고 합시다. 다음의 두 가지 접속을 생각할 수 있습니다.

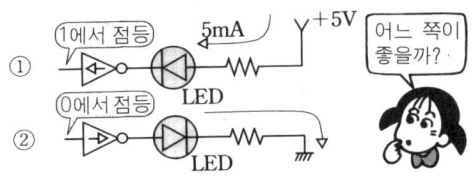

학생 2 ①에서는 출력핀의 최대 흡입전류는 8mA이므로, 문제되지 않겠군요. 그러나 ②에서는 LED가 발광할 때에 출력핀의 토출전류 400μA를 초과하는 전류가 흘러 버리게 됩니다.

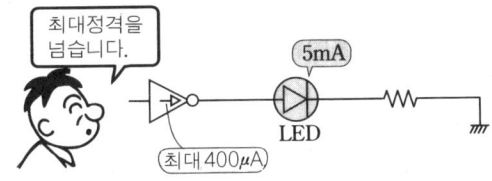

박사 IC를 사용할 때는 토출전류나 흡입전류에 대해 충분한 주의를 기울여 회로를 생각하도록 합시다.

팬아웃 (C-MOS)

이번에는 C-MOS의 팬아웃을 생각해 봅시다.

학생 2 C-MOS의 입력저항은 매우 높기 때문에 전류가 거의 흐르지 않습니다.

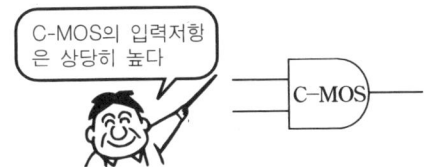

학생 1 그렇다면 팬아웃을 신경쓰지 않고, 1개의 출력핀에 많은 입력핀을 접속할 수 있겠군요.

박사 그런데 그렇지가 않습니다. C-MOS의 입력핀에는 정전용량이

있습니다. 입력신호가 0에서 1, 혹은 1에서 0으로 변할 때마다 이 정전용량에 충방전 전류가 흐르게 됩니다. 이 때문에 C-MOS의 팬아웃은 약 50개라고 보면 됩니다.

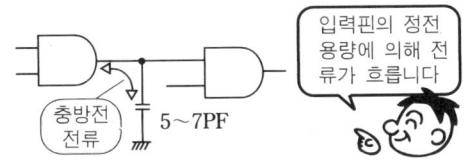

출력핀의 확장

박사 한 개의 출력핀에 팬아웃 이상의 입력핀을 연결하는 방법도 있습니다.

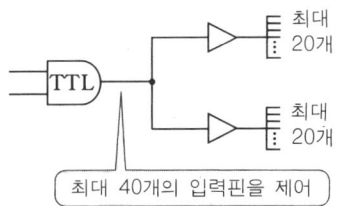

학생 1 이럴 때 논리적으로는 아무 기능도 하지 않는 버퍼는 편리하겠군요.

입력핀의 확장

학생 2 그런데 박사님, 입력핀쪽은 어떻습니까?

박사 입력핀의 확장을 생각해 봅시다. 예를 들어 2입력의 AND로 입력이 여러 개인 AND를 구성할 수 있습니다.

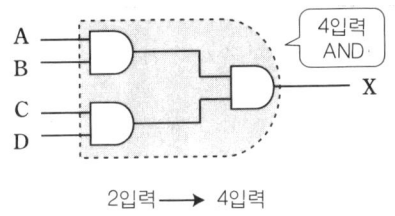

2입력 ⟶ 4입력

학생 2 마찬가지로 OR의 입력도 확장할 수 있습니다.

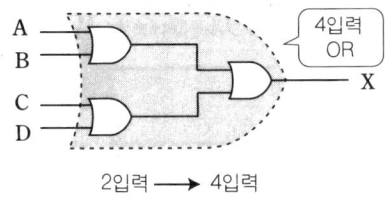

2입력 ⟶ 4입력

박사 역으로 입력이 여러 개인 AND의 입력핀을 줄이기 위해서는 사용하지 않는 입력핀을 신호 1에 접속해 두면 됩니다.

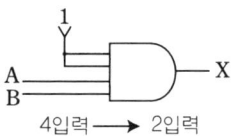

4입력 ⟶ 2입력

학생 1 OR의 경우는 사용하지 않는 입력핀을 신호 0에 접속해 두면 되겠군요.

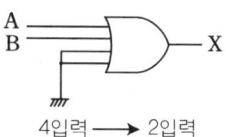

4입력 ⟶ 2입력

확인문제

《문제 1》 하나의 출력핀에 연결되는 입력핀수에는 제한이 있다. 그 이유를 TTL 과 C-MOS 각각에 대해 설명하여라.

☞ 답

TTL에서는 흡입전류와 토출전류의 최대값이 정해져 있다. C-MOS에서는 입력핀에는 정전용량이 있기 때문에 충방전 전류를 고려할 필요가 있다. 이 때문에 하나의 출력핀 에 연결되는 최대입력핀 수는 TTL이 20개, C-MOS가 50개 정도가 된다.

❸ IC를 사용할 때 주의할 점(2)

IC를 올바르게 활용하는 지식을 마스터하자

● 사용하지 않는 핀의 취급

학생 2　예를 들어 AND 게이트가 4개 봉입된 IC에서 세 개의 게이트를 사용했다고 하면, 사용하지 않은 게이트의 핀은 어떻게 하면 좋은지요?

　그대로 개방된(어디에도 연결하지 않는다) 상태로 두어도 됩니까?

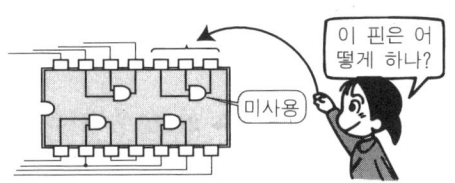

박사　사용하지 않는 게이트의 핀은, 실제적으로 개방시켜놔도 별 문제 없습니다. 그러나 원칙적으로는 미사용 입력핀은 0 또는 1에 접속하고, 출력핀은 개방해 두어야 합니다. 이것은 TTL, C-MOS 모두 공통입니다.

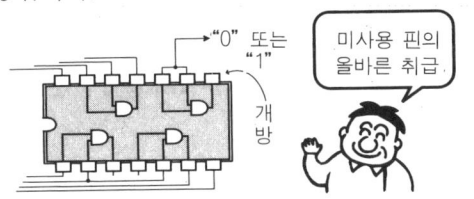

학생 1　어디에도 연결되지 않은 입력핀은 어떠한 상태에 있다고 보면 됩니까?

박사　개방 상태의 입력핀은 TTL에서는 1의 상태, C-MOS에서는 불안정한 상태에 있다고 생각할 수 있습니다.

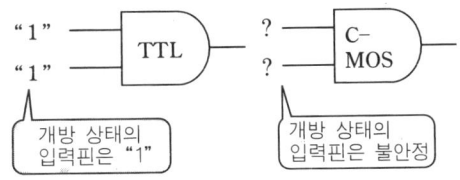

　결국 입력핀이 개방되어 있다는 것은 트러블의 원인을 제공할 수도 있으므로 0이나 1의 적당한 곳에 연결하도록 합니다.

● 풀업 저항(pull-up resistor)

박사　다음의 회로를 봐 주십시오.

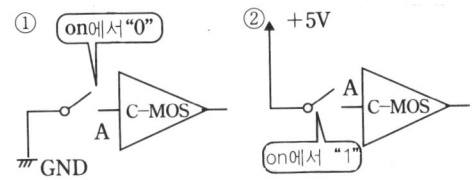

스위치를 ON으로 하면 단자 A(C-MOS의 입력)는, ①의 회로는 0, ②의 회로는 1이 됩니다. 그러나 스위치가 OFF일 때는 단자 A는 개방되어 버립니다.

학생 2 C-MOS에서는 입력단자가 개방되어 있을 때는 불안정한 상태였지요.

박사 그렇습니다. 따라서 저항 R을 다음과 같이 접속합니다. 그러면 스위치가 OFF일 때라도 단자 A는 저항을 통해 ①에서는 1, ②에서는 0으로 연결되지요. 이러한 저항을 풀업 저항, 또는 풀다운 저항이라 부릅니다.

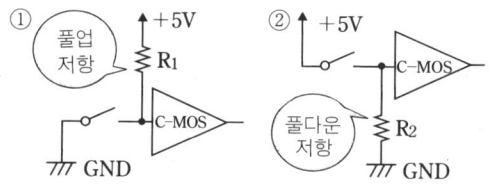

또 TTL의 출력 1일 때의 전압은 실제로는 5V보다 낮았습니다. 이때에 수십 kΩ의 풀업 저항을 사용하면 출력을 5V 정도 올릴 수 있습니다.

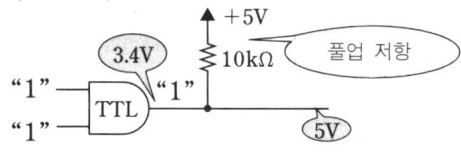

긴 배선에서 잡음이나 전압강하의 영향으로 신호가 잘못되어 회로가 이론대로 동작하지 않을 때에도, 단 하나의 풀업 저항으로 동작을 정상적으로 복귀시킬 수 있는 경우도 많습니다.

풀업 저항은 강한 아군

개방 컬렉터(open collector)

박사 TTL에는 출력단의 트랜지스터의 컬렉터가 그대로 출력핀으로 나와 있는 것이 있습니다. 이러한 TTL을 개방 컬렉터형이라 합니다.

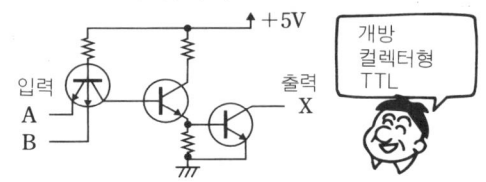

개방 컬렉터형 TTL

개방 컬렉터형 IC는 내부에 출력용 부하저항이 없기 때문에 그대로는 출력핀에서 신호를 빼낼 수 없습니다.

즉 출력핀과 전원 사이에 외부 부하 저항(풀업 저항)을 접속할 필요가 있습니다.

학생 2 불편한 것 같은데, 개방 컬렉터형에 어떠한 이점이 있는지요?

박사 다음과 같은 세 가지 이점을 생각할 수 있습니다.

① 출력단자(컬렉터)로부터 부하저항을 통해 연결되는 전원은 5V보다 높은 전압이라도 상관없다.

② 출력단자(컬렉터)가 0일 때 큰 흡입전류를 얻을 수 있다.

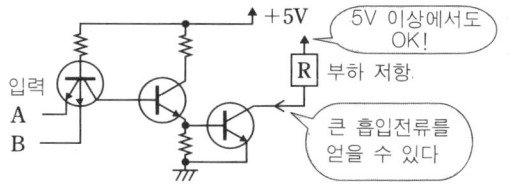

5V 이상에서도 OK!

큰 흡입전류를 얻을 수 있다

③ 와이어드 오어를 구성할 수 있다.

앞에서 원칙적으로 게이트 IC의 출력핀끼리는 접속하지 않는다고 설명하였습니다. 그러나 개방 컬렉터형에서는 출력핀끼리 접속할 수 있습니다. 예컨대 다음과 같이 개방 컬렉터형 TTL의 출력핀을 접속하면 출력은 $X = \overline{A \cdot B} + \overline{C \cdot D}$로 됩니다.

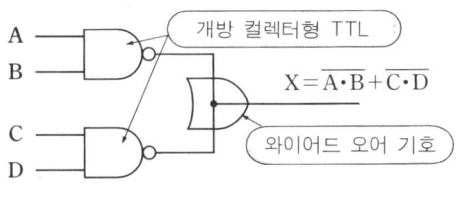

A
B
개방 컬렉터형 TTL
$X = \overline{A \cdot B} + \overline{C \cdot D}$
C
D
와이어드 오어 기호

와이어드 오어

이러한 회로를 와이어드 오어라고 합니다. TTL의 개방 컬렉터형과 마찬가지로 C-MOS에도 개방 드레인형이 있습니다.

학생 1 개방 컬렉터형의 결점은 무엇입니까?

박사 외부 저항이 필요하고 속도(전송 지연 시간)가 느리다는 것입니다.

● 트위스티드 페어선 (twisted pair line)

박사 긴 배선 도중에 잡음 등의 영향으로 신호에 문제가 발생하는 경우는 풀업 저항이나 버퍼 등을 이용하는 방법을 생각할 수 있습니다.

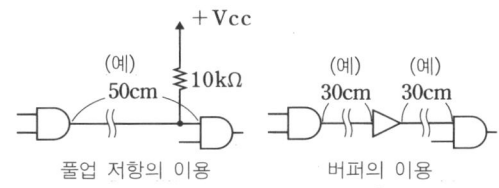

$+V_{cc}$
(예)
50cm
$10k\Omega$
(예) (예)
30cm 30cm

풀업 저항의 이용   버퍼의 이용

그러나 이런 방법으로 해결되지 않는 경우, 트위스티드 페어선을 사용합니다.

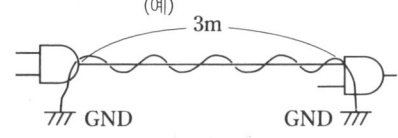

(예)
3m

GND   GND

트위스티드 페어선의 이용

트위스티드 페어선은 출력측 게이트 IC의 GND 핀과 입력측 게이트 IC의 GND 핀에 접속합니다.

● 실제의 배선

박사 디지털회로에서는 많은 IC를 사용하여 회로가 구성된 경우가 많습니다. 디지털 IC를 사용하여 실제로 배선하는 경우를 생각해 봅시다.

① IC를 적절하게 배치한다.

디지털 IC는 핀 수가 많은 소형 부품이기 때문에 배선하기 쉽고 또 회로도와 대응했을 때 알아보기 쉽도록 배치합니다.

가지런히 배치하자

② 전원 배선을 잊지 않도록 한다.

보통 디지털 IC의 전원용 회로는 회로도에서는 생략되어 있습니다. 전원 핀을 규격표 등에서 확인한 후 잊지 않고 배선하도록 합니다.

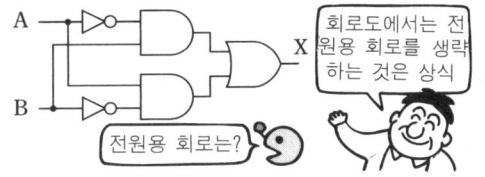

A
B
X
회로도에서는 전원용 회로를 생략하는 것은 상식
전원용 회로는?

③ 전원의 배선은 질서정연하게 한다.

전원의 배선은 전압강하의 영향을 받지 않도록 가는 선의 사용은 피하고, 질서정연하게 배선합니다. 미리 IC의 전원배선용에 패턴이 쓰

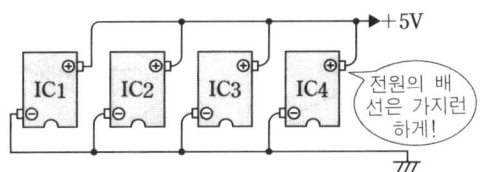

$+5V$
IC1 IC2 IC3 IC4
전원의 배선은 가지런하게!

여겨 있는 프린트 기판도 시판되고 있습니다.

④ 바이패스 콘덴서를 사용한다.

디지털 IC에서는 다루는 신호가 0에서 1 혹은 1에서 0으로 바뀌는 순간에 일시적으로 스위칭 전류라는 큰 전류가 흐르게 됩니다. 이 전류는 물론 전원장치로부터 나옵니다. 그러나 IC와 전원장치간에는 어느 정도의 거리가 있습니다. 즉 아무리 전류가 흐르는 속도가 빠르다고 해도 전원장치에서 IC까지 스위칭 전류를 공급하는데는 시간이 필요합니다.

만약 전류를 공급하는 것이 늦어지면 IC는 잘못된 동작을 합니다.

그럴 때 IC 근처에 콘덴서를 접속해 두면 거기부터 필요한 스위칭 전류를 얻을 수 있습니다. 콘덴서는 전기를 저장해 두는 기능이 있습니다.

이상과 같은 용도로 사용되는 콘덴서를 바이패스 콘덴서(약칭 패스콘)라 합니다. 바이패스 콘덴서는 전체 회로용으로 수십 μF~수백 μF의 전해콘덴서, 개개의 IC용에는 0.1μF 정도의 각종 콘덴서를 사용합니다. 전류가 작은 IC에 대해서는 IC 수 개에 하나의 바이패스 콘덴서라도 상관없습니다.

학생 2 바이패스 콘덴서는 IC 가까이에 두지 않으면 의미가 없겠군요.

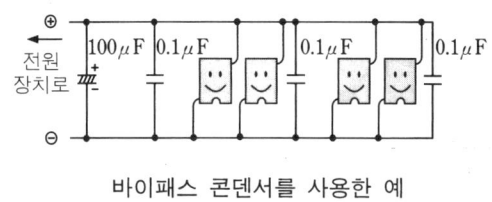

바이패스 콘덴서를 사용한 예

채터링(chattering)

박사 디지털 회로에서는 신호를 펄스라 부릅니다.

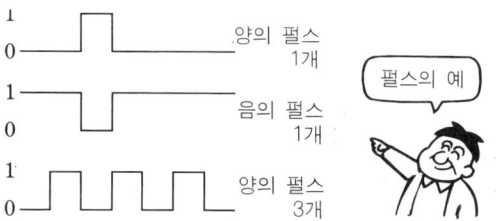

1개의 양 펄스를 어느 디지털 회로에 수동으로 걸려고 합니다. 어떻게 하면 될까요?

학생 1 그야 간단하지요. 스위치를 사용하면 되지 않을까요?

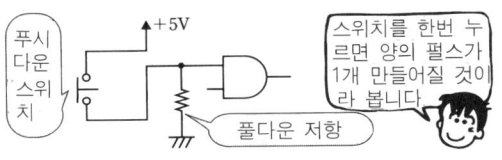

박사 제안한 회로의 파형을 살펴보면 다음과 같이 됩니다.

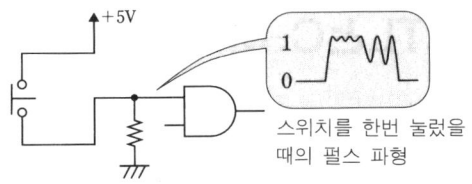

학생 2 스위치를 한번밖에 누르지 않았는데

왜 삐죽삐죽한 파형으로 되지요?

박사　　기계식 스위치의 접점은 완전하게 매끄럽지 않습니다. 접촉할 때에 올록볼록한 표면에 의해 불안정하게 접촉하는 시간이 있게 되지요. 이것을 채터링이라 합니다.

이 예에서는 양의 펄스를 1개만 만들려고 했지만, 채터링의 영향으로 여러 개의 양의 펄스가 만들어졌습니다. 채터링 방지에는 슈미트 트리거 회로나 플립플롭 회로를 이용하는 방법이 있습니다. 이에 대해서는 후에 설명하겠습니다.

채터링은 디지털 회로에 잘못된 동작을 일으킨다.

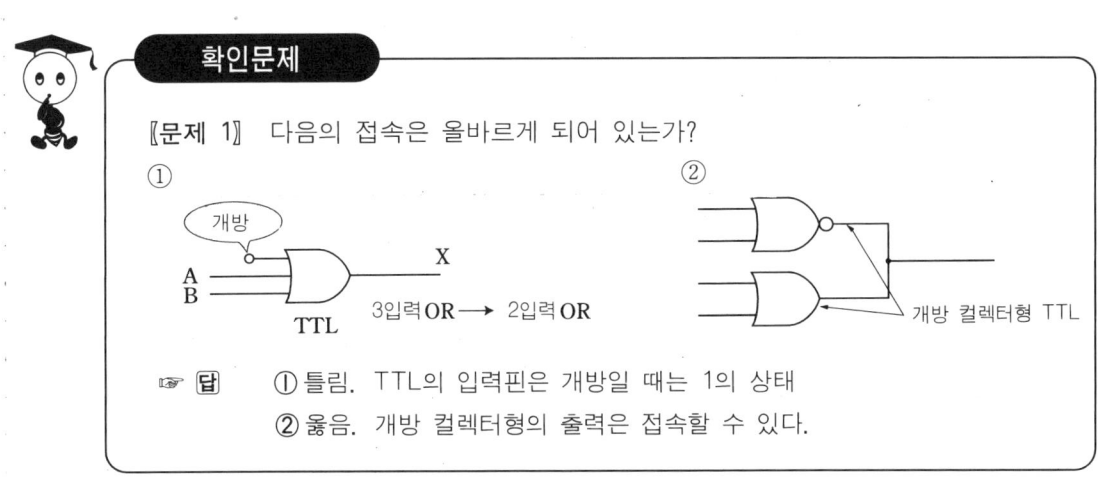

확인문제

《문제 1》 다음의 접속은 올바르게 되어 있는가?

① 개방
A
B
X
TTL
3입력 OR → 2입력 OR

② 개방 컬렉터형 TTL

☞ **답**　① 틀림. TTL의 입력핀은 개방일 때는 1의 상태
　　　　② 옳음. 개방 컬렉터형의 출력은 접속할 수 있다.

❹ 인터페이스

TTL과 C-MOS의 인터페이스를 마스터하자

박사 어떤 기능과 다른 기능을 접속하는 경우, 그 접속 부분을 인터페이스라 합니다.

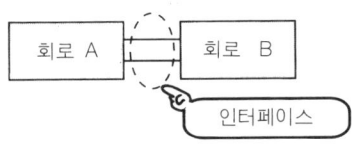

앞에서 배웠듯이 TTL과 C-MOS에서는 전기 특성이 다릅니다. 때문에 이들을 접속할 때는 인터페이스에 충분히 주의할 필요가 있습니다.

▶ TTL→ C-MOS

박사 TTL의 출력핀을 C-MOS의 입력핀에 접속하는 경우를 생각해 봅시다. 다음과 같이 하면 문제가 없을까?

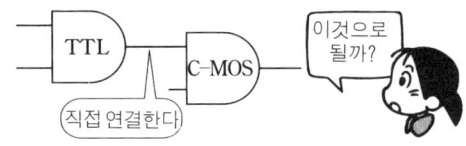

학생 2 우선 전류 문제에 대해 생각해 보

겠습니다. C-MOS의 입력핀은 고임피던스이기 때문에 전류는 거의 흐르지 않는다고 배웠습니다. 따라서 TTL의 흡입전류나 토출전류에 대해서는 최대정격을 넘는 일은 없다고 생각합니다.

박사 그렇습니다. 그럼 전압에 대해서는 어떨까요?

학생 1 TTL과 C-MOS에서는 문턱전압이 달랐습니다.

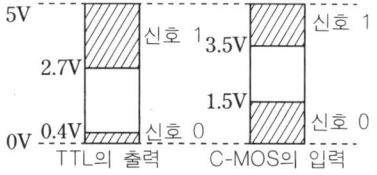

박사 TTL(74LS시리즈)의 출력이 0일 때는, 실제로는 0.4V 이하로 전압이 나오고 있습니다. C-MOS는 1.5V 이하의 입력전압을 0으로 판단하기 때문에 문제가 생기지 않습니다.

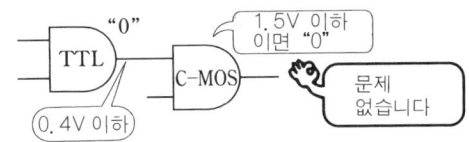

한편 TTL의 출력이 1일 때는, 실제로는 최저 2.7V의 전압이 나옵니다. C-MOS의 입력이 신호 1로 판단하기 위해서는 최저 3.5V의 전압이 필요합니다.

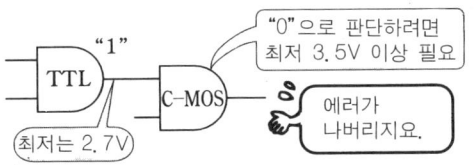

학생 2　즉 TTL의 출력이 1일 때는 에러가 난다는 것이군요. 어떻게 하면 좋을까요?
박사　TTL과 C-MOS의 전원 전압이 같은 경우(5V)는 풀업 저항을 사용하면 해결됩니다.

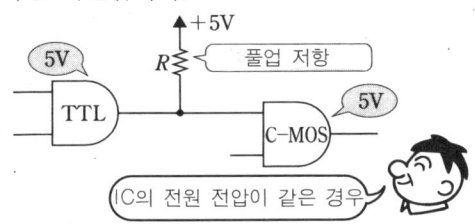

그러나 TTL과 C-MOS의 전원 전압이 다른 경우는 TTL을 개방 컬렉터형으로 하고 풀업 저항을 접속해야 합니다.

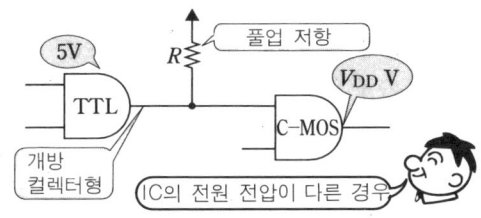

학생 1　이럴 때 개방 컬렉터형이 도움이 되는군요.
박사　또 C-MOS라도 74HCT 시리즈는 TTL 인터페이스 사방으로 되어 있으므로 풀업 저항없이 그대로 TTL에

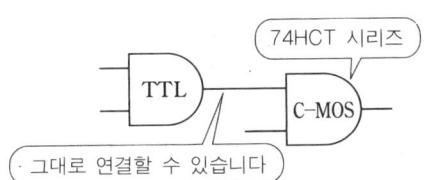

접속할 수 있습니다.

C-MOS→TTL

박사　다음에 C-MOS의 출력핀을 TTL의 입력핀에 연결하는 경우를 생각해 봅시다.

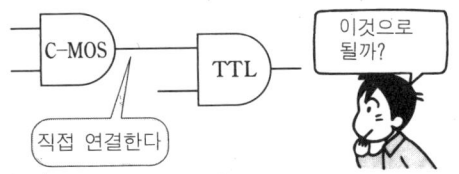

전압 문제에 대해 생각해 봅시다.

학생 2　C-MOS의 출력이 0일 때는 실제의 전압은 최대라 하더라도 0.4V입니다. TTL의 입력핀은 0.8V 이하를 신호 0으로 판단하므로 문제는 없겠군요.

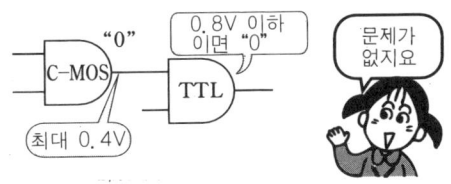

C-MOS의 출력이 1일 때는 실제로는 3.5V 이상의 전압이 나옵니다. TTL의 입력핀은 2.0V 이상을 1로 판단하기 때문에 이것도 문제되지 않습니다.

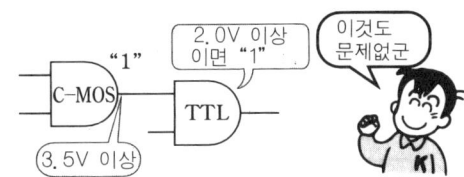

학생 1 전압에 대해서는 문제가 없지만 전류에서는 어떻습니까?

박사 C-MOS의 출력핀은 흡입전류, 토출전류 모두 최대 0.4mA 정도입니다. 출력핀이 신호 0인 경우는 74LS 시리즈에서는 동일한 0.4mA의 토출전류를 흘립니다.

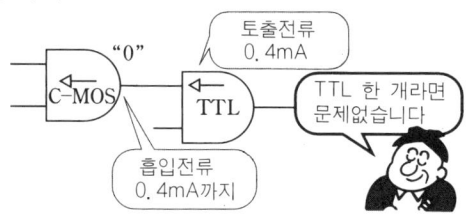

학생 2 즉 C-MOS의 출력핀에 1개의 TTL(74LS시리즈)이라면 접속할 수 있다는 말이군요.

박사 C-MOS의 출력이 신호 1일 때는 TTL은 최대 20μA를 흡입하지만, C-MOS의 토출전류는 최대 0.4mA이므로 문제없습니다.

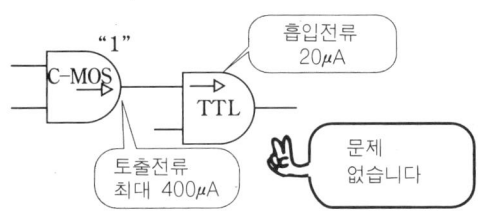

학생 1 C-MOS의 출력을 두 개 이상 TTL에 연결할 때는 어떠한 방법이 있는지요?

박사 C-MOS의 버퍼 게이트(4050B 등)는 흡입전류를 크게 잡을 수 있습니다. 이것을 사용하면 최대 10개 정도의

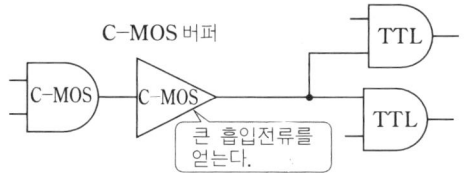

TTL 입력핀을 접속할 수 있습니다.

인터페이스에 트랜지스터를 사용하는 방법도 있습니다. 단, C-MOS와 TTL의 전원전압은 반드시 같아야 합니다.

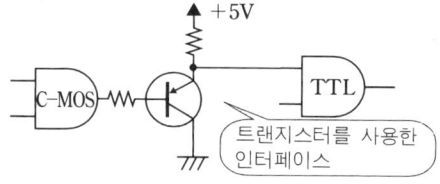

HC 타입의 C-MOS는 TTL 인터페이스 시방이기 때문에 그대로 접속할 수 있습니다.

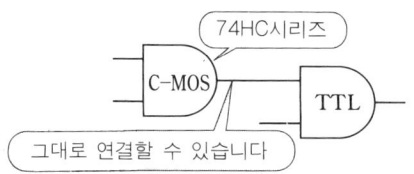

● 포토커플러(photocoupler)

박사 지금까지 생각해 온 인터페이스는 출력측과 입력측이 전기적으로 연결된 형태, 다시 말해 전기신호를 그대로 주고 받는 방법이었습니다. 반면 전기적으로는 완전하게 절연인 상태에서 신호만을 주고 받는 방법도 있습니다. 다음의 부품을 봐 주십시오.

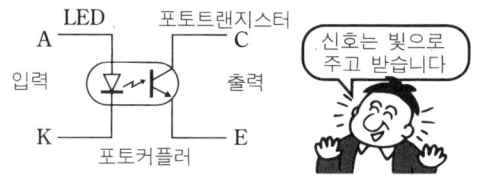

이 부품은 포토커플러라 부릅니다. 좌측의 LED(발광 다이오드)가 점등하면 우측의 포토트랜지스터에 전류가 흐르게(ON으로) 됩니다.

학생 2 즉 신호는 빛을 통해 주고 받는다
는 말이군요.

박사 포토커플러를 사용한 TTL→C-
MOS의 인터페이스 회로는 다음
과 같습니다.

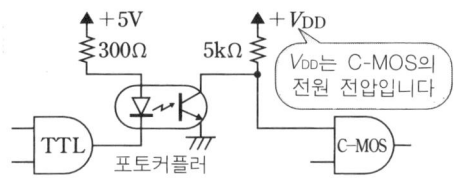

C-MOS→TTL의 인터페이스 회로는 다
음과 같습니다. C-MOS의 흡입전류는 작기
때문에 직접 LED를 작동시킬 수 없습니다.
따라서 트랜지스터를 사용합니다.

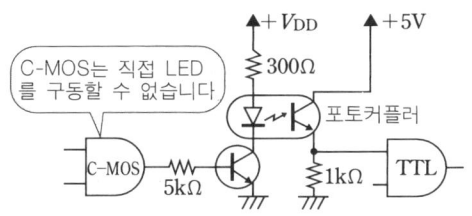

포토커플러를 사용하는 방법에서는 TTL
과 C-MOS의 전원 전압이 다르더라도 문제
없습니다. 그러나 포토커플러의 동작 속도는
느리기 때문에 고속 동작이 요구되는 회로에
는 적합하지 않습니다.

● 큰 전류의 구동

박사 예를 들어 TTL(74LS시리즈)의
최대 흡입전류는 8mA입니다.
LED 1개 정도라면 구동할 수 있지만 릴레

이나 모터의 구동은 불가능합니다.

큰 전류를 구동하려 할 때는 트랜지스터 스
위치를 사용합니다. 트랜지스터 스위치는,
NPN 트랜지스터에서는 베이스에 전압이 걸
리면 컬렉터─이미터 사이가 도통되므로 이
것을 이용합니다.

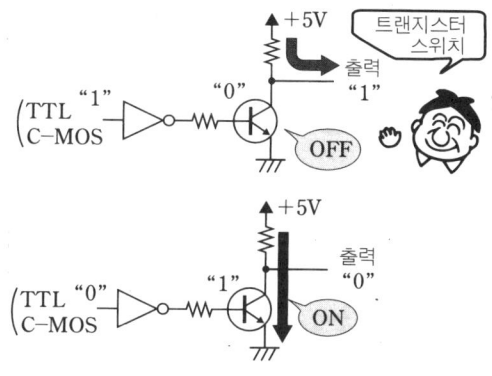

TTL이나 C-MOS에서 트랜지스터 스위
치를 구동시킴으로써 그 앞에 있는 큰 전류가
필요한 부하를 구동합니다.

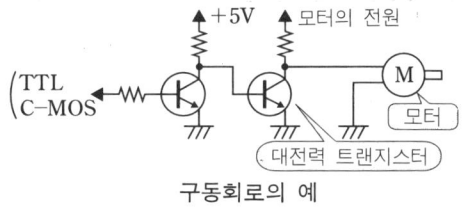

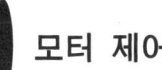
구동회로의 예

학생 1 개방 컬렉터형의 TTL을 사용해도
어느 정도 큰 전류의 구동은 가능하겠군요.

● 모터 제어용 IC

박사 모터를 디지털 신호로 직접 제어할

수 있는 편리한 IC도 시판되고 있습니다.

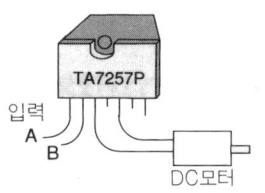

A	B	모 터
0	0	정지
0	1	정회전
1	0	역회전
1	1	브레이크

트라이스테이트(tristate) 버퍼

박사 다음과 같은 회로에서 단자 A~C
는 필요에 따라 회로에서 떼어놓
으려 합니다.

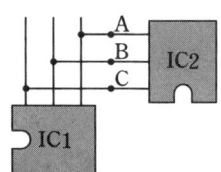

단자 A, B, C를 ON-OFF하고 싶습니다만

이럴 때 사용하는 것이 트라이스테이트(트
리 스테이트) 버퍼입니다. 트라이스테이트
버퍼는 G 단자의 신호로 A-X간을 ON-
OFF하는 게이트입니다. OFF일 때는 X단
자는 개방됩니다.

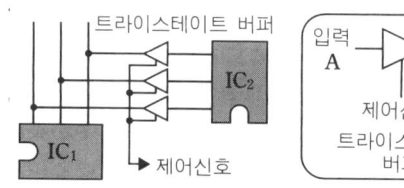

트라이스테이트 버퍼는 컴퓨터의 메모리
IC의 읽기용 회로와 쓰기용 회로를 교환할
때 등에 흔히 사용됩니다.

확인문제

《문제 1》 TTL과 C-MOS가 함께 있는 회로를 다룰 때 주의해야 할 점은?

☞ **답** 전원 전압에 주의한다.
TTL과 C-MOS를 접속하는 경우는 인터페이스에 주의한다.

❺ 규격표를 활용하자

디지털 IC의 규격표를 사용해 보자

● IC의 규격표

박사   디지털 IC에는 여러 종류가 있습니다. 이들의 성능을 알기 위해서는 규격표를 활용할 필요가 있습니다.

학생 1   규격표는 어디서 구합니까?

박사   IC 규격표는 그 IC를 만들고 있는 반도체 제조회사에서 발행되고 있습니다.

따라서 표기 방법은 제조회사에 따라 약간 다르지만 큰 차이점은 없습니다. 그러나 반도체 제조회사에서 나오는 규격표는 대부분이 영어로 쓰여 있어 초보자가 보기에는 어려움이 있습니다.

우리나라의 몇 군데의 출판사에서도 각 반도체 제조회사의 IC 규격을 정리한 규격표가 판매되고 있습니다. 일반적으로는 출판사에서 나오는 규격표가 사용하기 쉽다고 생각됩니다.

이들은 서점에서 쉽게 구할 수 있는데, 그 중에서도 '74시리즈'와 'C-MOS(4000시리즈)'의 규격표는 반드시 수중에 마련해 두길 바랍니다.

최근에는 플로피 디스크에 저장된 IC 규격표도 판매되고 있습니다.

이것을 사용하면 컴퓨터로 신속하게 필요한 조건에서 IC를 검색하거나 비교할 수 있습니다.

특수한 IC의 규격표는 좀처럼 구하기 어렵습니다.

그러한 IC를 구할 때는 판매점에서 잊지 말고 규격표를 받아두도록 합니다.

그럼 여기서는 규격표를 활용하는데 있어 필요한 기본 지식에 대해 배워 봅시다.

핀 배치

박사 IC를 사용할 때 없어서는 안되는 정보가 '핀 배치'에 관한 것입니다. 뚜렷이 기억할 수 없으면 배선하기 전에는 반드시 규격표로 핀 배치를 확인하도록 합니다.

최대정격

박사 IC를 사용함에 있어 반드시 지켜야 하는 규격이 최대정격입니다. 절대정격이라 부르기도 합니다. 설사 한 순간이라도 최대정격을 넘는 조건에서 IC를 사용하면, IC는 망가져 버리거나 성능이 현저하게 떨어지게 됩니다.

① TTL (74LS시리즈의 최대정격)

전원전압 V_{CC}	7V
입력전압 V_{in}	5.5V
개방 컬렉터형이 OFF일 때의 컬렉터 전압	7V
3 스테이트형이 OFF일 때의 출력핀 전압	7V
보존온도	$-65 \sim 150℃$

② C-MOS (4000시리즈의 최대정격)

전원전압 V_{DD}	$-0.5 \sim 20V$
입력전압 V_{in}	$-0.5 \sim V_{DD} + 0.5V$
입력전류 I_{in}	$\pm 10mA$
허용손실 Pd	200mW
보존온도	$-65 \sim 150℃$
리드온도·시간	$265℃ \cdot 10$초

권장 동작 조건

학생 2 앞에서의 최대정격은 결코 넘어서는 안되는 규격이었습니다. IC를 동작시키려면 최대정격 이하면 됩니까?

박사 안정하게 동작시키기 위해서는 권장 동작 조건의 범위내에서 사용할 필요가 있습니다.

	TTL (74LS)	C-MOS (4000)
전원전압	$4.75 \sim 5.25V$	$3 \sim 18V$
동작온도	$0 \sim 70℃$	$-40 \sim 85℃$

〈권장 동작 조건〉

C-MOS의 권장 동작 전원전압의 범위는 시리즈에 따라 크게 다르기 때문에 주의해야 합니다.

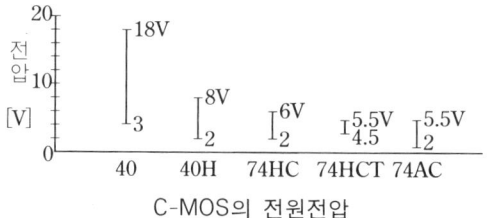

C-MOS의 전원전압

전기적 특성

박사 규격표에는 논리레벨, 흡입전류, 토출전류, 소비전력, 전달 지연 시간 등 IC의 전기적 특성이 기록되어 있습니다.

예) V_{IH} ── 입력이 "1"일 때의 전압

   V_{IL} ── 입력이 "0"일 때의 전압

   I_{OH} ── 출력핀이 "1"일 때의 토출전류

   I_{OL} ── 출력핀이 "0"일 때의 흡입전류

   P_W ── 소비전력

   t_{PD} ── 전달 지연 시간

학생 1 앞에서 배웠듯이 TTL과 C-MOS를 함께 사용할 때는 특히 논리레벨 등에 충분히 주의해야겠군요.

● 스위칭 특성

박사 게이트에서는 입력신호가 들어온 후 출력신호가 나오기까지 약간의 시간이 걸립니다.

학생 2 그 시간을 전달 지연 시간이라 하지요.

박사 그렇습니다. 전달 지연 시간에 관한 전기적 특성을 스위칭 특성이라 부릅니다. 스위칭 특성은 타이밍 차트로 표시할 수 있습니다.

예를 들어 양의 펄스 하나를 게이트 IC에 입력한다고 합시다.

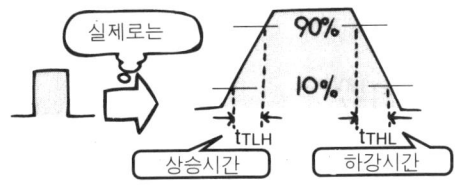

하나의 양의 펄스는 실제로는 완전한 사각형이 아니고 그림과 같이 사다리꼴이 됩니다.

이것은 신호 0부터 신호 1이 되기까지 약간의 시간이 걸리기 때문입니다.

완전한 신호 1일 때의 전압을 기준으로 하여 기준의 10%에서 90%로 올리기까지 필요한 시간을 상승시간(t_{TLH} 또는 t_{rc})라 합니다. 역으로 90%에서 10%로 내리기까지 필요한 시간을 (t_{THL} 또는 t_{fc})라 합니다.

① TTL(74LS시리즈)의 스위칭 특성

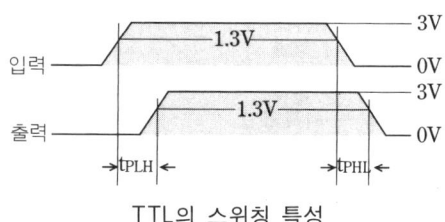

TTL의 스위칭 특성

박사 74LS시리즈(텍사스 인스트루먼트사의 경우)에서는 입력신호가 1.3V까지 올라간 순간부터 그 입력신호에 반응한 출력신호가 역시 1.3V까지 상승하기까지의 시간을 상승 전달 시간(t_{PLH})이라 합니다.

또 반대로 입력신호가 1.3V까지 하강한 순간부터 그 입력신호에 반응한 출력신호가 역시 1.3V까지 하강하기까지의 시간을 하강 전달 시간(t_{PHL})이라 합니다. 규격표에 따라서는 상승 전달 시간을 t_{pd}(L→H), 하강 전달 시간을 t_{pd}(H→L)로 표기한 것도 있습니다.

예를 들어 74LS08(AND)의 t_{pd}(L→H)=15ns, t_{pd}(H→L)=20ns입니다.

이들의 전기적 특성은 동작온도 등에 따라 다르기 때문에 주의하기 바랍니다. 위의 특성은 25℃에서 측정된 것입니다.

② C-MOS(4000시리즈)의 스위칭 특성

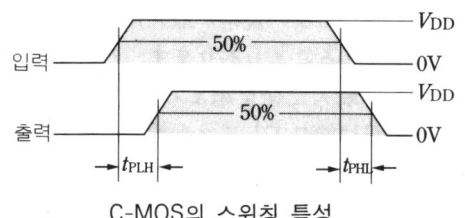

C-MOS의 스위칭 특성

박사 4000시리즈에서는 전원전압의 50%를 기준으로 상승 전달 시간 (t_{PLH}), 하강 전달 시간(t_{PHL})을 규정하고 있습니다.

예를 들어 4081B(AND)를 5V에서 동작시켰을 때의 t_{pd}(L→H)와 t_{pd}(H→L)는 모두 125ns입니다.

학생 1 TTL과 비교하면 많이 늦는 편이군요.

박사 또 C-MOS에서는 입력핀에 존재하는 정전용량(C_{in})은 대부분의 경우 5pF 정도입니다.

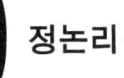 **정논리·부논리**

박사 74LS73이라는 TTL을 봐 주십시오.

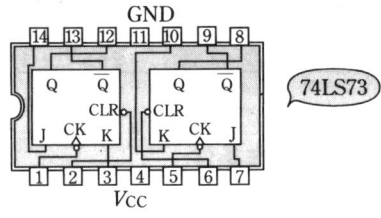

74LS73

JK 플립플롭이라 불리는 회로인데 클리어(CLR) 단자와 클록(CK) 단자에 ○가 기입되어 있습니다. 이 ○는 부논리에서 동작한다는 것을 의미하고 있습니다.

학생 2 부논리라는 것은 0V를 신호 1로 하는 방식이지요.

박사 그렇습니다. 즉, 이 IC에서는 클리어 단자에 동작신호를 가하려면 0V를 입력해야만 합니다. 5V를 걸어도 동작하지 않으므로 주의하기 바랍니다.

부논리에서 동작하는 단자의 명칭은 $\overline{\text{CLR}}$ 과 같이 표기하는 경우도 있습니다.

 에지

학생 1 앞에서의 IC(74LS73)의 클록(CK) 단자에는 삼각 표시가 붙어 있는데, 이것은 무엇을 의미합니까?

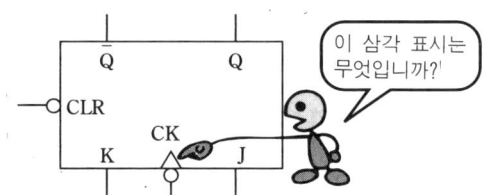

박사 삼각형 표시는 동작신호의 변화 방식을 나타내고 있습니다. 펄스신호의 변화 방식으로는 다음의 4가지를 생각할 수 있습니다.

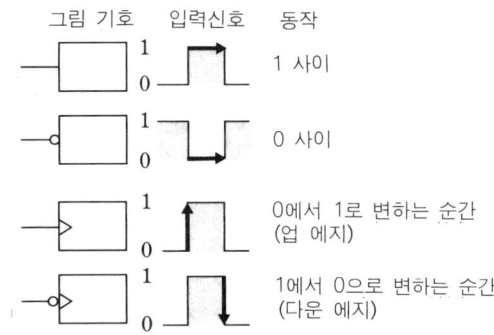

학생 2　즉 이 IC의 경우는 다운 에지형이므로 클록 신호가 1에서 0으로 내려가는 순간에 동작하게 되는군요.

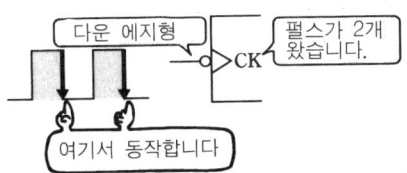

개방 컬렉터형

학생 1　개방 컬렉터형인지 아닌지는 어떻게 구별합니까?

박사　규격표에는 게이트 IC의 내부회로가 나와 있습니다. 그 회로를 보고 판단할 수 있습니다.

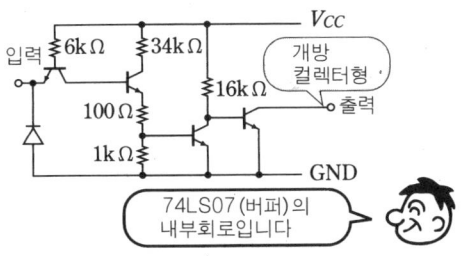

또 오픈 컬렉터형 게이트는 출력 핀에 ＊표시 등의 기호가 붙어있는 것도 있다.

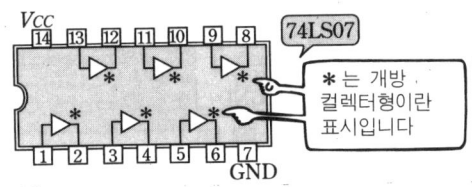

개방 컬렉터형이 아닌 일반 출력형을 토템폴(totempole)형이라 합니다. 여기서 배운 기초 지식을 바탕으로 실제로 IC 규격표를 봐 주십시오. 필요한 데이터를 얻을 수 있을 것입니다.

〖문제 1〗　C-MOS의 전기적 특성을 변화시키는 요인을 생각하여라.

☞ 답

온도, 전원전압, 출력 부하 저항, 측정 회로 등

❻ 실험 코너

디지털 IC의 특성을 실험으로 확인해 봅시다

▶ 출력핀의 전압

박사   먼저 TTL과 C-MOS의 출력핀의 전압을 측정해 보겠습니다. 사용하는 IC는 TTL이 74LS04(NOT)이고, C-MOS가 4049UB(NOT)입니다.

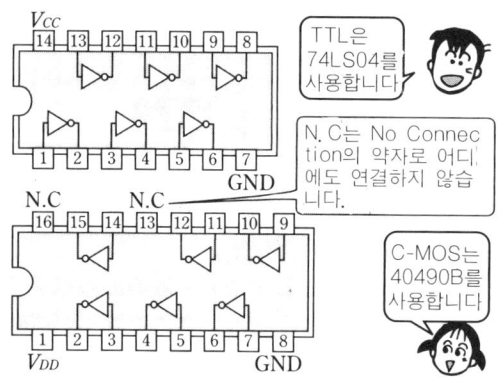

TTL은 74LS04를 사용합니다!

N.C는 No Connection의 약자로 어디에도 연결하지 않습니다.

C-MOS는 40490B를 사용합니다!

실험회로는 다음과 같습니다.

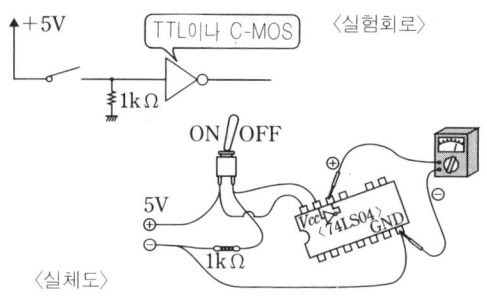

〈실험회로〉

+5V

TTL이나 C-MOS

1kΩ

ON OFF

5V

Vcc 74LS04 GND

1kΩ

〈실체도〉

측정 결과를 표로 나타내 보시오.

스위치	TTL	C-MOS
OFF	2.5[V]	5.0[V]
ON	0.05[V]	0[V]

TTL의 전압은 풀다운 저항의 크기에 따라 약간 다를 수 있습니다.

학생 1   같은 논리신호라도 TTL과 C-MOS에서 실제의 전압은 상당히 차이가 있군요.

학생 2   따라서 TTL과 C-MOS를 함께 사용할 때는 인터페이스에 충분히 주의해야 합니다.

▶ 문턱(threshold)의 측정

박사   TTL과 C-MOS에서는 문턱값이 달랐습니다.

학생 1   게이트 IC의 입력핀에 걸리는 전압을 0부터 올리고 있을 때 입력핀과 출력핀의 전압이 같아지는 점을 문턱값이라 하였습니다.

학생 2   즉 문턱값은 신호 0과 1의 경계로도 생각할 수 있습니다. TTL의 문턱값은

C-MOS보다 낮다고 배웠습니다.

박사 그대로입니다. 실제의 실험으로 TTL과 C-MOS의 문턱전압을 측정해 봅시다.

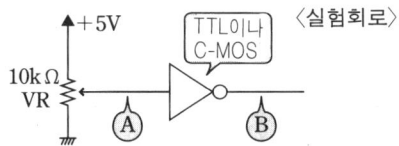

〈실험회로〉

준비한 IC는 앞에서와 같은 것입니다. 10kΩ의 가변저항기(VR)와 테스터도 준비합니다.

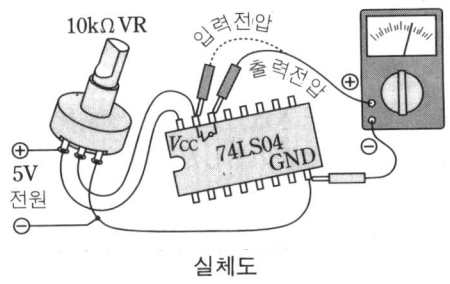

실체도

원칙적으로는 사용하지 않는 게이트의 입력핀은 어스에 접속해 두는 편이 좋지만 여기서는 생략하고 있습니다.

실험방법

① 입력단자 A의 전압이 0V가 되도록 VR을 돌려 둔다.
② VR을 돌려 입력단자 A의 전압을 0.2V씩 올려 가서 출력단자 B의 전압을 측정한다.

TTL과 C-MOS 각각의 측정 결과를 다음 그래프에 표시합니다.

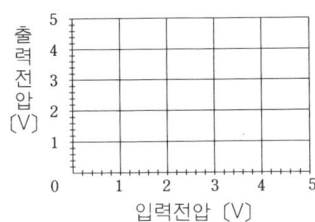

학생 1 측정 결과를 그래프에 점으로 표시해 가는 것을 '데이터를 그래프에 플롯한다'라고 합니다.

데이터를 그래프에 플롯하여 적당한 선으로 연결하였더니 다음과 같은 결과가 얻어졌습니다.

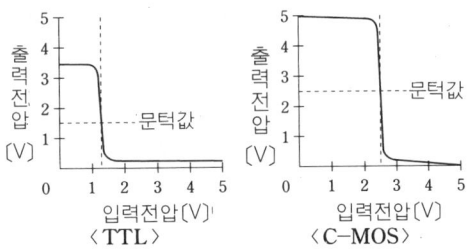

학생 2 이 그래프에서 입력전압과 출력전압이 같아지는 점(문턱값)을 찾으면 TTL은 약 1.4V, C-MOS는 약 2.5V입니다.

박사 입력을 보면 TTL은 약 1V 이하가 신호 0, 약 2V 이상이 신호 1이고, C-MOS에서는 약 2V 이하가 신호 0, 약 3V 이상이 신호 1로 판단되고 있음을 알 수 있습니다.

신호 0과 1을 구별하는 범위를 논리레벨이라고 한다는 것은 앞에서 설명하였습니다.

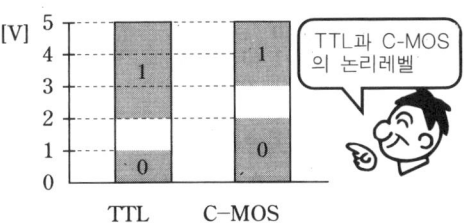

TTL과 C-MOS의 논리레벨

각각의 IC의 입력핀에, 예를 들어 2, 3V를 입력했을 때 출력핀의 전압은 TTL에서는 로우 레벨, C-MOS에서는 하이 레벨로 서로 다른 신호 레벨을 나타내고 있음을 확인해 두기 바랍니다.

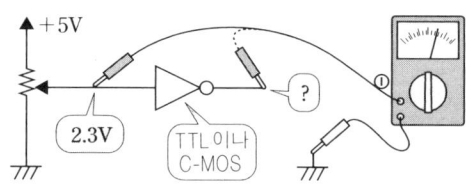

● 입력핀의 확장

박사　2입력 OR 게이트를 사용하여 입력이 여러 개인 OR 게이트를 만들어 봅시다.

학생 1　3입력과 4입력의 OR 회로를 구성하였습니다.

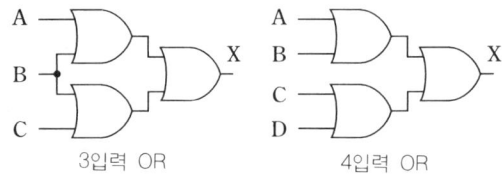

| 3입력 OR | 4입력 OR |

박사　그럼 실제로 TTL, 74LS32 (2입력 OR)를 사용하여 3입력 OR 회로를 제작해 봅시다. 제1장의 실험 코너에서 제작한 신호입력용 스위치 회로와 출력 표시 회로를 사용하였습니다.

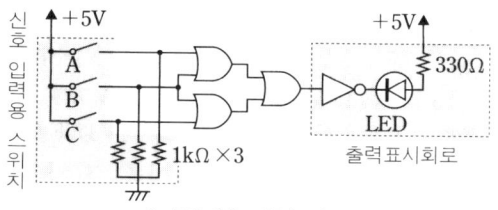

3입력 OR 실험 회로

다음의 진리표를 완성시키시오.

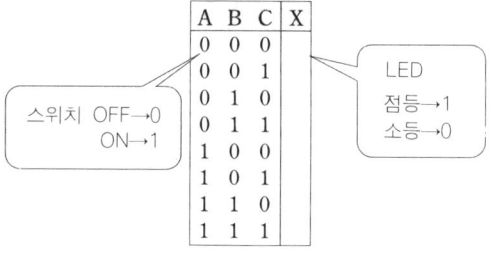

A	B	C	X
0	0	0	
0	0	1	
0	1	0	
0	1	1	
1	0	0	
1	0	1	
1	1	0	
1	1	1	

스위치 OFF→0
ON→1

LED
점등→1
소등→0

학생 2　결과적으로 논리식 X=A+B+C를 만족시키는군요.

박사　위와 마찬가지로 2입력 AND 게이트로부터 3입력 AND 회로를 만들어 실험해 보기 바랍니다.

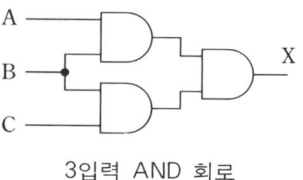

3입력 AND 회로

● 풀업 저항

박사　TTL의 출력핀을 C-MOS의 입력핀에 접속하는 경우를 생각해 봅시다.

먼저 다음과 같이 그대로 입력핀과 출력핀을 접속하여 실험해 보겠습니다.

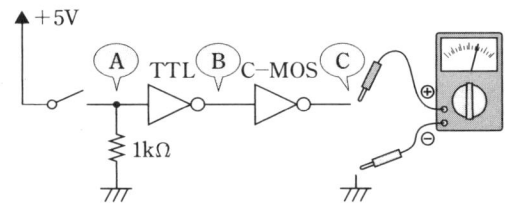

입력신호를 바꾸었을 때 단자 A, B, C의 전압을 테스터로 측정해 주십시오.

스위치	A	B	C
OFF	1.3[V]	2.7[V]	5.0[V]
ON	5.0[V]	0.0[V]	5.0[V]

학생 2　TTL의 출력핀이 신호 1일 때는 최저 2.7V의 전압이 나옵니다. 그러나 C-MOS의 입력핀이 신호를 1이라 판단하려면 최저 3.5V의 전압이 필요하기 때문에 논리

에러가 발생하게 됩니다.

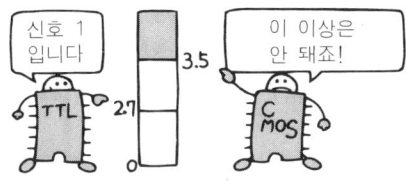

학생 1   이럴 때는 풀업 저항을 사용하면 된다고 배웠습니다.

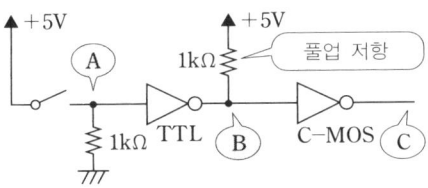

풀업 저항을 사용한 회로에서 다시 한번 실험해 봅시다.

스위치	A	B	C
OFF	1.3[V]	3.5[V]	0.0[V]
ON	5.0[V]	0.0[V]	5.0[V]

학생 2   이번에는 올바르게 동작하였습니다. 과연 풀업 저항은 편리하군요.

● 트랜지스터 스위치

박사   트랜지스터의 스위칭 동작을 실험해 봅시다. 트랜지스터의 베이스에 전압을 걸지 않을 때는 컬렉터와 이미터는 비도통 상태입니다. 그러나 베이스에 전압을 걸면 컬렉터와 이미터 사이는 도통 상태가 됩니다.

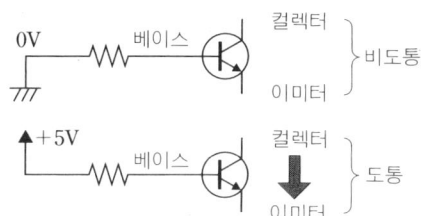

실험회로는 다음과 같습니다.

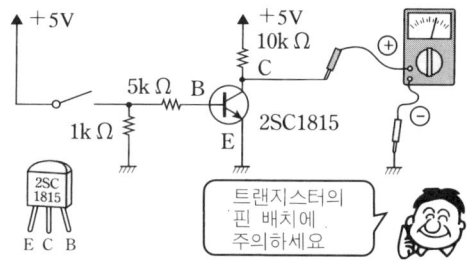

전압을 측정하여 동작을 확인해 주십시오.

스위치	출력전압
OFF	5.0[V]
ON	0.0[V]

학생 1   이 회로에서는 입력과 출력이 반전하고 있습니다. 즉 NOT 회로라고도 생각할 수 있겠군요.

박사   그렇습니다. 게이트 IC에서는 흡입전류, 토출전류의 최대정격이 작기 때문에 겨우 LED를 점등시킬 수 있는 정도의 전류밖에 제어할 수 없습니다. 그러나 트랜지스터 스위치를 사용하면 큰 전류의 제어가 가능합니다. 또 트랜지스터 스위치는 기계식 릴레이보다 고속이고 채터링이 생길 우려도 없습니다.

학생 2   PNP형의 트랜지스터를 사용하면 비반전 스위치를 만들 수 있습니다.

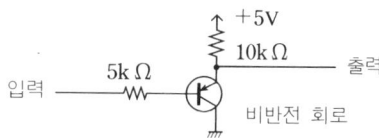

● 트라이스테이트 버퍼

박사   트라이스테이트 버퍼(3 스테이트 버퍼)를 사용해 봅시다.

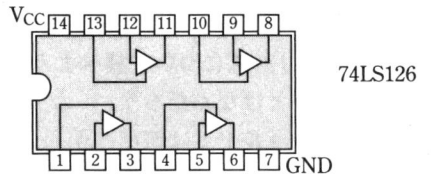

74LS126

실험회로는 다음과 같습니다.

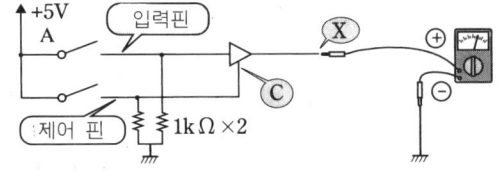

실험결과를 표로 나타내 봅시다.

제어핀 스위치	입력핀 스위치	출력전압	
OFF	OFF	0(V)	고 임피던스
	ON	0(V)	
ON	OFF	0(V)	
	ON	3.8(V)	

학생 1 단자 C가 신호 1일 때는 입력 A 와 출력 X는 도통하지만, 단자 C가 신호 0 일 때 출력 X는 개방(고임피던스) 되는군요.

박사 개방 상태는 신호 0과는 다르므로 주의하기 바랍니다.

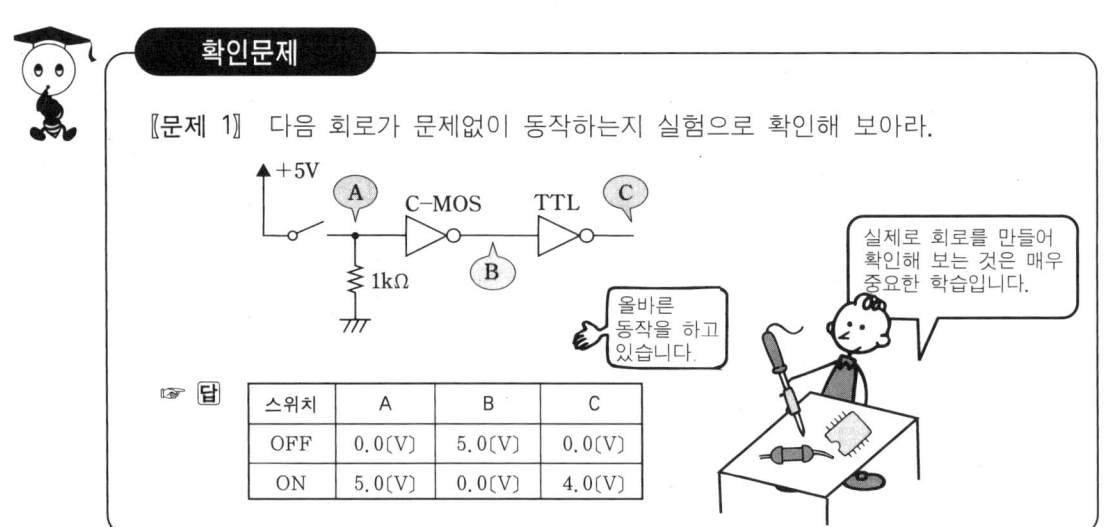

확인문제

〖문제 1〗 다음 회로가 문제없이 동작하는지 실험으로 확인해 보아라.

올바른 동작을 하고 있습니다.

실제로 회로를 만들어 확인해 보는 것은 매우 중요한 학습입니다.

☞ 답

스위치	A	B	C
OFF	0.0(V)	5.0(V)	0.0(V)
ON	5.0(V)	0.0(V)	4.0(V)

제 2 장 도전 문제

(해답은 생략, 본문 참조)

☞ 답

16

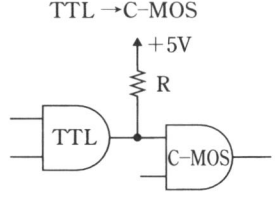

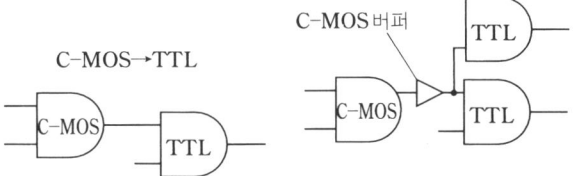

IC의 전원전압이 같은 경우는 풀업 저항을 사용하고, 전원전압이 다른 경우는 개방 컬렉터형 TTL을 사용한다.

TTL이 1개이면 그대로 연결할 수 있으나 복수의 TTL을 연결할 경우는 C-MOS 버퍼 게이트 등을 이용한다.

제 3 장

연산회로를 마스터하자

이 장의 목표

제1장에서 논리회로의 기초 이론에 대해 배웠다. 그러나 실제로 AND 회로나 OR 회로를 어떻게 이용할 수 있는지 궁금해 하는 사람도 있을 것이다.

확실하게, AND 회로나 OR 회로 등의 기본 이론 회로만으로는 어떠한 역할을 하는지 잘 모를 것이라 본다.

컴퓨터는 논리회로로 구성되어 있다. AND 회로나 OR 회로로 이루어져 있다는 것이다. 즉 AND 회로나 OR 회로를 조합하여 이용함으로써 다양한 연산을 할 수 있다는 것이다.

이 장에서는 제1장에서 배운 기본 논리회로를 응용하여 각종 연산을 하는 회로를 구성하는 방법에 대해 설명할 것이다. 연산회로에는 사칙연산(덧셈, 뺄셈, 곱셈, 나눗셈)을 하는 회로가 있다.

또 데이터를 변환하는 인코더나 필요한 데이터를 선택하는 멀티플렉서(multiplexer), 데이터끼리 비교하는 기능의 콤퍼레이터(comparator ; 비교기)에 대해서도 설명할 것이다. 컴퓨터가 어떻게 데이터를 연산하고 처리하는지를 이해할 수 있도록 한다.

이 장의 내용은 기본 논리회로의 응용이다. 필요하다면 제1장을 반복해 복습해 가면서 배워가기 바란다.

① 가산회로

논리회로를 사용한 덧셈 방식을 마스터하자

▌ 반가산기

박사　1비트 데이터 2개를 합하는 것이 반가산기(half Adder)입니다.

학생 1　1비트 데이터 2개를 덧셈하는 방법은 다음과 같습니다.

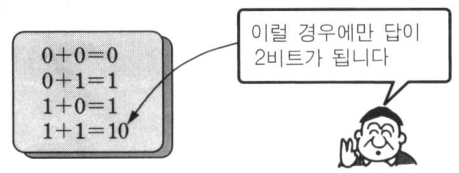

1+1의 덧셈일 때만 답이 2비트가 되지요.

박사　1+1의 덧셈인 경우, 합은 0이고 한 자리 위로 1이 자리올림된 것으로 생각할 수 있습니다.

```
    1  ········ A (더해지는 수)
+)  1  ········ B (더하는 수)
  1 0  ········ S (합)
  자            C (자리올림)
  리
  올
  림
```

학생 2　그렇다면 반가산기의 진리표는 다음과 같이 생각할 수 있겠군요.

A	B	S	C
0	0	0	0
0	1	1	0
1	0	1	0
1	1	0	1

〈반가산기의 진리표〉

학생 1　진리표를 알면 앞에서 배운 논리식을 구할 수 있습니다. 진리표에서 가법표준형의 논리식을 구해 보겠습니다.

(1) S의 논리식을 구한다

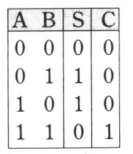

A	B	S
0	0	0
0	1	①	→ $\overline{A}\cdot B$
1	0	①	→ $A\cdot\overline{B}$
1	1	0

$$S = \overline{A}\cdot B + A\cdot\overline{B}$$

(2) C의 논리식을 구한다

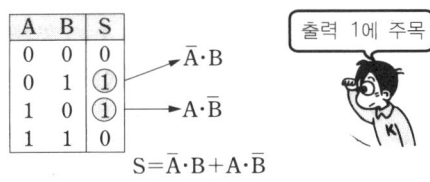

A	B	C
0	0	0
0	1	0
1	0	0
1	1	①	→ $A\cdot B$

$$C = A\cdot B$$

논리식으로부터 논리회로를 그려 보겠습니다.

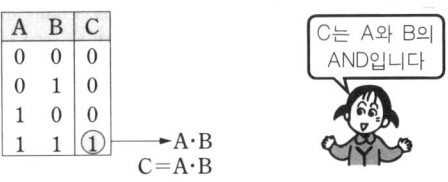
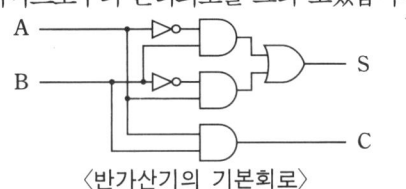

〈반가산기의 기본회로〉

이 회로는 EX−OR 회로를 사용하여 다음 과 같이 그릴 수도 있습니다.

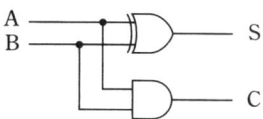

EX−OR를 사용한 반가산기

박사 잘 그렸습니다. 제1장에서 배운 것을 이용하면 되겠지요. 기억해 두기 위해 반가산기의 원리를 다시 한번 확인 해 봅시다.

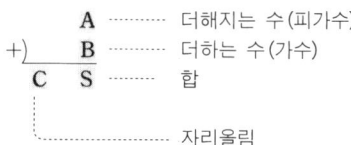

반가산기의 그림 기호는 다음과 같은 사각 형으로 표시할 수 있습니다. HA는 Half Adder의 약자입니다.

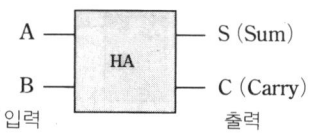

반가산기의 그림 기호

학생 2 왜 가산기라 하지 않고 반가산기라 부릅니까?

박사 반가산기는 한 자리의 가산을 하고 한 자리 윗자리로 자리올림 신호 (Carry)를 줄 수 있습니다.

그러나 한 자리 아랫자리로부터 자리올림 신 호는 받을 수 없습니다.

이것으로는 여러 자리의 가산을 할 수 없습 니다. 즉 반가산기는 한 자리만 가산할 수 있 는 것으로, 제구실을 반밖에 못하는 가산기인 셈입니다.

아랫자리로부터의 신 호를 받을 수 없기 때문에 반푼이 입니다.

전가산기

학생 1 제구실을 다하는 가산기일 조건은 한 자리 윗자리로 자리올림 신호를 주고, 더 불어 한 자리 아랫자리로부터의 자리올림 신 호도 받아들일 수 있어야 하겠군요.

윗자리로

아랫자리로부터

박사 그렇습니다. 제구실을 다하는 가 산기를 전가산기(Full Adder) 라 부르고 있습니다.

전가산기는 반가산기에 아랫자리로부터의 자리올림 신호를 받아들이는 기능이 첨가된 것입니다.

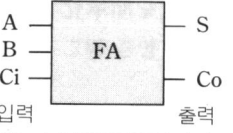

C_i : 아랫자리로부터의 자리올림 신호
C_o : 윗자리로의 자리 올림 신호

전가산기의 그림 기호

계산할 때는 더해지는 수(A)와 더하는 수 (B)와 아랫자리로부터의 자리올림 신호(C_i) 의 세 개의 데이터를 가산합니다. 그리고 합 (S)과 윗자리로의 자리올림 신호(C_o)의 두 개의 데이터를 출력합니다.

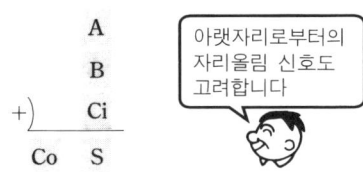

아랫자리로부터의
자리올림 신호도
고려합니다

전가산기의 진리표는 다음과 같습니다.

A	B	Ci	S	Co
0	0	0	0	0
0	0	1	1	0
0	1	0	1	0
0	1	1	0	1
1	0	0	1	0
1	0	1	0	1
1	1	0	0	1
1	1	1	1	1

〈전가산기의 진리표〉

학생 2 반가산기일 때와 마찬가지로 진리표로
부터 논리식을 구해 보겠습니다.

(1) S의 논리식을 구한다

$$S=\bar{A}\cdot\bar{B}\cdot C_i+\bar{A}\cdot B\cdot\bar{C_i}$$
$$+A\cdot\bar{B}\cdot\bar{C_i}+A\cdot B\cdot C_i$$

A	B	Ci	S	
0	0	0	0	
0	0	1	1	→ $\bar{A}\cdot\bar{B}\cdot C_i$
0	1	0	1	→ $\bar{A}\cdot B\cdot\bar{C_i}$
0	1	1	0	
1	0	0	1	→ $A\cdot\bar{B}\cdot\bar{C_i}$
1	0	1	0	
1	1	0	0	
1	1	1	1	→ $A\cdot B\cdot C_i$

(2) C_o의 논리식을 구한다.

$$C_o=\bar{A}\cdot B\cdot C_i+A\cdot\bar{B}\cdot C_i$$
$$+A\cdot B\cdot\bar{C_i}+A\cdot B\cdot C_i$$

A	B	Ci	Co	
0	0	0	0	
0	0	1	0	
0	1	0	0	
0	1	1	1	→ $\bar{A}\cdot B\cdot C_i$
1	0	0	0	
1	0	1	1	→ $A\cdot\bar{B}\cdot C_i$
1	1	0	1	→ $A\cdot B\cdot\bar{C_i}$
1	1	1	1	→ $A\cdot B\cdot C_i$

카르노맵을 이용하여 논리식을 간단하게
해 봅니다.

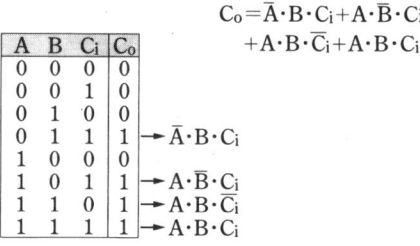

간단하게 할 수 없다

$$S=\bar{A}\cdot\bar{B}\cdot C_i+\bar{A}\cdot B\cdot\bar{C_i}+A\cdot\bar{B}\cdot\bar{C_i}+A\cdot B\cdot C_i$$

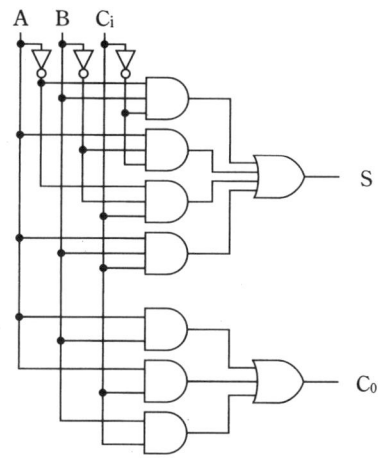

$$C_o=A\cdot B+A\cdot C_i+B\cdot C_i$$

$$C_o=\bar{A}\cdot B\cdot C_i+A\cdot\bar{B}\cdot C_i+A\cdot B\cdot\bar{C_i}+A\cdot B\cdot C_i$$

논리식으로부터 논리회로를 그려 보겠습니다.

전가산기의 기본회로

박사 위의 회로는 복잡하고 부품수도 많
지만, S와 C_o식을

$$S=(A+B+C_i)\cdot\bar{C_o}+A\cdot B\cdot C_i$$

로 변형하여 논리회로를 그리면 다음과 같습
니다.

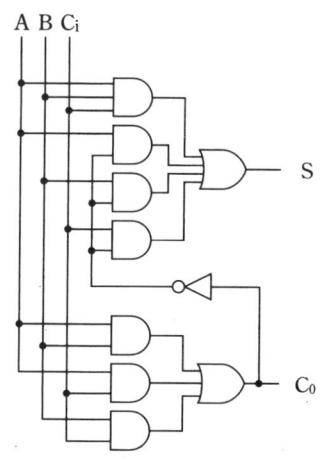

노이만의 전가산기

이 회로는 노이만(Neumann)의 전가산
기라 불리며 널리 이용되고 있습니다.

또, 반가산기 두 개를 이용하여 전가산기 하나를 구성할 수도 있습니다.

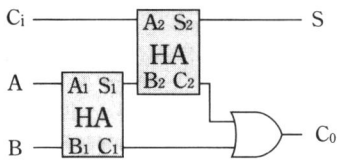

학생 1 반가산기에서는 한 자리의 가산밖에 할 수 없었지만, 전가산기를 사용하면 여러 자리의 가산을 할 수 있겠군요.

박사 전가산기를 사용하여 여러 자리의 가산을 하는 데는 직렬 가산 방식과 병렬 가산 방식의 두 개의 회로를 생각할 수 있습니다.

(1) 직렬 가산 방식

가장 아랫자리부터 순서대로 가장 윗자리로 한 자리마다 가산해 가는 방법입니다.

한 자리의 가산이 행해지면 자리올림 신호가 다음 계산을 위해 레지스터(치수기)에 보관됩니다.

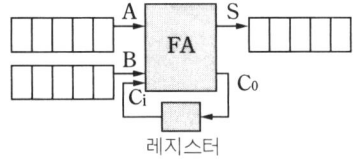

직렬 가산 방식

직렬 가산 방식은 가산 데이터를 한 자리씩 이동해 가기 때문에 연산 속도가 느리다는 결점이 있지만, 회로를 간단하게 구성할 수 있다는 이점이 있습니다.

(2) 병렬 가산 방식

계산하는 자리와 같은 수의 전가산기를 나열하여 사용합니다.

회로는 복잡해지지만 고속 연산이 가능합니다.

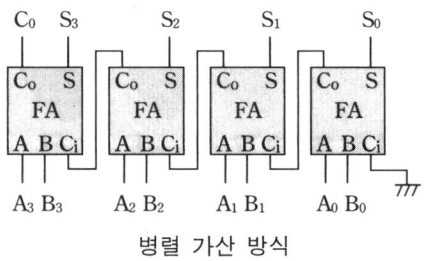

병렬 가산 방식

학생 2 병렬 가산 방식에서는 최하위용으로 반가산기를 사용할 수도 있습니다.

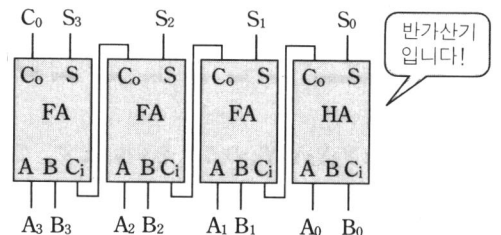

박사 병렬 가산 방식을 사용한 4비트 가산 IC에 74LS83이 있습니다.

이 IC의 회로는 노이만의 전가산기를 기본으로 하고 있습니다.

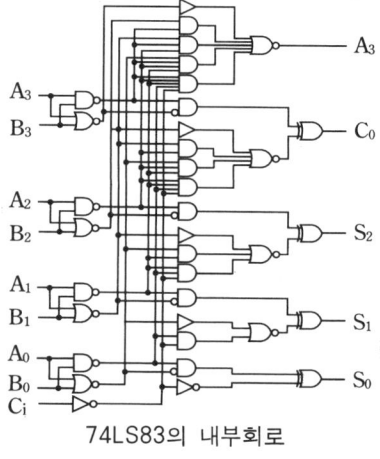

74LS83의 내부회로

병렬 가산 방식으로 가산하는 과정을 실제로 확인해 봅시다.

(예) 1011＋0101

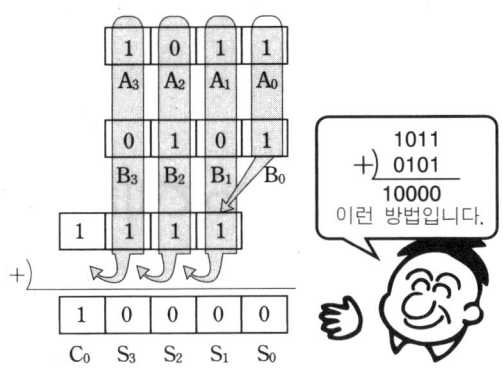

0을 반대, 1을 찬성으로 한다면, 입력 A, B, C_i 중 찬성이 두 개 이상 있을 때에만 출력 C_o가 1이 되고 있습니다. 이러한 회로를 다수결회로라 부릅니다. 제1장에서도 배웠었습니다.

전가산기의 A, B, C_i와 Co는 다수결회로

다수결회로

전가산기의 입력 A, B, C_i와 출력 Co의 관계에 대해 알아 보겠습니다.

반가산기, 전가산기 모두 충분히 이해했습니까? 가산기는 다음에 배울 감산기, 나눗셈기, 곱셈기 등의 기초가 되므로 시간이 걸리더라도 확실히 배우고 넘어갑시다.

확인문제

〖문제 1〗 반가산기와 전가산기의 차이점은?

☞ 답

반가산기는 한 자리 아랫자리로부터의 자리올림 신호를 받을 수 없지만 전가산기는 그것이 가능합니다

❷ 감산회로

논리회로를 사용한 뺄셈 방식을 마스터하자

▌감산의 방법

박사   2진수의 감산회로도 가산회로와
          마찬가지 방식으로 구성할 수 있
습니다. 한편, 보수(補數)라는 개념을 사용
하면 감산은 가산으로 변환할 수 있습니다.
즉 가산회로를 사용하여 감산할 수 있다는 것
입니다. 우선 보수를 이용한 감산 방법을 배
워 봅시다.

학생 1 보수란 무엇입니까?

박사   2진수의 보수에는 '1의 보수'와
          '2의 보수'가 있습니다. 1의 보
수란, 예를 들어 4자리의 2진수 $B_3B_2B_1B_0$
를 생각해 보면,

$$B_3B_2B_1B_0 + X_3X_2X_1X_0 = 1111$$

이 되는 $X_3X_2X_1X_0$를 말합니다. 1의 보수
는 $B_3B_2B_1B_0$를 부정(NOT)하면 구할 수
있습니다.

학생 2 예컨대 2진수 0110의 1의 보수는
1001이 되겠군요.

박사   그렇습니다. 0110 + 1001 =
          1111이 됩니다. 다음에 2의 보수
란, 예를 들어 4자리의 2진수 $B_3B_2B_1B_0$를

생각해 보면,

$$B_3B_2B_1B_0 + Y_3Y_2Y_1Y_0 = 10000$$

이 되는 $Y_3Y_2Y_1Y_0$을 말합니다. 2의 보수
는 $B_3B_2B_1B_0$을 부정(NOT)하고 1을 더하
면 구할 수 있습니다.

학생 1 즉 2의 보수는 1의 보수에 1을 더
한 것이 된다는 말이군요. 예를 들어 2진수
0110의 2의 보수는 1001(1의 보수) + 1 =
1010입니다.

박사   그렇습니다. 0110 + 1010 =
          10000이 됩니다.

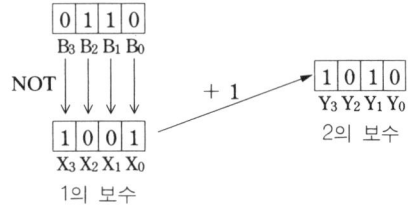

학생 2 보수에 대해서는 알았는데, 어떻게
감산을 가산으로 변환할 수 있습니까?

박사 $A_3A_2A_1A_0 - B_3B_2B_1B_0$라는 계
          산을 생각해 봅시다. $B_3B_2B_1B_0$
의 2의 보수가 $Y_3Y_2Y_1Y_0$라고 하면, 이 감
산은 $A_3A_2A_1A_0 + Y_3Y_2Y_1Y_0$라는 가산으로

변환시킬 수 있습니다.

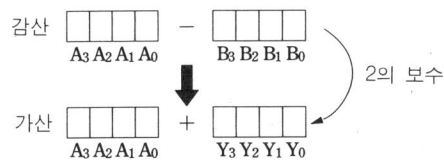

《문제 1》 1101−0110을 가산으로 변환하여 계산하여라.

☞ **답**

① 0110의 2의 보수를 구한다.

$$0\,1\,1\,0 \xrightarrow{\text{NOT}} 1\,0\,0\,1 \xrightarrow{+1} 1\,0\,1\,0$$

1의 보수   2의 보수

② 감산을 가산으로 변환시킨다.

1101−0110 → 1101+1010
감산   가산

③ 가산식을 계산한다. 계산 결과 가장 윗자리의 1은 무시한다.

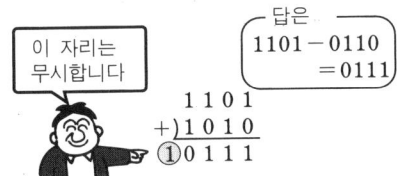

박사　지금까지 설명한 것은

$A_3A_2A_1A_0 - B_3B_2B_1B_0$에서 $A_3A_2A_1A_0 >= B_3B_2B_1B_0$, 즉 답이 양이 되는 경우에 대한 계산입니다. 다음에 $A_3A_2A_1A_0 < B_3B_2B_1B_0$, 즉 답이 음이 되는 경우에 대해 알아 봅시다.

《문제 2》 0110−1101을 가산으로 변환하여 계산하여라.

☞ **답**

이 감산은 0110<1101이므로 답은 음이 된다.

앞에서와 마찬가지로 순서대로 계산해 본다.

① 1101의 2의 보수를 구한다.

$$1\,1\,0\,1 \xrightarrow{\text{NOT}} 0\,0\,1\,0 \xrightarrow{+1} 0\,0\,1\,1$$

1의 보수   2의 보수

② 감산을 가산으로 변환한다.

0110−1101 → 0110+0011
감산   가산

③ 식을 계산한다.

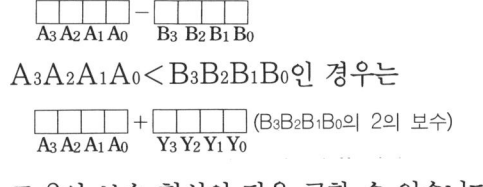

④ 계산 결과의 2의 보수를 구한다. 0111이 답의 절대값이다.

즉, 0110−1101=−0111이 된다.

학생 1　$A_3A_2A_1A_0 < B_3B_2B_1B_0$, 즉 답이 음이 되는 감산인 경우는 다시 한번 2의 보수를 계산하면 답의 절대값을 구할 수 있겠군요.

$A_3A_2A_1A_0 < B_3B_2B_1B_0$인 경우는

로 2의 보수 형식의 답을 구할 수 있습니다.

● 반감산기

박사　1비트 데이터 2개를 뺄셈하는 논리 회로가 반감산기(Half Subtractor)입니다.

학생 2　1비트 데이터 2개의 뺄셈은 다음과 같습니다.

0−1의 뺄셈일 때만 답이 음이 되는군요.

박사   0−1의 뺄셈인 경우, 차는 1이고 한 자리 윗자리로부터 자리빌림이 일어났다고 생각할 수 있다.

$$\begin{array}{r} 0 \cdots\cdots A \text{ (빼어지는 수)}\\ -)\ 1 \cdots\cdots B \text{ (빼는 수)}\\ \hline 1\ 1 \cdots\cdots D \text{ (차)}\\ B_o \text{ (자리빌림)} \end{array}$$

자리빌림

학생 1   그렇다면 반감산기의 진리표는 다음과 같이 생각할 수 있겠군요.

A	B	D	B_o
0	0	0	0
0	1	1	1
1	0	1	0
1	1	0	0

반감산기의 진리표

진리표로부터 가법 표준형의 논리식을 구해 보겠습니다.

(1) D의 논리식을 구한다.

A	B	D	
0	0	0	
0	1	①	→ $\bar{A}\cdot B$
1	0	①	→ $A\cdot\bar{B}$
1	1	0	

$$D = \bar{A}\cdot B + A\cdot\bar{B}$$

(2) B_o의 논리식을 구한다.

A	B	B_o	
0	0	0	
0	1	1	→ $\bar{A}\cdot B$
1	0	0	
1	1	0	

$$B_o = \bar{A}\cdot B$$

논리식으로부터 논리회로를 그려 보겠습니다.

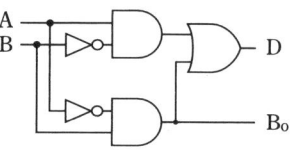

반감산기의 기본회로

박사   아주 잘 그렸습니다. 반감산기의 그림 기호는 다음과 같은 사각형으로 표시됩니다. HS는 Half Subtractor의 약자입니다.

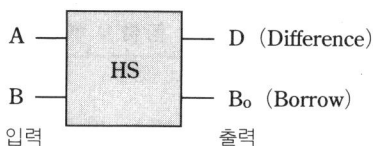

반감산기의 그림 기호

반감산기는 한 자리 윗자리로부터의 자리빌림 신호는 받아들일 수 없습니다. 이것으로는 여러 자리의 계산을 할 수 없습니다. 즉 반감산기는 반가산기와 마찬가지로 한 자리만 계산할 수 있는 반푼이 감산기인 셈입니다.

🔵 전감산기

학생 2   제구실을 다하는 감산기일 조건은 한 자리 윗자리로 자리빌림 신호를 주고 더불어 한 자리 아랫자리로부터의 자리빌림 신호도 받아들여야만 한다는 것이군요.

박사   그렇습니다. 제구실을 다하는 감산기를 전감산기(Full Subtractor)이라 부릅니다. 전감산기는 반감산기에 아랫자리로부터의 자리빌림 신호를 받아들이는 기능이 추가된 것입니다.

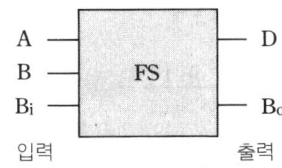

Bi : 아랫자리로부터의 자리빌림 기호
Bo : 윗자리로의 자리빌림 기호

전가산기의 그림 기호

계산할 때는 빼어지는 수(A)와 빼는 수(B)와의 잠정적인 값에서 또다시 아랫자리로부터 받아들인 자리빌림 신호(B_i)를 뺍니다.

그리고 차(D)와 윗자리로의 자리빌림 신호(B_o)의 두 개의 데이터를 출력합니다.

A	1 0 0 1	····· 빼어지는 수
B	0 1 1 0	····· 빼는 수
$-)B_i$	0 1 1 0	····· 자리빌림
	0 0 0 1 1	
	B_o　D	

전감산기의 진리표는 다음과 같이 됩니다.

A	B	B_i	D	B_o
0	0	0	0	0
0	0	1	1	1
0	1	0	1	1
0	1	1	0	1
1	0	0	1	0
1	0	1	0	0
1	1	0	0	0
1	1	1	1	1

전감산기의 진리표

학생 2　전가산기일 때와 마찬가지로 진리표로부터 논리식을 구해 보겠습니다.

(1) D의 논리식을 구한다.

A	B	B_i	D	
0	0	0	0	
0	0	1	①	→ $\overline{A}\cdot\overline{B}\cdot B_i$
0	1	0	①	→ $\overline{A}\cdot B\cdot \overline{B_i}$
0	1	1	0	
1	0	0	①	→ $A\cdot \overline{B}\cdot \overline{B_i}$
1	0	1	0	
1	1	0	0	
1	1	1	①	→ $A\cdot B\cdot B_i$

$D=\overline{A}\cdot\overline{B}\cdot B_i+\overline{A}\cdot B\cdot \overline{B_i}+A\cdot \overline{B}\cdot \overline{B_i}+A\cdot B\cdot B_i$

(2) B_o의 논리식을 구한다.

A	B	B_i	B_o	
0	0	0	0	
0	0	1	①	→ $\overline{A}\cdot\overline{B}\cdot B_i$
0	1	0	①	→ $\overline{A}\cdot B\cdot \overline{B_i}$
0	1	1	①	→ $\overline{A}\cdot B\cdot B_i$
1	0	0	0	
1	0	1	0	
1	1	0	0	
1	1	1	①	→ $A\cdot B\cdot B_i$

$B_o=\overline{A}\cdot\overline{B}\cdot B_i+\overline{A}\cdot B\cdot \overline{B_i}+\overline{A}\cdot B\cdot B_i+A\cdot B\cdot B_i$

카르노맵을 그리면 D는 간단하게 할 수 없음을 알 수 있습니다.

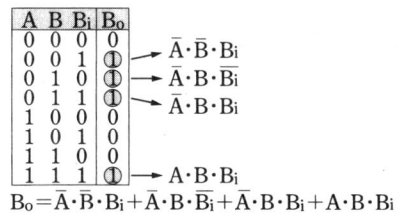
D의 카르노맵

$D=\overline{A}\cdot\overline{B}\cdot B_i+\overline{A}\cdot B\cdot \overline{B_i}$
$+A\cdot \overline{B}\cdot \overline{B_i}+A\cdot B\cdot B_i$

B_o를 간단하게 합니다.

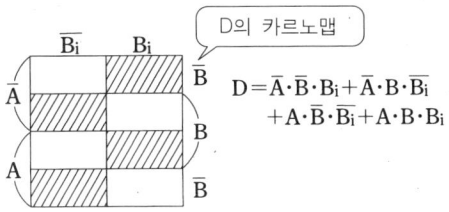
Bo의 카르노맵

$B_o=\overline{A}\cdot B+\overline{A}\cdot B_i+B\cdot B_i$

논리식으로부터 논리회로를 그려 봅니다.

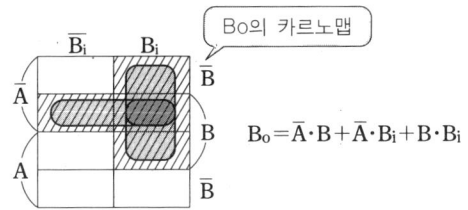

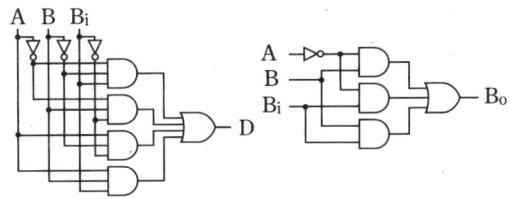

전감산기의 기본회로

박사　아주 잘 그렸습니다. 또 반감산기를 두 개 사용하여 전감산기 하나를 구성할 수도 있습니다.

학생 2　반감산기에서는 한 자리의 감산밖에 할 수 없지만, 전감산기를 사용하면 여러 자리의 감산을 할 수 있겠군요.

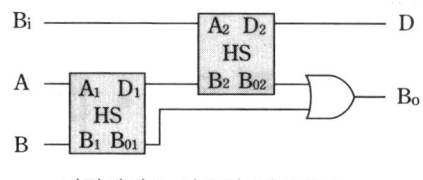

반감산기를 사용한 전감산기

박사   다음에 전감산기를 사용하여 여러 자리의 감산을 하는 병렬 가산 방식의 회로를 나타내었습니다.

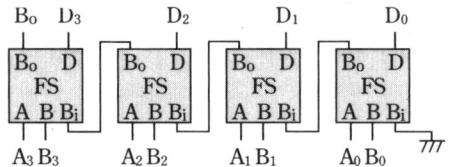

가감산회로

박사   하나의 회로로 가산과 감산을 바꿔가며 계산할 수 있는 것이 가감산회로입니다.

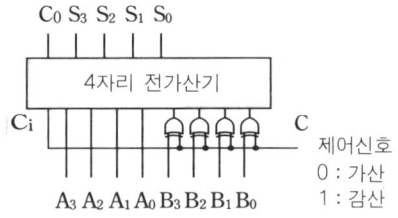

제어신호가 0일 때 데이터 B는 변화가 없기 때문에 답은 A+B를 가산한 결과가 출력됩니다.

한편, 제어신호가 1일 때는, B는 EX-OR에 의해 2의 보수로 변환됩니다. 즉 감산이 가산으로 변환됨으로써 답은 감산 결과가 출력됩니다.

단, 답이 음이 되는 경우는 2의 보수 형식으로 출력됩니다.

확인문제

《문제 1》 3자리의 감산을 2의 보수를 사용하여 계산하는 회로를 생각해 보아라 (전가산기를 사용한다).

☞ 답

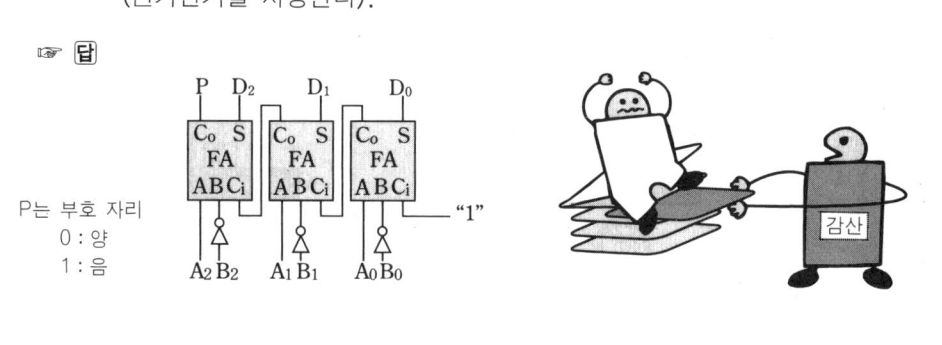

P는 부호 자리
　0 : 양
　1 : 음

❸ 곱셈·나눗셈회로

논리회로를 사용한 곱셈, 나눗셈을 마스터하자

곱셈회로

박사 보통 일반적인 컴퓨터에는 곱셈이나 나눗셈을 하는 전용회로는 없습니다. 곱셈이나 나눗셈은 가산회로, 감산회로를 이용하여 계산됩니다. 이 방법은 마이크로 프로그래밍이라 합니다.

곱셈 방법부터 설명에 들어가겠습니다. 다음의 2진수의 곱셈을 펜으로 계산해 주십시오.

1011×1101

학생 2 다음과 같습니다.

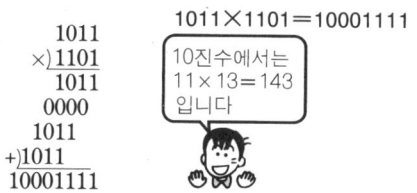

```
    1011        1011×1101=10001111
  ×)1101
    1011        10진수에서는
    0000        11×13=143
   1011         입니다
 +)1011
  10001111
```

박사 이 계산을 잘 살펴 봅시다.

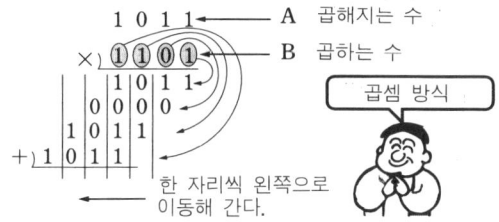

```
     1 0 1 1 ←── A  곱해지는 수
  × (1 1 0 1) ←── B  곱하는 수
   ─────────
     1 0 1 1
     0 0 0 0
   1 0 1 1
 +1 0 1 1
```

곱셈 방식

한 자리씩 왼쪽으로 이동해 간다. ←

곱하는 수 B의 가장 아랫자리부터 한 자리씩 조사해 가서 B의 자리가 0일 때는 0000을, 1일 때는 곱해지는 수 A를 가산해 가면 됩니다. 단, 가산해 갈 때는 한 자리씩 왼쪽으로 이동해 가는 점에 주의해야 합니다. 이 방법을 조합회로 방식이라 합니다.

학생 2 즉 곱셈이라 하더라도 실제로는 가산을 이용해서 계산할 수 있다는 말이지요.

학생 1 음의 수가 포함된 계산은 어떻게 합니까?

박사 음의 수가 포함되어 있어도 계산 방법은 같습니다. A, B 모두 양의 수로 계산한 후, 만약 A나 B의 어느 한쪽이 음이라면 계산 결과에 − (마이너스) 부호를 붙이면 됩니다. 다음에 조합회로 방식의 곱셈회로를 나타내었으므로 여유가 있으면 동작에 관해 생각해 주십시오.

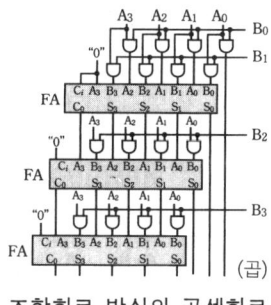

조합회로 방식의 곱셈회로

회로는 복잡하지만 펜으로 계산하는 것과 같은 순서로 계산됩니다.

학생 2 실제로 수치를 넣어 계산해 보면 이해하기 쉽겠네요.

나눗셈회로

박사 논리회로에서 나눗셈을 하는 방법도 우리들이 펜으로 계산하는 것과 같다고 생각할 수 있습니다. 예를 들어 다음 2진수의 나눗셈을 계산해 보시오.

$$10101110 \div 1011$$

학생 1 2진수의 나눗셈도 10진수의 나눗셈과 마찬가지로 계산할 수 있습니다.

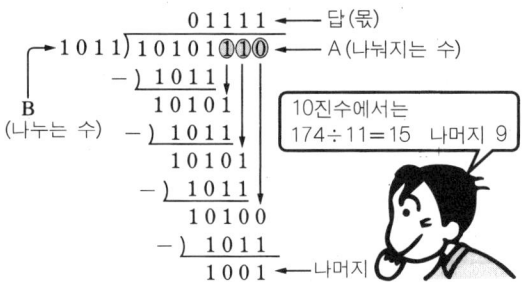

학생 2 그럼 계산한 것을 살펴보면, 먼저 1010에서 1011을 뺄 수 있는지를 생각했습니다.

여기서 '뺄 수 있을까' 라는 의미는 $1010-1011$이 음이 되지 않는지를 판정합니다. 그 결과, 1010에서 1011을 뺄 수 없기 때문에 (만약 빼면 답은 음이 되어 버린다), 몫(나눗셈의 답)에 0을 씁니다.

$$\begin{array}{r} 0 \\ 1011{\overline{\smash{\big)}\,10101110}} \end{array}$$

$1010-1011 \longrightarrow$ 음이 되어 버린다

다음에 나누어지는 수 A를 다시 한 자리 늘려 10101에서 1011을 뺄 수 있는지를 생

각하였다.

10101−1011은 양이 됩니다

$$\begin{array}{r} 01 \\ 1011{\overline{\smash{\big)}\,10101110}} \\ -{\big)}\,1011 \\ \hline 01010 \end{array}$$

그 결과 10101에서 1011을 뺄 수 있으므로 몫에 1을 쓰고 $10101-1011$을 계산하였습니다.

이하, 같은 순서대로 A의 가장 아랫자리까지 계산했습니다.

박사 우선 1010에서 1011을 뺄 수 있을까를 생각했지만 논리회로에서는 그와 같이 고려할 수 있는 능력이 없습니다. 실제로 감산을 해봐 그 결과가 양인지 음인지로 뺄 수 있는지를 판단합니다.

따라서 만약 감산 결과가 양이 되면 1을 쓰고, 음이 되면 몫에 0을 씁니다. 감산 결과가 양인지, 음인지는 감산 결과 가장 윗자리를 보면 판단할 수 있습니다. 가장 윗자리가 0이면 양, 1이면 음입니다. 또 감산 결과가 음이 되었을 때는 수치를 빼기 전의 값으로 되돌아갈 필요가 있습니다.

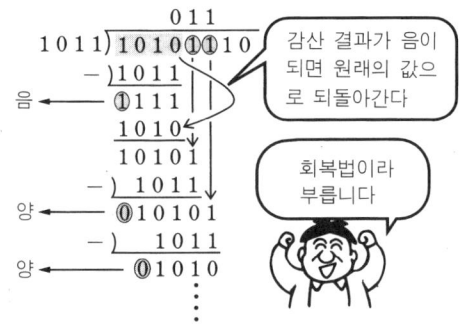
감산 결과가 음이 되면 원래의 값으로 되돌아간다

회복법이라 부릅니다

이 방법은 계산 도중에서 감산 결과가 음이 되었을 때에 값을 원래대로 되돌리기 때문에 되돌림법 혹은 회복법이라 부르고 있습니다.

● 자리이동(shift)에 의한 곱셈과 나눗셈

박사　2진수를 ×2, ×4, ×8, ···· 로 2^n배로 하는 경우와 ÷2, ÷4, ÷8, ··· 로 2^n으로 나누고 있는 경우에는 아주 간단하게 계산할 수 있는 방법이 있습니다.

1100이라는 데이터를 예로 들어 보겠습니다. 이 데이터의 자리를 각각 왼쪽으로 한 자리씩 이동합니다. 데이터를 이동하는 것을 자리이동(또는 자리보내기)이라 합니다.

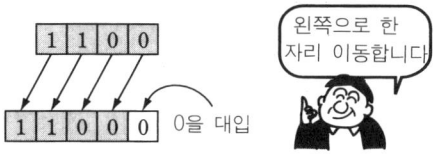

가장 아랫자리에 0을 대입합니다.

그럼, 이동한 결과와 원래의 데이터 사이에는 어떤 관계가 성립될까요?

학생 1　2진수로는 생각하기 어려우므로 10진수로 고쳐 생각해 봅니다.

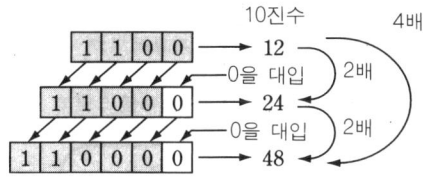

왼쪽으로 한 자리 이동한 결과는 원래 데이터의 2배입니다.

학생 2　다시 한번 왼쪽으로 한 자리 이동해 봅니다.

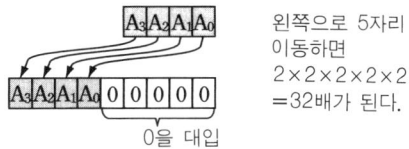

학생 1　2진수를 왼쪽으로 한 자리 이동할 때마다 데이터는 2배가 되는군요.

박사　말한 대로입니다. 예를 들어 임의 값을 32배하려면 $32 = 2 \times 2 \times 2 \times 2 \times 2 = 2^5$이므로 왼쪽으로 5자리 이동해주면 됩니다.

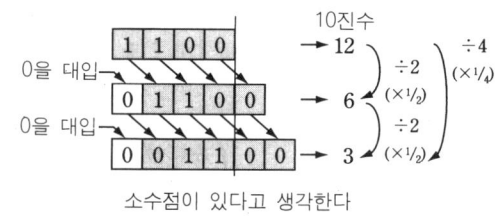

학생 2　오른쪽으로 이동하면 어떤 결과가 얻어집니까?

학생 1　1100을 오른쪽으로 이동해 보겠습니다.

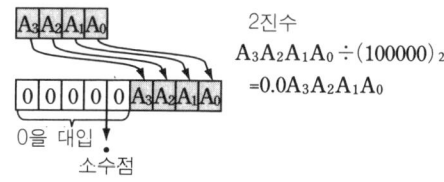

오른쪽 이동, 1자리에서 원래의 데이터가 1/2이 되고 2자리에서 원래 데이터의 1/4이 되었습니다.

학생 2　2진수를 오른쪽으로 한 자리 이동할 때마다 데이터는 1/2배가 되는군요.

박사　말한 대로입니다. 예를 들어 어떤 값을 32로 나누려 한다면 $32 = 2^5$이므로 오른쪽으로 5자리 이동해주면 됩니다.

단, 실제로 회로를 구성할 때는 이동 후의 데이터가 꼭맞게 들어갈 영역을 확보해 두지 않으면 안됩니다. 왼쪽 이동일 때 이동한 결과가 자리에서 떨어져 버리는 것을 오버 플로, 오른쪽 이동일 때는 다운 플로라 합니다.

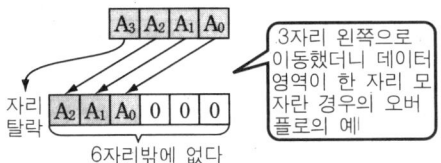

6자리밖에 없다

〔문제 1〕 2진수 1011×10001을 자리이동을 이용하여 계산하는 방법을 생각해 보아라.

☞ 답

$$1011 \times 10001 = 1011 \times (10000+1)$$
$$= 1011 \times 10000 + 1011$$
$$= 1011 \times 2^4 + 1011$$

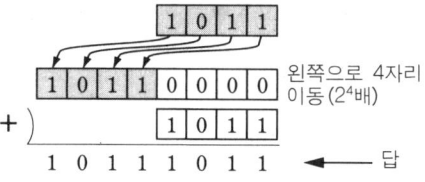

왼쪽으로 4자리 이동 (2^4배)

답

즉 1011을 왼쪽으로 4자리 이동하고 1011을 한번 더하면 됩니다.

학생 1 자리이동 방법을 잘 활용하면 간단하면서 빠르게 곱셈·나눗셈을 할 수 있겠군요.

산술연산과 논리연산

박사 이 장에서 설명해 온 것은 산술연산에 관한 것이었습니다. 제1장에서 배운 논리연산과는 다르기 때문에 주의하기 바랍니다.

예를 들어 논리연산에서는 1011과 1101의 논리곱은 비트마다 AND를 취해 1001이 됩니다.

ALU(산술논리 연산장치)

박사 이 장에서 산술연산을 하는 가산회로, 감산회로, 곱셈회로, 나눗셈회로를 배웠습니다. 또 제1장에서는 논리합, 논리곱 등의 논리연산에 대해서도 설명하였습니다. 실제로는 이들 연산회로를 개별적으로 구성하여 연산의 종류에 따라 바꾸게 되면 아주 효율이 떨어집니다. 그래서 등장한 것이 ALU(Arithmetic Logic Unit)입니다. ALU는 번역하면 산술논리 연산장치가 됩니다. 이름 그대로 산술연산과 논리연산 양쪽을 구사하는 만능연산 IC입니다.

학생 2 하나의 IC로 다양한 연산을 할 수 있으면 많은 종류의 연산이 요구되는 회로에서는 매우 편리하겠군요.

박사 ALU는 2조의 입력단자와 1조의 출력단자, 동작선택 신호입력단자를 가지고 있습니다. 그리고 동작선택 신호입력단자에 입력하는 신호에 따라 연산의 종류를 선택할 수 있습니다.

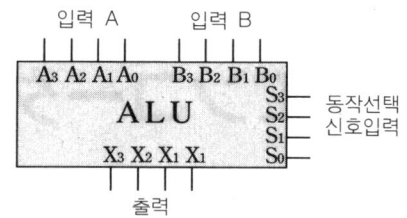

예를 들어 동작선택 신호입력단자에 1001

을 입력하면 A＋B(덧셈)를, 0110을 입력
하면 A－B(뺄셈)를 계산하여 출력합니다.

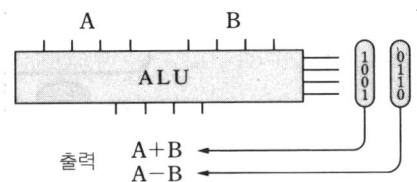

실제의 ALU, 74LS181을 소개하겠습니다.

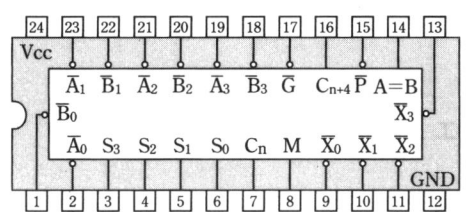

$A_0 \sim A_3$ ⎫
$B_0 \sim B_3$ ⎭ 입력 데이터

$X_3 \sim X_0$: 출력 데이터

  M   : 모드 "1" → 논리연산,
        "0" → 산술연산

$S_3 \sim S_0$: 동작선택

 A＝B : 입력 데이터가 같을 때 "1"을
        출력

C_n, C_{n+4} : 캐리

 G, P : 복수의 ALU를 연결할 때 이용
동작선택 신호입력단자에 넣는 신호에 따
라 몇가지 종류의 연산을 할 수 있는 만능연
산 IC입니다.

확인문제

〖문제 1〗 다음 산술연산을 계산하는 방법을 생각해 보아라.
    ① 1000101 × 1000000
    ② 1001101 ÷ 100000

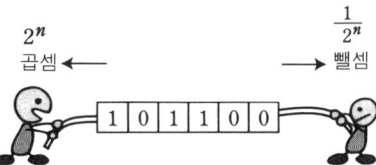

2^n
곱셈 ←

$\dfrac{1}{2^n}$
→ 뺄셈

☞ 답   ① 1000101을 왼쪽으로 6자리 이동한다.
       ② 1001101을 오른쪽으로 5자리 이동한다.

❹ 인코더와 디코더

10진수를 2진수로 변환하는 회로에 대하여 배우자

▌인코더

박사 인코더(Encoder)는 부호기(符號器)라고도 합니다. 부호기란 암호를 만들어 내는 장치를 말합니다.

한편, 디코더(Decoder)는 해독기라고도 합니다. 해독기는 암호를 해독하여 원래의 정보로 되돌리는 장치를 말합니다.

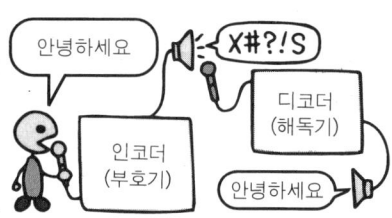

학생 1 인코더와 디코더는 서로 반대 작용을 하는군요.

박사 바로 그렇습니다. 그러나 디지털회로 세계에서의 암호란, 비밀 정보가 아니라 디지털회로가 다루고 있는 부호(2진수, 16진수, BCD 등)를 가리킵니다. 일상 생활에서 10진수를 사용하고 있는 우리들에게는 2진수 등은 언뜻 암호와 같이 보일 수 있기 때문에 이와 같이 부르게 된 것입니다.

학생 2 예컨대 10진수를 2진수로 변환하는 장치를 인코더, 거꾸로 2진수를 10진수로 변환하는 장치를 디코더라 부르는 것이군요.

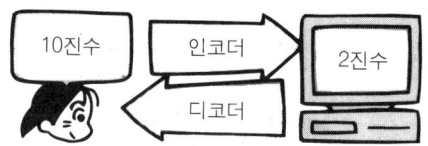

박사 그렇습니다. 먼저 10진수를 2진수로 변환하는 인코더를 생각해 봅시다.

10진수를 입력하는 입력단자의 수는 10비트로 합니다. 이 10비트의 각 입력단자에 10진수의 0부터 9를 대응시킵니다. 예를 들어 5이면 A_5에 신호 1을 입력하고 그밖의 입력단자에는 신호 0을 입력하도록 합니다.

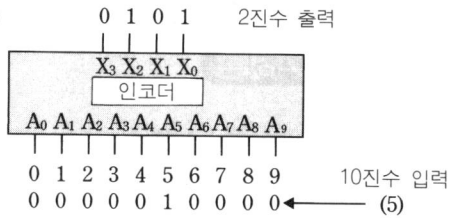

10진수의 0부터 9는 2진수의 0000에서 1001에 대응합니다. 따라서 이 경우 2진수

가 출력되는 단자는 4비트 필요하겠지요. 이
번 예와 같이 입력단자에 5를 입력했을 때는,
출력단자에서는 10진수 5에 대응하는 2진수
0101이 나오게 됩니다.

학생 1　이 인코더의 진리표를 만들어 보겠
습니다.

A_0	A_1	A_2	A_3	A_4	A_5	A_6	A_7	A_8	A_9	X_3	X_2	X_1	X_0
1	0	0	0	0	0	0	0	0	0	0	0	0	0
0	1	0	0	0	0	0	0	0	0	0	0	0	1
0	0	1	0	0	0	0	0	0	0	0	0	1	0
0	0	0	1	0	0	0	0	0	0	0	0	1	1
0	0	0	0	1	0	0	0	0	0	0	1	0	0
0	0	0	0	0	1	0	0	0	0	0	1	0	1
0	0	0	0	0	0	1	0	0	0	0	1	1	0
0	0	0	0	0	0	0	1	0	0	0	1	1	1
0	0	0	0	0	0	0	0	1	0	1	0	0	0
0	0	0	0	0	0	0	0	0	1	1	0	0	1

(10진수→2진수 인코더 진리표)

박사　진리표로부터 논리회로를 그려 봅
　　　시다. 물론 앞에서 배웠듯이 진리
표로부터 가법표준형 등의 논리식을 끌어내
고, 그 식을 바탕으로 논리회로를 설계할 수
도 있습니다.

　그러나 여기서는 가장 간단하게 인코더의
논리회로를 설계하는 방법을 설명하겠습니다.

● 인코더의 설계 방법

① 출력 X_0가 1일 때에 대응하는 입력은
A_1, A_3, A_5, A_7, A_9입니다.

A_0	A_1	A_2	A_3	A_4	A_5	A_6	A_7	A_8	A_9	X_3	X_2	X_1	X_0
1	0	0	0	0	0	0	0	0	0	0	0	0	0
0	①	0	0	0	0	0	0	0	0	0	0	0	①
0	0	1	0	0	0	0	0	0	0	0	0	1	0
0	0	0	①	0	0	0	0	0	0	0	0	1	①
0	0	0	0	1	0	0	0	0	0	0	1	0	0
0	0	0	0	0	①	0	0	0	0	0	1	0	①
0	0	0	0	0	0	1	0	0	0	0	1	1	0
0	0	0	0	0	0	0	①	0	0	0	1	1	①
0	0	0	0	0	0	0	0	1	0	1	0	0	0
0	0	0	0	0	0	0	0	0	①	1	0	0	①

이들이 대응하는 입력에 OR 회로의 입력
핀을 접속합니다.

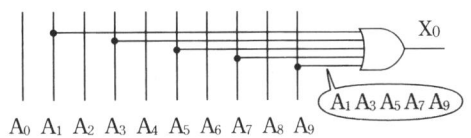

② 다른 출력단자 X_1, X_2, X_3에 대해서
　도 같은 방식으로 선을 연결합니다.

　따라서 10진수→2진수 인코더의 논리회로
는 다음과 같이 됩니다.

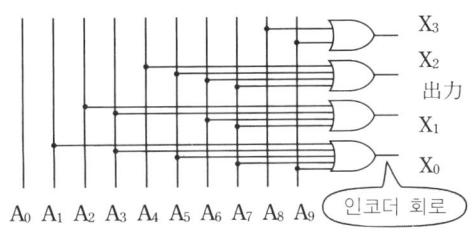

● 인코더 IC

박사　실제의 인코더 IC, 74LS148을
　　　살펴 봅시다.

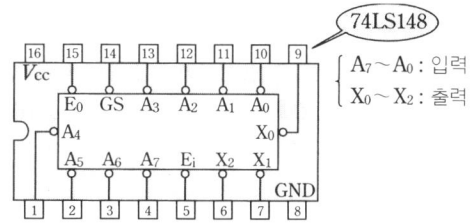

　74LS148은 10진수 0에서 7을 2진수
000에서 111로 부호화하는 IC입니다.

E_i	A_0	A_1	A_2	A_3	A_4	A_5	A_6	A_7	X_2	X_1	X_0
1	∨	∨	∨	∨	∨	∨	∨	∨	1	1	1
0	1	1	1	1	1	1	1	1	1	1	1
0	∨	∨	∨	∨	∨	∨	∨	0	0	0	0
0	∨	∨	∨	∨	∨	∨	0	1	0	0	1
0	∨	∨	∨	∨	∨	0	1	1	0	1	0
0	∨	∨	∨	∨	0	1	1	1	0	1	1
0	∨	∨	∨	0	1	1	1	1	1	0	0
0	∨	∨	0	1	1	1	1	1	1	0	1
0	∨	0	1	1	1	1	1	1	1	1	0
0	0	1	1	1	1	1	1	1	1	1	1

∨: 0, 1 어느
쪽이라도
상관없다.

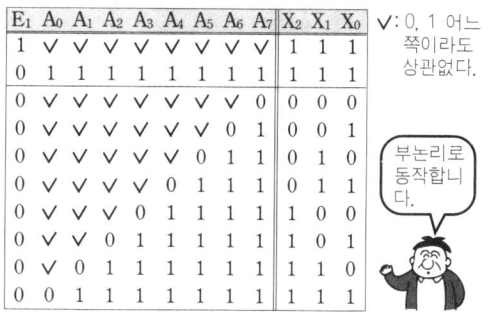

부논리로
동작합니
다.

학생 1 만약 인코더의 입력단자에 신호 1이 두 개 이상 동시에 입력되면 어떻게 될까요?

박사 예를 들어 A_6와 A_3에 동시에 신호 1을 입력하는 경우를 생각해 봅시다.

이 IC는 부논리로 동작하기 때문에 실제로는 A_6와 A_3에 동시에 신호 0을 입력하는 것이 됩니다.

이 경우 IC는 상위의 입력 A_6쪽을 우선하여 A_3로부터의 입력은 무시됩니다. 즉 출력에는 부논리로 001(정논리의 110)이 나타납니다. 74LS148은 Priority Encoder라 부릅니다. 상위 자리의 입력 우선 기능의 IC입니다.

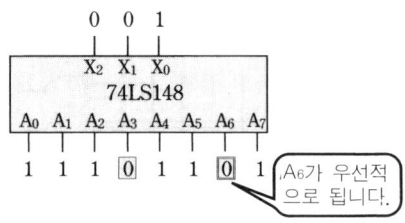

E_0, E_I, GS 단자는 IC를 복수개 연결하여 입력이 여러 개인 인코더를 구성할 때 사용됩니다.

● 디코더

박사 그러면 앞에서의 인코더와 반대인 2진수→10진수의 해독기를 설계해 봅시다.

입력된 2진수에 대응하는 10진수의 출력단자로만 신호 1이 출력되도록 하면 됩니다. 예를 들어 2진수 0101을 입력하면 출력단자 X_5만이 신호 1이 되도록 하는 것입니다.

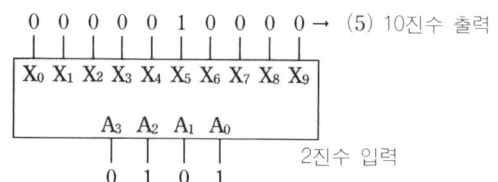

학생 1 우선 진리표를 완성해 보겠습니다. 앞의 인코더에 대한 진리표의 입력과 출력이 반대로만 바뀌었을 뿐입니다.

A_3	A_2	A_1	A_0	X_0	X_1	X_2	X_3	X_4	X_5	X_6	X_7	X_8	X_9
0	0	0	0	1	0	0	0	0	0	0	0	0	0
0	0	0	1	0	1	0	0	0	0	0	0	0	0
0	0	1	0	0	0	1	0	0	0	0	0	0	0
0	0	1	1	0	0	0	1	0	0	0	0	0	0
0	1	0	0	0	0	0	0	1	0	0	0	0	0
0	1	0	1	0	0	0	0	0	1	0	0	0	0
0	1	1	0	0	0	0	0	0	0	1	0	0	0
0	1	1	1	0	0	0	0	0	0	0	1	0	0
1	0	0	0	0	0	0	0	0	0	0	0	1	0
1	0	0	1	0	0	0	0	0	0	0	0	0	1

〈2진수→10진수 디코더〉

박사 진리표로부터 디코더의 논리회로를 설계하는 방법에 대해 설명하겠습니다.

디코더의 설계 방법

① 우선 입력과 그 부정의 신호선을 그리고 출력 비트 수만큼 AND 게이트를 나열하여 그립니다.

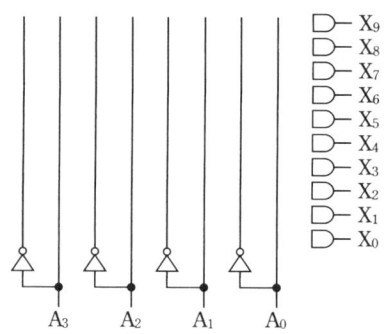

② 디코더 입력이 0000일 때는 출력단자 X_0

에만 신호 1이 나타나야 하기 때문에 X_0는 입력단자 A_3, A_2, A_1, A_0의 모든 NOT을 AND한 것으로 합니다.

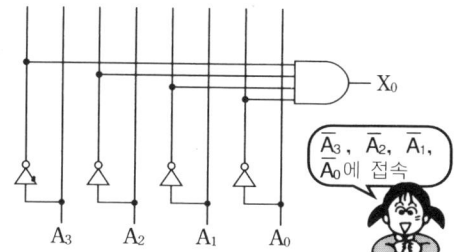

이렇게 하면 X_0는 A_3, A_2, A_1, A_0 모두가 0이 되었을 때에만 신호 1이 출력됩니다.

③ 디코더 입력이 0001일 때는 출력단자 X_1에만 신호 1이 나타나야 하기 때문에 X_1은 A_3, A_2, A_1의 NOT과 A_0를 그대로 AND한 것으로 합니다.

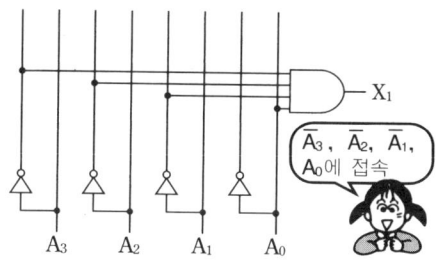

이렇게 하면 A_3, A_2, A_1, A_0에 각각 신호 0001이 입력되었을 때에만 X_1에 신호 1이 출력됩니다.

④ 다른 출력단자에 대해서도 같은 방식으로 선을 연결합니다. 최종적인 2진수→10진수 디코더의 논리회로는 다음과 같습니다.

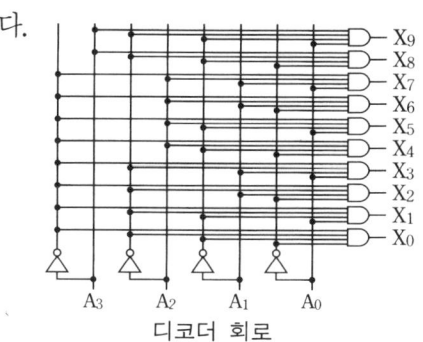

디코더 회로

디코더 IC

박사　다음에 디코더 IC, 74LS42를 봐 주십시오.

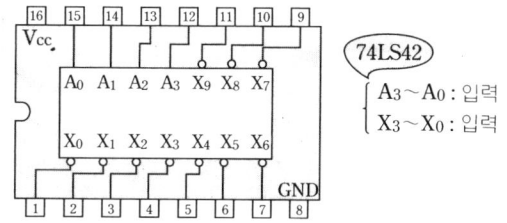

74LS42는 입력된 2진수 0000부터 1001에 대응하는 10진수 0에서 9를 출력하는 디코더 IC입니다. 출력은 부논리로 나타나는 점에 주의하기 바랍니다.

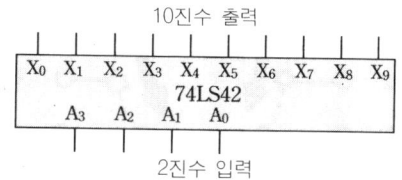

BCD

박사　BCD(Binary Coded Decimal)은 2진화 10진수를 말합니다. 다음에 10진수와 BCD의 대응표를 제시하였습니다.

10진수 9이하까지의 대응은 보통의 2진수와 같지만 이후부터는 앞이 다르군요.

10진수	BCD	10진수	BCD
0	0000 0000	8	0000 1000
1	0000 0001	9	0000 1001
2	0000 0010	10	0001 0000
3	0000 0011	11	0001 0001
4	0000 0100	12	0001 0010
5	0000 0101	13	0001 0011
6	0000 0110	14	0001 0100
7	0000 0111	⋮	⋮

10진수-BCD 대응표

박사 위에서 소개한 디코더 IC, 74LS42 두 개를 연결하여 10진수의 10 이상도 출력할 수 있는 회로를 구성할 경우를 생각해 봅시다.

그런데 이 IC 1개로는 10진수의 10에 대응하는 2진수의 1010이라는 입력을 할 수 없습니다. 10진수의 10에 대응하는 입력을 할 때는 상위의 IC에 0001을, 하위의 IC에 0000을 입력하게 됩니다.

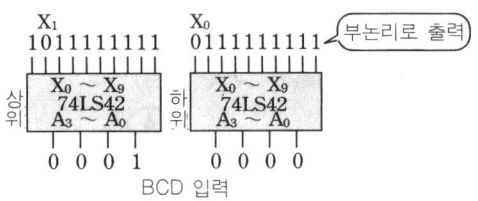

BCD 입력

학생 1 즉 BCD 표시를 사용하는군요.

박사 바로 그대로입니다. 그래서 74LS 42는 BCD to Decimal Decoder라 불리고 있습니다. 단, 10진수 9이하의 값에서는 보통의 2진수와 BCD는 완전히 같기 때문에 특별히 BCD를 의식할 필요는 없습니다.

확인문제

《문제 1》 2진수(2비트)→10진수(4비트)의 디코더를 다이오드를 사용하여 구성하여라.

A_1	A_1	X_0	X_1	X_2	X_3
0	0	1	0	0	0
0	1	0	1	0	0
1	0	0	0	1	0
1	1	0	0	0	1

☞ 답

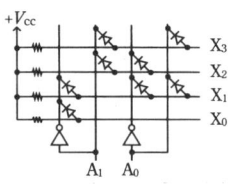

❺ 멀티플렉서와 디멀티플렉서

데이터를 선택하거나 분배하는 회로에 대해 배워보자

● 멀티플렉서(multiplexer)와 디멀티플렉서(demultiplexer)

박사　멀티플렉서는 데이터 선택회로라고도 부르며 여러 개의 데이터로부터 하나의 데이터를 선택하는 회로입니다.

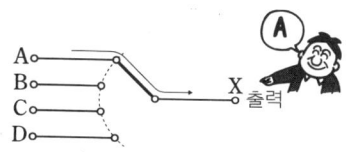

멀티플렉서의 개념

또 디멀티플렉서는 하나의 데이터를 여러 개의 데이터선 가운데의 한 곳으로 출력하는 기능을 합니다.

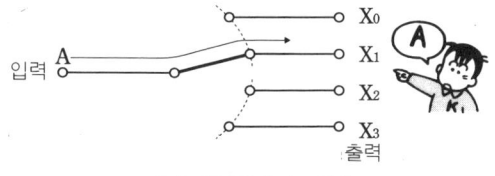

디멀티플렉서의 개념

학생 1　멀티플렉서와 디멀티플렉서의 기능을 식당에서 요리를 주문하는 경우를 예로 들어 보았습니다.

학생 2　종업원이 한 명뿐이라면 요리는 동시에 손님들에게 나를 수 없습니다. 그래서 순서대로 가져 가게 됩니다.

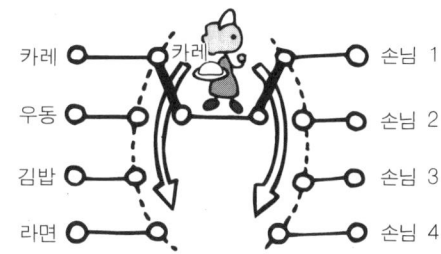

박사　이 예에서와 같이 한 명의 종업원 (신호선)이 요리(입력 데이터)를 차례로 손님(출력단자)에게 내오는 방법을 시분할방식이라 합니다.

학생 1　만약 여러 개의 요리(데이터)를 동시에 손님(출력단자)에게 나르기 위해서는 요리(데이터)의 수만큼 종업원(신호선)이 필요하겠군요.

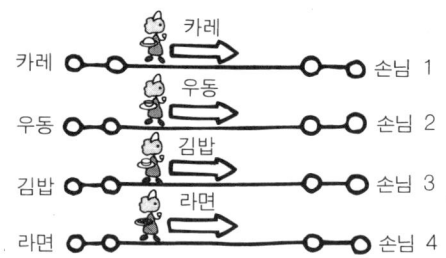

멀티플렉서

박사   실제의 멀티플렉서 회로에 대해 배워 봅시다. 4비트의 입력에서 임의의 1비트를 선택하는 회로를 고려해 봅니다.

학생 2   로터리 스위치를 사용하면, 손잡이를 돌리기만 하여 간단하게 데이터를 선택할 수 있습니다.

박사   아니! 여기서는 로터리 스위치를 사용하지 않고 디지털 IC로 멀티플렉서를 구성해 봅시다.

디지털 회로에서는 로터리 스위치로 손잡이를 돌리는 대신에 선택신호를 사용하여 입력 데이터를 선택합니다.

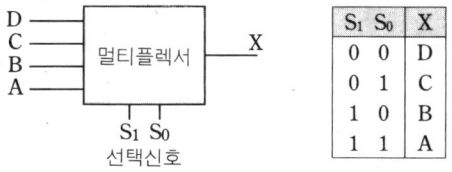

S_1	S_0	X
0	0	D
0	1	C
1	0	B
1	1	A

학생 1   선택신호를 바꿈으로써 임의의 입력 데이터를 출력단자에서 빼낼 수 있겠군요.

박사   그렇습니다. 이 멀티플렉서의 회로는 다음과 같습니다.

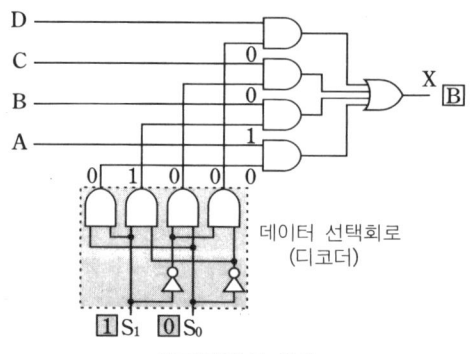

멀티플렉서 회로

학생 2   데이터 선택회로에는 앞에서 배운 디코더 회로를 이용하고 있군요.

박사   실제의 멀티플렉서 IC, 74LS 153을 봐 주십시오.

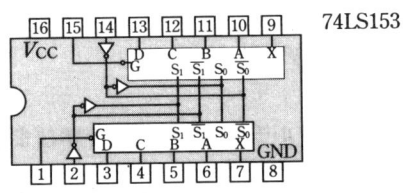

이 IC는 4비트의 입력 데이터에서 1비트의 데이터를 선택하는 기능이 두 개 포함되어 있기 때문에 Dual 4 to 1 Data selectors 라 부릅니다.

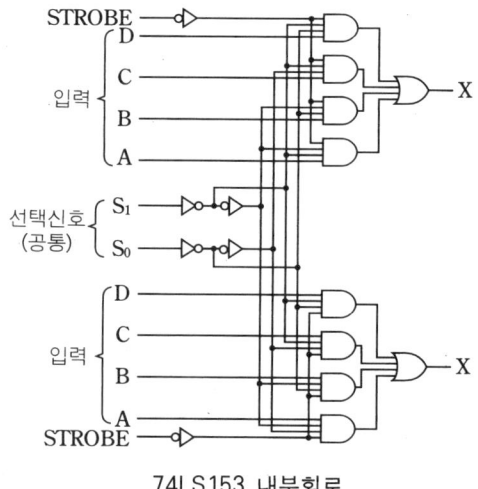

74LS153 내부회로

선택신호와 선택되는 입력단자의 관계는

다음과 같습니다.

입　　력		출력
선택신호 S_1　S_0	스트로브 G	X
✓　✓	1	0
0　0	0	D
0　1	0	C
1　0	0	B
1　1	0	A

✓ : 0, 1 어느 것이라도 상관없다

학생 1　STROBE(스트로브)라는 단자의 기능을 가르쳐 주십시오.

박사　이 IC의 경우, STROBE 단자에 신호 1을 입력하면 다른 입력 단자 데이터와는 관계없이 출력이 0으로 설정됩니다. 위의 회로도에서 확인해 주기 바랍니다.

학생 2　즉 멀티플렉서로서의 기능은 없어지게 되는군요.

박사　그렇습니다. 때문에 멀티플렉서로 사용하고 싶을 때는 STROBE 단자에는 신호 0을 입력해 둘 필요가 있습니다. STROBE는 ENABLE이라 불리는 경우도 있습니다. ENABLE에는 「～할 수 있도록 한다」라는 의미가 있습니다.

● 디멀티플렉서

박사　디멀티플렉서 회로에 대해 배워 봅시다.

디멀티플렉서

1비트 데이터를 4비트 중의 임의의 출력단자로부터 얻는 회로를 생각해 봅시다.

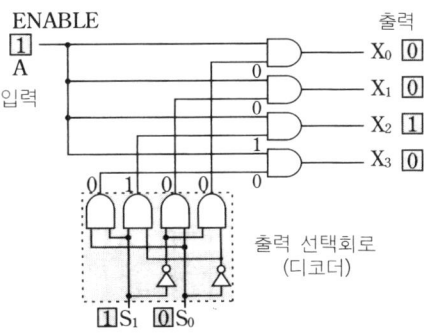

디멀티플렉서 회로

ENABLE 단자에는 신호 1을 설정해 둡니다. 그리고 선택신호에 따라 신호 1이 나오는 출력단자를 선택합니다. 선택신호와 선택되는 출력단자의 관계는 다음과 같습니다.

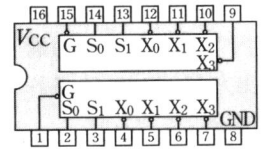

S_1 S_0	X_0 X_1 X_2 X_3
0　0	1　0　0　0
0　1	0　1　0　0
1　0	0　0　1　0
1　1	0　0　0　1

실제의 디멀티플렉서 IC, 74LS139를 봐 주십시오.

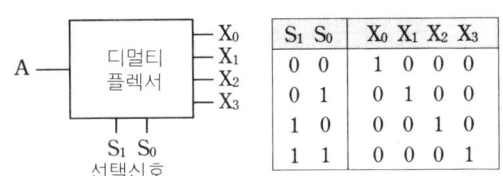

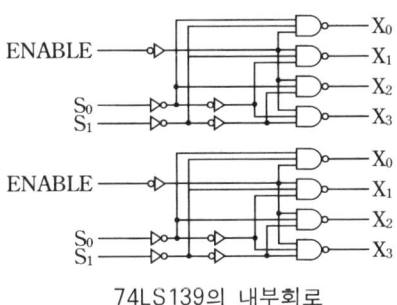

74LS139의 내부회로

이 IC는 부논리로 동작하므로 ENABLE 단자에는 신호 0을 설정해 두고 있습니다. 진리표는 다음과 같습니다.

입 력		출 력	
선택신호	ENABLE		
S_1 S_0	G	X_0 X_1 X_2 X_3	
✓ ✓	1	1 1 1 1	
0 0	0	0 1 1 1	
0 1	0	1 0 1 1	
1 0	0	1 1 0 1	
1 1	0	1 1 1 0	

✓ ; 0, 1 어느 것이라도 상관없다.

콤퍼레이터(Comparator)

박사 콤퍼레이터는 비교기라고도 부르고 두 개의 데이터의 대소 관계를 알아보는 회로입니다.

① 일치회로

박사 두 개의 데이터가 같은지 어떤지를 비교합니다.

학생 1 일치회로에는 EX−NOR를 이용할 수 있습니다.

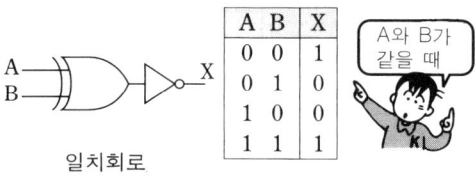

A	B	X
0	0	1
0	1	0
1	0	0
1	1	1

A와 B가 같을 때

일치회로

박사 다음에 2비트 데이터의 일치회로를 나타내었으므로 동작을 확인해 주기 바랍니다.

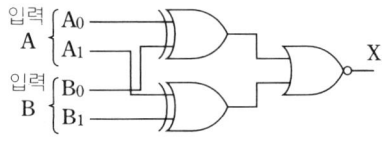

2비트 데이터의 일치회로

② 대소 비교회로

박사 두 개의 데이터의 대소 관계를 비교하는 회로입니다. 예를 들어 1

비트 데이터의 대소 비교회로와 진리표는 다음과 같습니다.

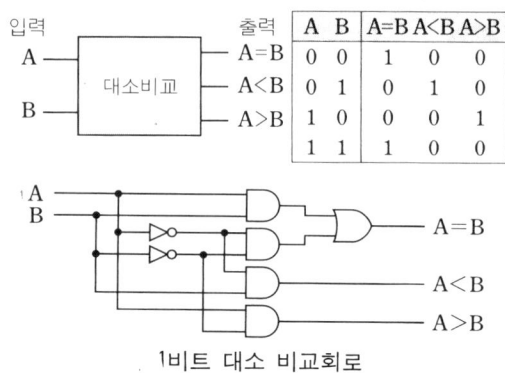

A B	A=B	A<B	A>B
0 0	1	0	0
0 1	0	1	0
1 0	0	0	1
1 1	1	0	0

1비트 대소 비교회로

4비트의 대소 비교용 IC, 74LS85를 소개합니다.

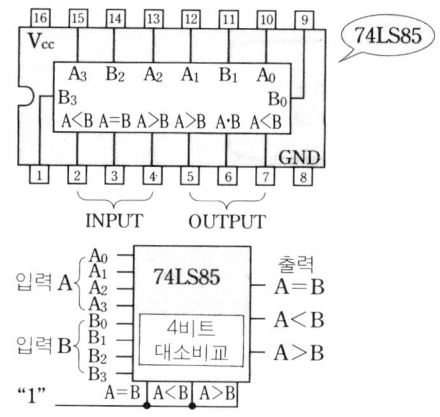

학생 2 4비트보다 많은 데이터를 비교할 때 사용되는 것으로는 어떠한 IC가 있습니까?

박사 예를 들어 8비트 데이터의 비교 IC에 74LS82 등이 있습니다.

또 앞의 74LS85를 여러 개 접속하여 4비트

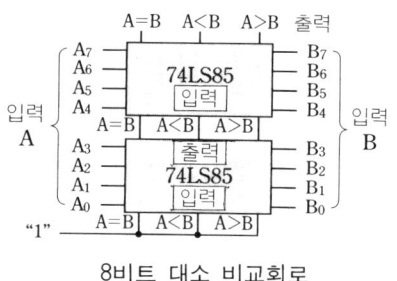

8비트 대소 비교회로

보다 큰 데이터를 비교할 수도 있습니다.

패리티 체크(Parity Check)

박사　데이터 전달에 오류가 없는지를 조사하는 방법에 패리티 체크(또는 홀짝 검사)가 있습니다. 예를 들어 4비트의 데이터를 어딘가로 전달하려고 합니다.

이 때 데이터의 합을 계산하여 결과가 짝수인가 홀수인가에 따라 0이나 1을 패리티 데이터로 하여 원래의 데이터와 함께 전달합니다.

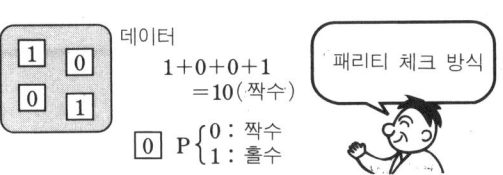

데이터를 받은 측에서는 역시 데이터의 합을 계산하고 짝수인가 홀수인가를 보내온 패리티 데이터와 비교합니다.

학생 1　패리티 체크를 하기 위해서는 신호선이 하나 더 여분으로 필요하겠군요.

박사　그렇습니다. 4비트의 패리티 데이터를 만드는 회로는 다음과 같습니다.

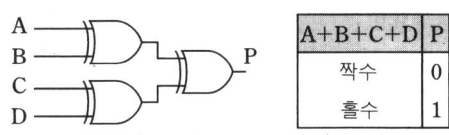

A+B+C+D	P
짝수	0
홀수	1

패리티 비트 생성회로

확인문제

『문제 1』　다음에 나타낸 회로는 어떠한 기능을 합니까?

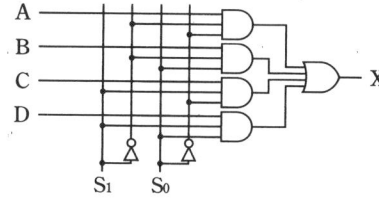

☞ **답**　4입력 1출력의 멀티플렉서

S_1	S_0	X
0	0	A
0	1	B
1	0	C
1	1	D

실험 코너

연산회로의 동작을 실험으로 확인하자

● 가산회로

박사   전가산기를 제작하여 동작을 확인해 봅시다.

학생 1   다음에 나타낸 것은 전가산기의 블록도입니다.

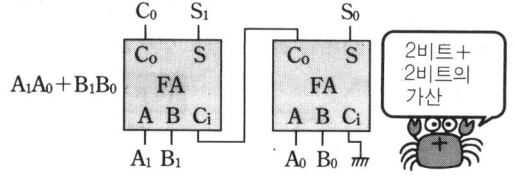

학생 2   74LS83은 4비트 전가산기 IC입니다.

박사   여기서는 두 개의 2비트 데이터를 가산하는 회로를 만들어 봅시다.

학생 1   2비트 가산회로의 진리표는 다음과 같습니다.

A_1A_0	B_1B_0	$S_2S_1S_0$	A_1A_0	B_1B_0	$S_2S_1S_0$
0 0	0 0	0 0 0	1 0	0 0	0 1 0
0 0	0 1	0 0 1	1 0	0 1	0 1 1
0 0	1 0	0 1 0	1 0	1 0	1 0 0
0 0	1 1	0 1 1	1 0	1 1	1 0 1
0 1	0 0	0 0 1	1 1	0 0	0 1 1
0 1	0 1	0 1 0	1 1	0 1	1 0 0
0 1	1 0	0 1 1	1 1	1 0	1 0 1
0 1	1 1	1 0 0	1 1	1 1	1 1 0

박사   제1장에서 만든 4비트의 신호입력용 스위치회로와 출력표시용 LED 회로를 이용합니다.   제작이 끝났으면 실험에 의해. 다음 진리표의 빈 칸을 채우시오.

A_1A_0	B_1B_0	$S_2S_1S_0$	A_1A_0	B_1B_0	$S_2S_1S_0$
0 0	0 0		1 0	0 0	
0 0	0 1		1 0	0 1	
0 0	1 0		1 0	1 0	
0 0	1 1		1 0	1 1	
0 1	0 0		1 1	0 0	
0 1	0 1		1 1	0 1	
0 1	1 0		1 1	1 0	
0 1	1 1		1 1	1 1	

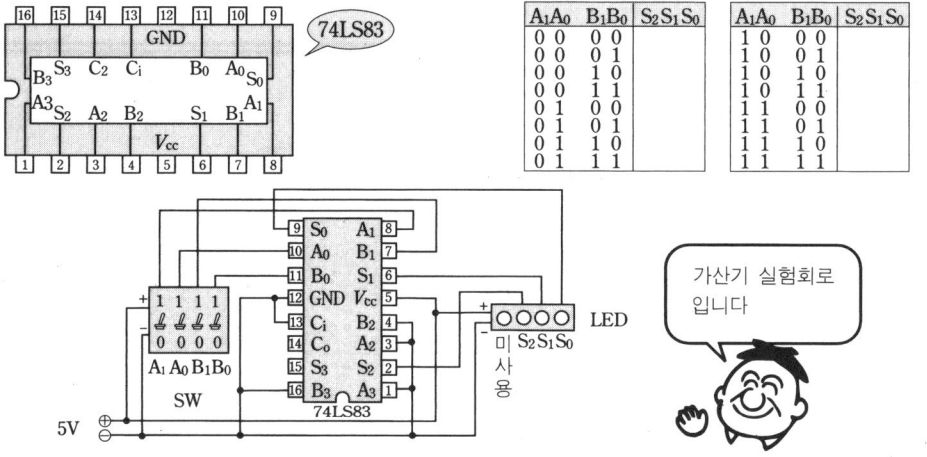

앞에서 학생이 나타낸 진리표와 일치하는지 확인해 주십시오.

● 감산회로

박사   다음은 감산기를 실험해 봅시다.

학생 2   감산기의 블록도를 나타내었습니다.

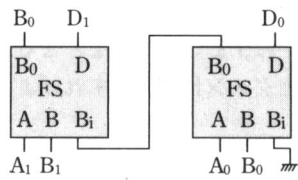

학생 1   감산기는 2의 보수 개념을 사용하여 가산기를 이용해서 만들었습니다.

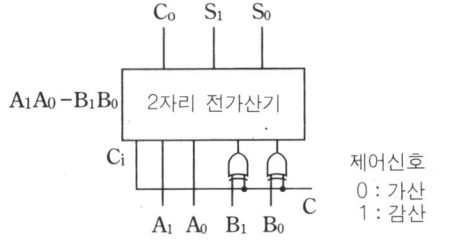

제어신호
0 : 가산
1 : 감산

박사   그러면 앞에서와 같은 74LS83을 사용하여 2비트의 감산기를 만들어 봅시다. 이때 EX-OR에는 74LS86을 사용합니다.

만약을 위해 제어단자에 신호 0을 입력하여 가산기로서 동작시켜 주십시오.

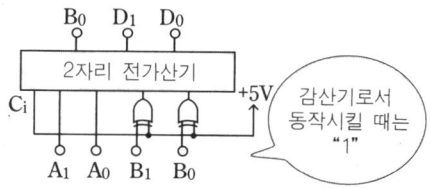

감산기로서 동작시킬 때는 "1"

다음에 제어단자에 신호 1을 넣어 감산기로서 동작시킵니다.

학생 2   2비트 감산회로의 진리표는 다음과 같이 됩니다.

$A_1 A_0$	$B_1 B_0$	B_0	D_1	D_0	$A_1 A_0$	$B_1 B_0$	B_0	D_1	D_0
0 0	0 0	1	0	0	1 0	0 0	1	1	0
0 0	0 1	0	1	1	1 0	0 1	1	0	1
0 0	1 0	1	1	0	1 0	1 0	1	0	0
0 0	1 1	0	0	1	1 0	1 1	0	1	1
0 1	0 0	1	0	1	1 1	0 0	1	1	1
0 1	0 1	1	0	0	1 1	0 1	1	1	0
0 1	1 0	0	1	1	1 1	1 0	1	0	1
0 1	1 1	0	1	0	1 1	1 1	1	0	0

박사   실험에 따라 다음 진리표의 빈 칸을 채우시오.

$A_1 A_0$	$B_1 B_0$	B_0	D_1	D_0	$A_1 A_0$	$B_1 B_0$	B_0	D_1	D_0
0 0	0 0				1 0	0 0			
0 0	0 1				1 0	0 1			
0 0	1 0				1 0	1 0			
0 0	1 1				1 0	1 1			
0 1	0 0				1 1	0 0			
0 1	0 1				1 1	0 1			
0 1	1 0				1 1	1 0			
0 1	1 1				1 1	1 1			

나타낸 진리표와 일치했습니까?

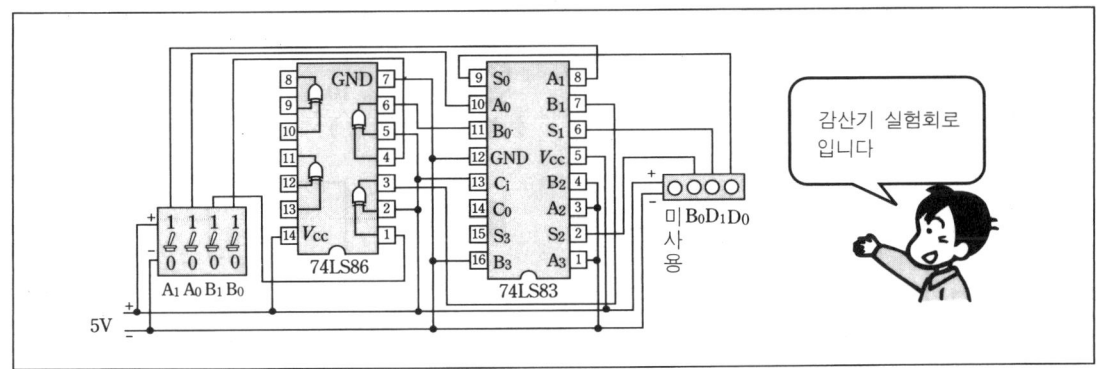

감산기 실험회로입니다

이론대로 동작하지 않는 경우는 회로의 배선을 한번 더 확인해 주십시오. 전원의 극성은 바르게 연결되어 있습니까?

배선에 잘못이 없는데 올바른 동작을 하지 않는 경우는 납땜을 확인해 주십시오.

초보자가 만든 회로에서는 납땜 불량이 잘못된 동작의 원인이 되는 경우가 많기 마련입니다.

회로

단념하지 말고, 점검합시다

7세그먼트 LED

박사 그런데 7세그먼트 LED란 부품을 알고 있습니까?

도시바 7세그먼트 LED				
문자 크기	적 색		녹 색	
	애노드	캐소드	애노드	캐소드
대	TLR306	TLR308	—	—
중	TLR353	TLR352	TLG313A	TLR352i
소	TLR313	TLR312	TLG313A	TLG312A

0 1 2 3 4 5 6 7 8 9

학생 2 예. 7개의 LED가 8글자로 배열되어 있어 그것을 조합하여 0에서 9까지의 숫자를 표시할 수 있는 부품입니다.

박사 그렇습니다. 핀의 배선은 애노드 공통형이 있습니다.

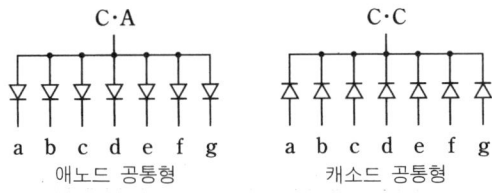

C·A
a b c d e f g
애노드 공통형

C·C
a b c d e f g
캐소드 공통형

여기서는 구하기 쉬운 도시바(東芝)의 TLR306 등을 사용합니다.

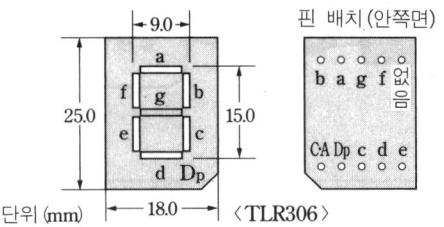

단위(mm) 〈TLR306〉

핀 배치(안쪽면)

b a g f 없음

CA Dp c d e

그런데 예를 들어 숫자 7을 표시하고 싶을 때는 어떻게 배선하면 될까요?

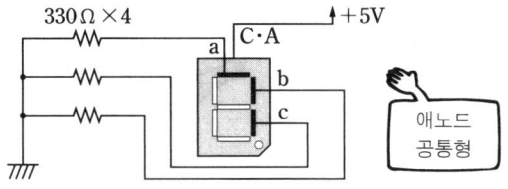

330Ω×4   C·A   +5V

a b c

애노드 공통형

학생 1 7을 표시하려면 abc 세 개의 세그먼트가 켜지면 됩니다.

또 애노드 공통형에서는 공통 단자는 +5V에 접속해 둡니다.

학생 2 왜 각 세그먼트에 저항을 접속합니까?

박사 이들 저항은 세그먼트에 흐르는 전류를 제어하고 있습니다.

각 세그먼트에 8mA 정도의 전류가 흐르도록 하려면 저항값은 300Ω 정도가 됩니다.

그런데 0에서 9까지를 표시하기 위해서는 어떻게 세그먼트를 선택하면 될까요?

다음 표를 완성시키시오.

표시	세그먼트						
	a	b	c	d	e	f	g
0							
1							
2							
3							
4							
5							
6							
7	1	1	1	0	0	0	0
8							
9							

디코더

박사 7세그먼트 LED를 디코더를 사용
하여 제어해 봅시다. 디코더에 대
해 기억하고 있습니까?

학생 1 디코더는 해독기라고도 부르며 2
진수를 10진수로 변환하는 회로를 말합니다.

박사 그렇습니다. 그러면 입력한 2진수
에 대응하는 10진수를 LED가
표시하는 회로를 생각해 봅시다.

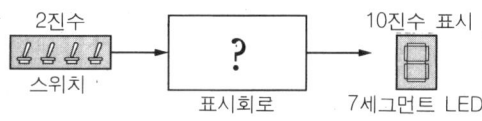

다음의 진리표를 만족하는 디코더를 설계
해 주십시오.

A B C D	a b c d e f g	표 시
0 0 0 0	1 1 1 1 1 1 0	0
0 0 0 1	0 1 1 0 0 0 0	1
0 0 1 0	1 1 0 1 1 0 1	2
0 0 1 1	1 1 1 1 0 0 1	3
0 1 0 0	0 1 1 0 0 1 1	4
0 1 0 1	1 0 1 1 0 1 1	5
0 1 1 0	0 0 1 1 1 1 1	6
0 1 1 1	1 1 1 0 0 0 0	7
1 0 0 0	1 1 1 1 1 1 1	8
1 0 0 0	1 1 1 0 0 1 1	9

〈가법 표준형〉

$\bar{a} = \bar{A}\bar{B}\bar{C}D + ABCD + \bar{A}BC\bar{D}$

$\bar{b} = \bar{A}B\bar{C}D + \bar{A}BC\bar{D}$

$\bar{c} = \bar{A}\bar{B}C\bar{D}$

$\bar{d} = ABCD + \bar{A}B\bar{C}\bar{D} + \bar{A}BC\bar{D} + \bar{A}\bar{B}C\bar{D}$

$\bar{e} = \bar{A}\bar{B}\bar{C}D + \bar{A}\bar{B}C\bar{D} + \bar{A}BC\bar{D} + \bar{A}B\bar{C}D$
$\quad + \bar{A}BCD + A\bar{B}\bar{C}D$

$\bar{f} = \bar{A}\bar{B}\bar{C}D + \bar{A}\bar{B}CD + \bar{A}B\bar{C}D + \bar{A}BCD$

$\bar{g} = \bar{A}\bar{B}\bar{C}B + \bar{A}\bar{B}\bar{C}D + \bar{A}BCD$

학생 2 앞에서 배운 디코더의 설계방법을
사용하여 회로를 설계하였습니다.

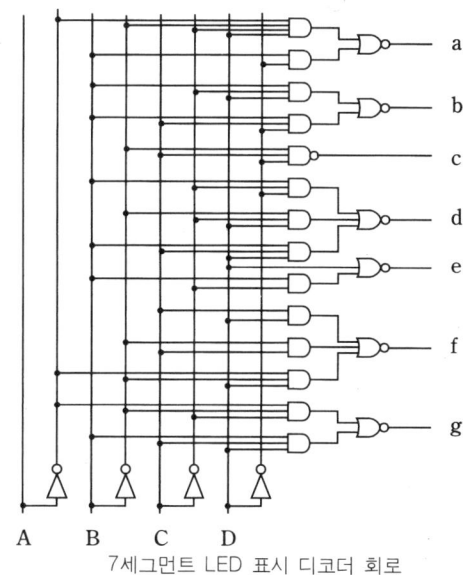

7세그먼트 LED 표시 디코더 회로

박사 실제로 제작하기에는 좀 복잡한 회
로지요.

위에서 설계한 디코더와 같은 기능을 하는
IC, 74LS47이 시판되고 있습니다.

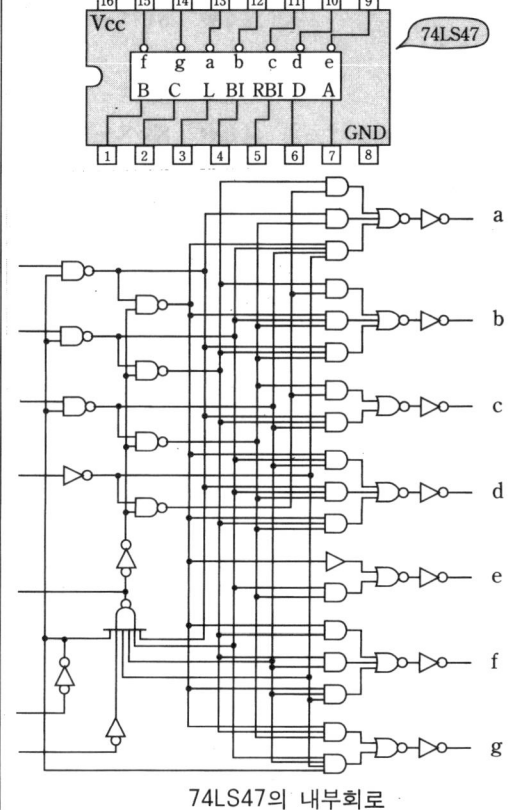

74LS47의 내부회로

학생 2   이 IC를 사용하면 간단하게 7세그먼트 LED를 제어할 수 있겠군요.

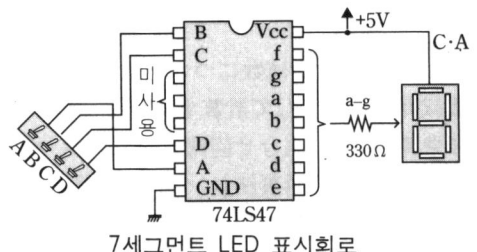

7세그먼트 LED 표시회로

박사   그러면 신호입력용 스위치 회로를 사용하여 위의 표시회로를 제작해 봅시다. 또 7세그먼트 LED에는 소수점을 표시하는 DP라는 표시부도 준비되어 있습니다.

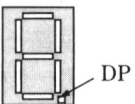

확인문제

〘문제 1〙 캐소드 공통형 7세그먼트 LED를 다음과 같이 접속해도 되는가?

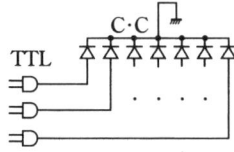

☞ 답

TTL의 토출전류는 0.4mA 정도밖에 얻을 수 없으므로 이 접속에서는 LED를 제어할 수 없다.

제 3 장 도전 문제
(해답은 생략, 본문 참조)

1 다음의 전가산기의 진리표를 완성하여라. (☞ 87쪽)

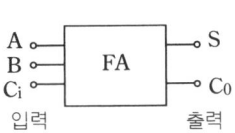

A	B	C_i	S	C_0
0	0	0		
0	0	1		
0	1	0		
0	1	1		
1	0	0		
1	0	1		
1	1	0		
1	1	1		

2 직렬 가산 방식의 장점과 단점을 설명하여라. (☞ 88쪽)
3 병렬 가산 방식의 장점과 단점을 설명하여라. (☞ 88쪽)
4 반가산기를 사용하여 전가산기를 구성하여라. (☞ 88쪽)
5 반감산기와 전감산기의 차이는 무엇인가? (☞ 93쪽)
6 다음 전감산기의 진리표를 완성하여라. (☞ 93쪽)

A	B	B_i	D	B_0
0	0	0		
0	0	1		
0	1	0		
0	1	1		
1	0	0		
1	0	1		
1	1	0		
1	1	1		

7 1의 보수, 2의 보수에 대해 설명하여라. (☞ 90쪽)
8 감산을 가산으로 계산하는 방법에 대해 설명하여라. (☞ 91쪽)
9 곱셈의 방법 '조합회로 방식'에 대해 설명하여라. (☞ 95쪽)
10 나눗셈의 방법 '회복법'에 대해 설명하여라. (☞ 96쪽)
11 자리이동에 의한 곱셈, 나눗셈의 방법에 대해 설명하여라. (☞ 97쪽)
12 ALU란 무엇인가? (☞ 98쪽)
13 인코더의 설계 방법에 대해 정리하여라. (☞ 101쪽)
14 디코더의 설계 방법에 대해 정리하여라. (☞ 102쪽)
15 BCD란 무엇인가? (☞ 103쪽)
16 4비트의 데이터로부터 임의의 1비트 데이터를 빼내는 (☞ 106쪽)
멀티플렉서 회로를 설명하여라.
17 두 개의 1비트 데이터의 대소를 비교하는 회로를 생각해 보아라. (☞ 106쪽)
18 디멀티플렉서의 기능을 설명하여라. (☞ 107쪽)
19 패리티 체크에 대해 설명하여라. (☞ 109쪽)
20 세그먼트 LED란 어떤 부품인가? (☞ 112쪽)

제 4 장
펄스회로를 마스터하자

◁─ 이 장의 목표 ─▷

　디지털 회로는 0과 1의 신호를 처리하는 회로이다. 예컨대 NOT 회로에 0을 입력하면 출력에는 1이 나오게 된다. 그러면 NOT 회로에 입력하는 신호를 시간과 함께 변화시키면 출력은 어떻게 될까? 물론 입력신호에 대응한 논리부정의 출력이 얻어진다. 이 예에서와 같이 시간과 함께 상태가 변화하는 신호를 펄스신호라 부른다. 디지털 회로에서는 펄스신호가 계기가 되어 동작이 되는 경우가 흔히 있다. 이 장 이후에서 배울 플립플롭이나 시프트레지스터, 카운터 등의 동작도 펄스 신호와 매우 밀접한 관련이 있다.

　이 장에서는 펄스신호를 만드는 방법에 대해 배운다. 펄스신호를 만드는 회로는 발진기라 부른다. 그 중에서도 디지털 회로에서 자주 사용되는 구형파를 만드는 회로에 멀티바이브레이터가 있다. 먼저 트랜지스터를 사용한 멀티바이브레이터를 배워보자. 다음에 펄스신호를 가공하는 방법에 대해 설명한다.

　장 후반에서는 슈미트 트리거 회로에 대해 설명한다. 슈미트 트리거 회로는 펄스파형을 깨끗하게 얻기 위한 회로로 이용되거나, 노이즈로 인한 디지털 회로의 잘못된 동작을 방지하는데 이용된다.

　이 장을 통해 펄스신호에 관해 깊이 이해할 수 있도록 한다.

❶ 멀티바이브레이터(1)

구형파를 발생시키는 회로에 대해 배워보자

멀티바이브레이터(multivibrator)

박사　펄스신호에는 여러 가지 형이 있지만 디지털 회로에서는 구형파가 자주 이용됩니다.

구형파　트리거 펄스

톱니파　삼각파

여러 가지 펄스

구형파를 발생시키는 회로가 멀티바이브레이터입니다. 멀티바이브레이터에는 다음의 3종류가 있습니다.

① 무안정 멀티바이브레이터

단독으로 구형파를 연속적으로 발생하는 회로입니다.

무안정
멀티바이브레이터　　출력

② 단안정 멀티바이브레이터

단독으로는 펄스를 연속하여 발생할 수 없습니다. 입력된 펄스를 계기로 독자적인 1개

입력　출력

트리거
펄스　단안정
멀티
바이브레이터

의 펄스를 발생시키는 회로입니다.

계기가 되는 펄스를 트리거 펄스라 합니다. 출력하려는 구형파의 수만큼 트리거 펄스가 필요합니다.

③ 쌍안정 멀티바이브레이터

입력된 트리거 펄스에 따라 출력을 0이나 1로 변화시키는 회로입니다. 플립플롭이라고도 부릅니다. 플립플롭에 대해서는 제5장에서 설명합니다.

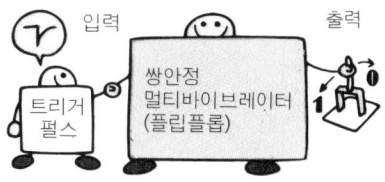

입력　출력

트리거
펄스　쌍안정
멀티바이브레이터
(플립플롭)

트랜지스터를 사용한 각각의 멀티바이브레이터 회로의 동작원리를 이해합시다.

멀티바이브레이터

학생 1 회로의 동작원리는 어려워서 싫어요.

박사   언뜻 어려워 보일지도 모르지만 순서대로 차근차근 생각해 나가면 반드시 이해할 수 있을 거라 봅니다.

학생 2 쉽게 설명해 주세요.

박사   알았습니다. 그러면 트랜지스터의 스위칭 작용부터 시작해 봅시다.

학생 1 트랜지스터 스위치는 제2장의 실험 코너에서도 배웠습니다. NPN 트랜지스터의 경우, 베이스에 양의 전압을 걸면 베이스-이미터간에 전류가 흘러 이것에 의해 컬렉터-이미터간에도 전류가 흐르게 됩니다.

그러나 베이스에 양의 전압이 걸려 있지 않으면 컬렉터-이미터간은 비도통 상태로 됩니다.

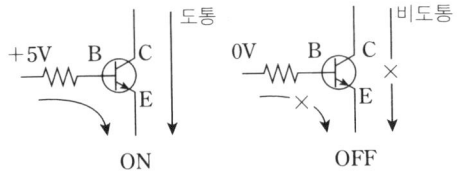

박사   그렇습니다. 멀티바이브레이터에서는 두 개의 트랜지스터를 스위치로 사용하고 있습니다. 하나의 트랜지스터가 ON일 때는 다른 쪽의 트랜지스터는 OFF가 됩니다. 양쪽 트랜지스터가 같은 상태일 수는 없습니다.

● 무안정 멀티바이브레이터

학생 2 무안정 멀티바이브레이터는 단독으로 구형파를 연속적으로 발생시키는 회로이지요.

박사   일반적으로 멀티바이브레이터라 하면 이 무안정형을 가리키는 경우가 많습니다. 그러면 무안정 멀티바이브레이터 회로의 동작에 대해 생각해 봅시다.

무안정 멀티바이브레이터의 동작

V_{CC} 전압을 걸면 어느 것인가의 트랜지스터가 ON이 되는데, 여기서는 Tr_1이 ON이 된다고 가정합니다.

학생 1 어느 쪽 트랜지스터가 ON이 될지는 어떻게 결정합니까?

박사   트랜지스터는 같은 형번이라도 엄밀하게는 실제의 특성이 부품에 따라 약간씩 다릅니다. 그래서 감도가 좋은 트랜지스터쪽이 먼저 ON이 됩니다.

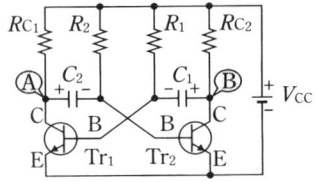

무안정 멀티바이브레이터의 회로

①V_{CC}에서 나오는 전류는 R_1을 통해 Tr_1의 베이스에 흘러 Tr_1은 ON이 됩니다.

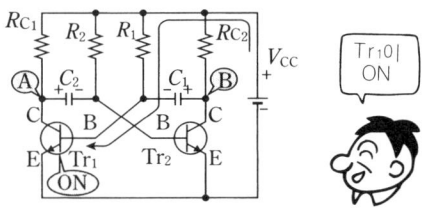

② Tr_1이 ON이므로 A점은 어스 전압과 같아지고 C_2의 전하는 R_2를 통해 방전 상태가 됩니다. Tr_2의 베이스는 C_2의 − 단자와 연결되어 있기 때문에 Tr_2는 OFF됩니다.

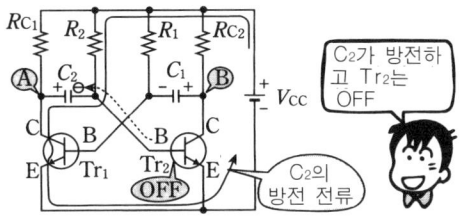

③ Tr₂가 OFF이기 때문에 B점은 양전위이다. 때문에 C_1은 충전 상태가 됩니다.

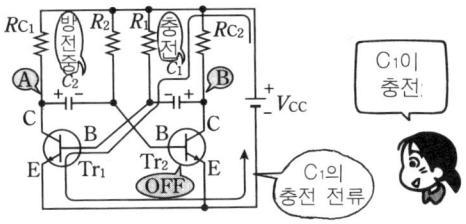

④ C_2의 방전이 끝나면 V_{CC}에서 나오는 전류는 R_2를 통해 Tr₂의 베이스에 흐르고 Tr₂는 ON이 됩니다.

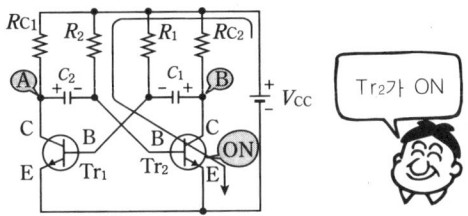

⑤ Tr₂가 ON이 되면 B점은 어스 전위가 되고 C_1의 전하는 R_1을 통해 충전을 시작합니다.

Tr₁ 베이스는 C_1의 − 단자와 연결되어 있기 때문에 Tr₁은 OFF됩니다.

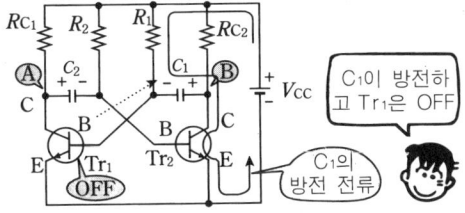

⑥ Tr₁이 OFF이기 때문에 A점은 양전위이므로 C_2는 충전 상태가 됩니다.

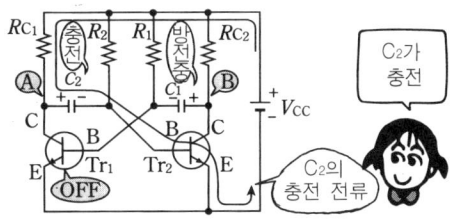

⑦ C_1의 방전이 끝나면 V_{CC}에서 나오는 전류는 R_1을 통해 Tr₁의 베이스에 흘러 Tr₁은 ON이 됩니다.

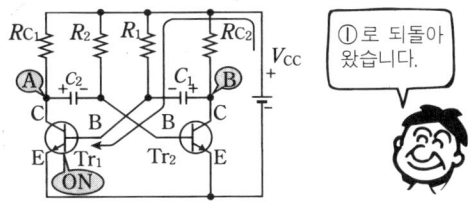

⑧ 이것으로 Tr₁이 ON이었던 최초의 상태로 돌아왔습니다. 이후 ②에서 ⑦을 자동적으로 반복하게 됩니다.

박사　A점과 B점의 파형은 다음과 같이 됩니다.

　　Tr₁이 ON일 때는 A점의 전위는 0, OFF일 때는 $+V_{CC}$ 전위가 되는 것에 주의합니다.

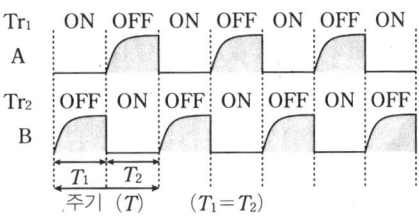

학생 2　파형이 완전한 구형파가 안 되는 이유는 무엇입니까?

박사　트랜지스터가 OFF→ON으로 바뀔 때는 컬렉터 전압은 재빠르게 0전위로 변화하지만, ON→OFF로 바뀔 때는 C_1이나 C_2로의 충전 전류가 RC_1이나 RC_2로 흐르기 때문에 파형의 상승이 조금 늦어지는 것입니다.

학생 1 무안정 멀티바이브레이터가 트랜지스터의 ON, OFF를 바꿔 가며 구형파를 만든다는 것을 알았습니다. 그럼 어떻게 하면 파형 주기를 바꿀 수 있습니까?

박사   이 회로의 주기는

$$T = 0.7 \times (C_1 \times R_1 + C_2 \times R_2)$$

〔초〕로 계산할 수 있습니다.

또 주파수는 $f = 1/T$〔Hz〕에서 구할 수 있습니다.

단안정 멀티바이브레이터

학생 2 단안정 멀티바이브레이터는 입력된 트리거 펄스의 수만큼 구형파를 출력하는 회로였습니다.

박사   단안정 멀티바이브레이터의 회로를 나타내었습니다.

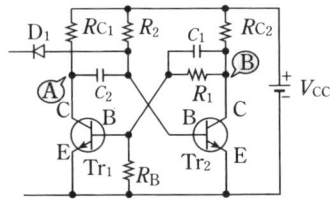

단안정 멀티바이브레이터의 회로

단안정 멀티바이브레이터의 동작

① Tr_1은 베이스가 R_B를 통해 어스에 접속되어 있기 때문에 OFF, Tr_2는 베이스에 R_2를 통해 V_{CC}에서 나오는 전류가 흐르고 있기 때문에 ON이 되고 이 상태로 안정되어 있습니다.

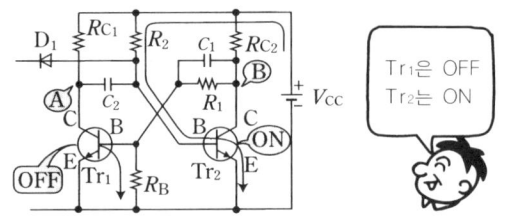

② 다이오드 D_1에서 음의 트리거 펄스가 가해지면 Tr_2의 베이스가 음으로 되고 Tr_2는 OFF됩니다.

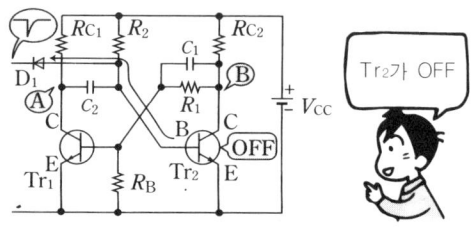

③ Tr_2가 OFF되면 B점은 양전위가 되고 그 전위는 R_1을 통해 Tr_1의 베이스에 가해집니다.

그 결과 Tr_1은 ON이 됩니다.

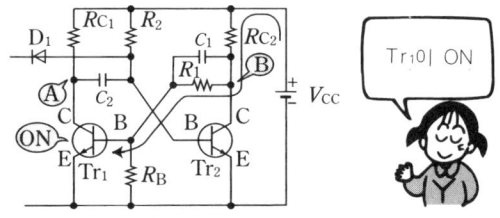

④ Tr_1이 ON되면 A점은 0 전위가 되고 C_2는 R_2를 통해 충전시킵니다.

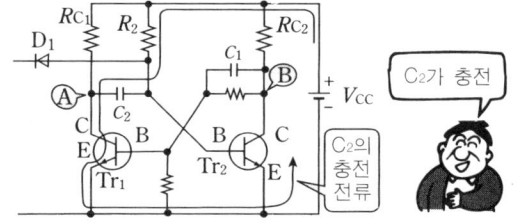

⑤ C_2의 충전이 진행되면 결국에는 Tr_2 베이스에 양전위가 가해져 Tr_2는 ON이 됩니다.

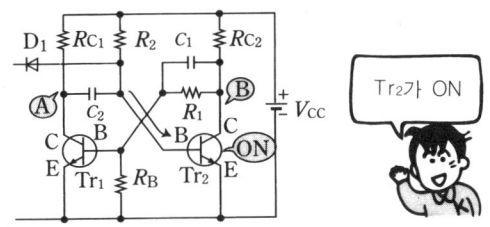

⑥ Tr₂가 ON이 되면 B점은 어스 전위가 되고 Tr₁의 베이스에 어스 전위가 가해져 Tr₁은 OFF됩니다.

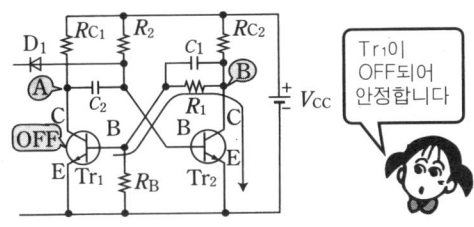

학생 1 이것으로 최초의 안정상태로 되돌아왔습니다.

즉 단안정 멀티바이브레이터는 하나의 트리거 펄스 입력으로 트랜지스터의 ON-OFF 상태를 한순간 바꾼 후, 다시 원래 상태로 돌아와 안정하게 되는 것이군요.

박사 그렇습니다. 단안정 멀티바이브레이터 회로의 파형을 보고 동작을 확인해 주십시오.

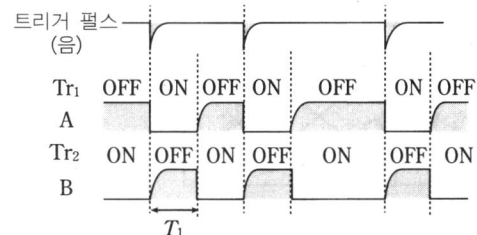

확인문제

《문제 1》 다음의 멀티바이브레이터는 무슨 형인가?

《문제 2》 출력되는 구형파의 주기와 주파수를 계산하여라.

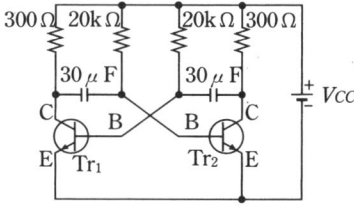

☞ **답** (1) 무안정형

(2) 주기 $T = 0.7 \times (2 \times 20 \times 10^3 \times 30 \times 10^{-6}) = 0.84[s]$

주파수 $f = 1/T \fallingdotseq 1.19[Hz]$

② 멀티바이브레이터 (2)

IC를 사용한 멀티바이브레이터에 관해 배우자

▌쌍안정 멀티바이브레이터

학생 2　쌍안정 멀티바이브레이터는 두 개의 안정상태를 가지고 트리거 펄스에 의해 안정상태를 변경하는 것입니다.

박사　　트랜지스터를 사용한 쌍안정 멀티바이브레이터 회로의 동작원리를 살펴 봅시다.

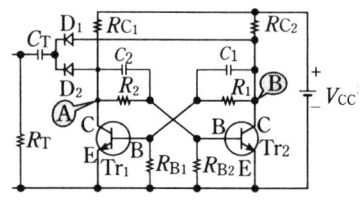

쌍안정 멀티바이브레이터의 회로

쌍안정 멀티바이브레이터의 동작

① V_{CC} 전압은 R_1을 통해 Tr_1의 베이스에 가해지고 Tr_1은 ON이 됩니다.

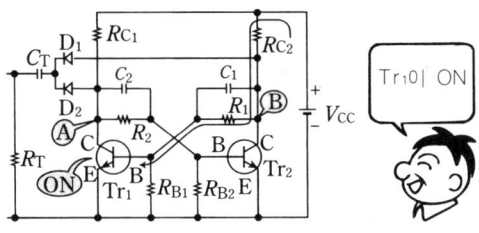

② Tr_1이 ON이기 때문에 A점은 어스 전위가 되고, R_2를 통해 Tr_2 베이스에 어스 전위가 가해져 Tr_2는 OFF가 됩니다.

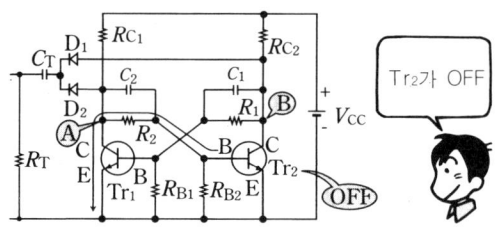

이것이 제1의 안정상태입니다.

③ 다이오드를 통해 음의 트리거 펄스를 가하면 D_1과 R_1을 통해 음의 전위는 Tr_1의 베이스에 가해져 Tr_1은 OFF가 됩니다.

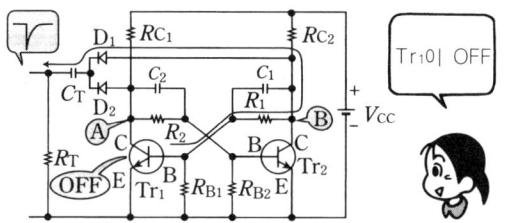

④ Tr_1이 OFF가 되면 A점은 양전위가 되고 R_2를 통해 Tr_2의 베이스에 양전위가 가해집니다.

　따라서 Tr_2는 ON이 됩니다. 이것이 제2의 안정상태입니다.

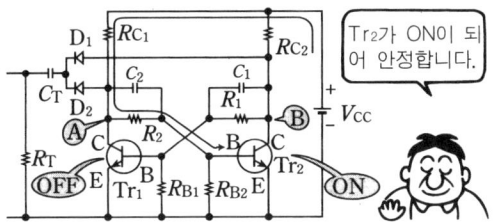

⑤ 다시 음의 트리거 펄스가 입력되면 D_2, R_2를 통한 음의 전위는 Tr_2의 베이스에 가해져 Tr_2를 OFF로 합니다.

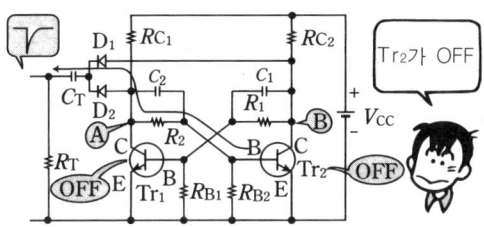

⑥ Tr_2가 OFF가 되면 B점이 양전위가 되고 R_1을 통해 Tr_1의 베이스에 양전위가 가해집니다. 따라서 Tr_1은 ON이 됩니다.

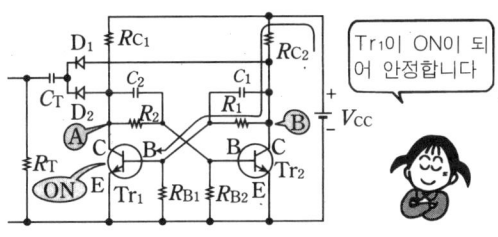

이것으로 초기의 안정상태로 돌아왔습니다. 쌍안정 멀티바이브레이터의 출력 파형은 다음과 같이 됩니다.

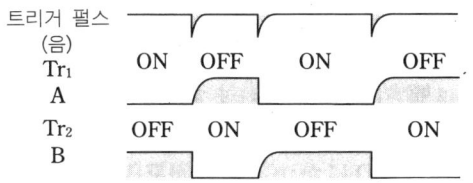

학생 1 트리거 펄스가 1개가 입력될 때마다 안정상태를 바꾸고 있군요.

학생 2 C_1, C_2는 트랜지스터의 ON-OFF 시간을 가속하는 스피드업 콘덴서입니다.

스피드업 콘덴서

게이트 IC를 이용한 멀티바이브레이터

박사 지금까지 트랜지스터를 사용한 멀티바이브레이터에 대해 설명해 왔습니다.

멀티바이브레이터는 게이트 IC를 사용하여 구성할 수도 있습니다.

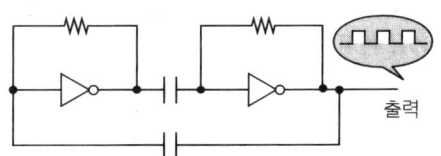

IC를 사용한 무안정 멀티바이브레이터

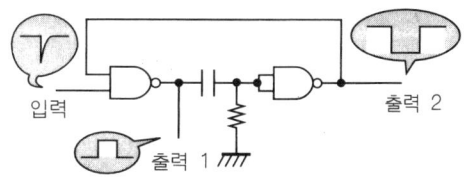

IC를 사용한 단안정 멀티바이브레이터

쌍안정형은 플립플롭 회로로서 제5장에서 설명하겠습니다.

학생 1 멀티바이브레이터 회로를 사용하면 간단하게 구형파를 만들 수 있겠군요.

박사 그러나 멀티바이브레이터는 주위 온도의 변화나 공급전압의 변동의 영향을 받기쉬운 회로입니다.

학생 2 즉, 발진주파수의 안정도는 그다지 좋다고 할 수 없지요.

박사 그렇습니다. 충분한 안정도가 요구되는 경우에는 수정발진자를 이용한 발진회로가 사용됩니다.

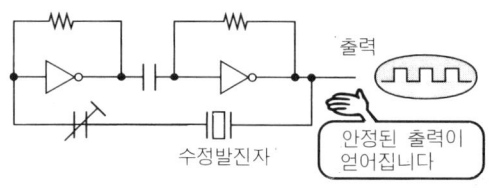

수정발진자

안정된 출력이 얻어집니다

미분회로와 적분회로

박사 구형파를 조작하는 회로에 대해 배워 봅시다.

① 미분회로

미분회로는 입력신호를 시간에 대해 미분한 결과를 출력으로 얻는 회로입니다. 이 회로는 트리거 펄스 등을 만드는데 이용됩니다.

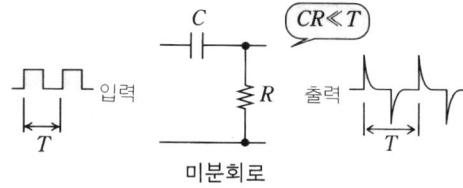

미분회로

미분회로의 원리

콘덴서에는 전압이 걸린 순간만 전류(과도전류)가 흐릅니다. 따라서 입력펄스가 상승할 때는 순간적으로 저항 R의 양단에 전압이 나타납니다. 그러나 그 후에는 콘덴서 C가 충전되고 R의 양끝 전압은 급격히 0이 됩니다.

다음에 입력펄스가 하강할 때는 C의 방전에 의해 R의 양단에는 앞에서와는 반대 방향으로 전압이 나타납니다. C의 방전은 일순간에 끝나고 R의 양단 전압은 0으로 되돌아옵니다.

② 적분회로

적분회로는 입력신호를 시간에 대해서 적분한 결과를 출력으로 얻는 회로입니다. 삼각파 등을 만들기 위해 이용됩니다.

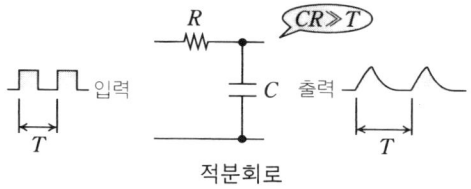

적분회로

적분회로의 원리

입력펄스가 상승할 때는 콘덴서 C에 전류가 흐르고 C의 양단에는 전압이 나타나지 않습니다. 그러나 그 후는 C가 충전되어 C의 양단 전압은 서서히 올라갑니다. 다음에 입력펄스가 하강할 때는 C는 방전 상태가 되고 C의 양단 전압은 서서히 떨어져서 0이 됩니다.

미분회로, 적분회로에서 C와 R의 곱, $C \cdot R$은 시상수라 부르고 시상수는 출력펄스의 파형에 영향을 줍니다. 입력펄스 주기를 T라 하면 다음과 같은 관계가 필요합니다.

$$미분회로 \quad C \cdot R \ll T$$
$$적분회로 \quad C \cdot R \gg T$$

클리퍼(clipper) 회로

박사 어떤 기준하에서 입력파형의 위쪽이나 아래쪽을 제거하는 것이 클리퍼 회로입니다. 클리퍼(clipper)에는 '양털 등을 깎는 사람'이라는 의미가 있습니다.

① 피크 클리퍼(peak clipper) 회로

기준전압 이상의 입력파형을 제거합니다.

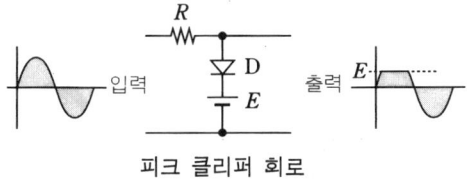

피크 클리퍼 회로

입력파형의 전압이 기준전압 이하일 때는, 다이오드 D에는 전류가 흐르지 않고 입력전 압은 그대로 출력단자에 나타납니다. 그러나 입력파형의 전압이 기준전압보다 클 때는 다 이오드 D에는 순방향 전류가 흐릅니다. 그 결과 출력단자에는 기준전압 E가 나타납니다 (엄밀하게는 기준전압에 D에 걸리는 순방향 전압이 가해집니다).

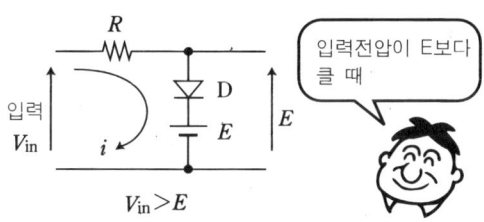

② 베이스 클리퍼(base clipper) 회로

기준전압 이하의 입력파형을 제거합니다. 동작 원리는 피크 클리퍼 회로와 같습니다.

베이스 클리퍼 회로

● 리미터(limiter) 회로

피크 클리퍼 회로와 베이스 클리퍼 회로를

합한 것으로 기준전압에 따라 입력파형의 상 부와 하부를 제거합니다.

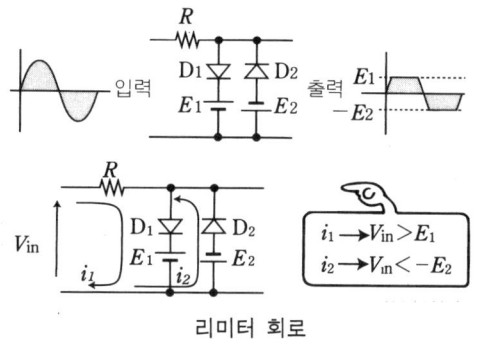

리미터 회로

● 슬라이서(slicer) 회로

학생 1 입력파형을 아주 얇게 만드는 것이 슬라이서 회로입니다.

영어의 슬라이서(slicer)는 '빵을 얇게 자 르는 기계'를 의미하지요.

다이오드에 순방향 전압을 걸면 다이오드 는 도통 상태가 됩니다. 그러나 다이오드를 도통 상태로 하기 위해서는 어느 정도 이상의 전압이 필요합니다.

이 전압은 순방향 전압이라 하며 게르마늄 다이오드에서 약 0.3V, 실리콘 다이오드에 서 약 0.6V 정도입니다.

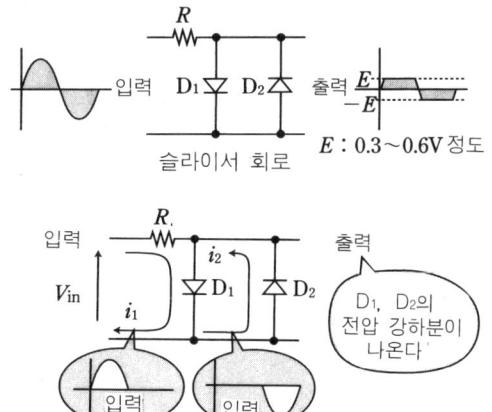

슬라이서 회로

슬라이서 회로에서는 다이오드가 순방향 전압 이하에서는 도통 상태가 되지 않는 것을 이용하고 있습니다.

클램퍼(clamper) 회로

박사   입력파형의 주기나 진폭은 바뀌지 않기 때문에 파형의 머리부분 혹은 밑부분을 이동하여 일정 기준 레벨로 하는 것이 클램퍼 회로입니다.

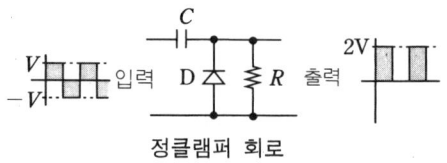

정클램퍼 회로

클램퍼 회로에 기준전압을 접속하면 출력 전체를 기준전압의 크기만큼 이동할 수 있습니다.

정클램퍼 회로

확인문제

《문제 1》 미분회로, 적분회로에서는 시상수($C \times R$)와 주기 사이에 어떠한 관계가 있습니까?

☞ 답

미분회로 $CR \ll T$

적분회로 $CR \gg T$

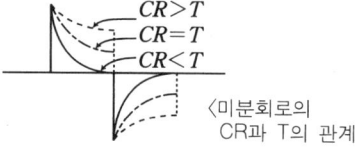

〈미분회로의 CR과 T의 관계〉

❸ 슈미트 트리거

슈미트 트리거의 동작과 응용을 마스터하자

슈미트 트리거(Schmidt trigger)

박사　NOT 회로의 입력전압을 변화시켰을 때 출력전압의 변화 모습을 측정합니다.

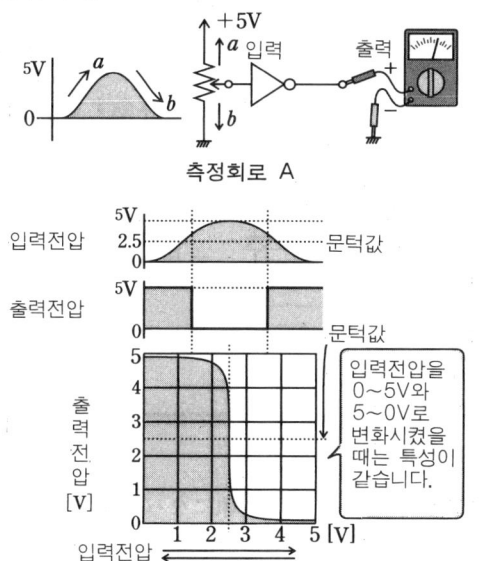

측정회로 A

학생 1　입력전압을 서서히 올려갈 때, 약 3V에서 출력전압이 반전했습니다. 또 이 IC의 문턱값은 약 2.5V였습니다.

이것에 의해 이 IC는 C-MOS라고 예상할 수 있습니다.

학생 2　계속해서 입력전압을 5V까지 올린 후 서서히 내려가면 역시 약 3V에서 출력전압이 반전하고 있습니다.

학생 1　이에 대해서는 2장에서 배웠습니다.

박사　그렇습니다. 여기서는 문턱값은 입력전압을 올렸을 때와 내려 갔을 때 같다는 점에 주목해 주십시오. 그러면 다음과 같은 회로를 만들어 앞에서와 같은 방법으로 입력전압을 가해 보겠습니다.

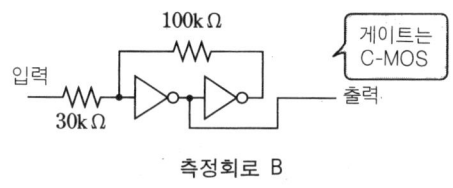

측정회로 B

학생 1　결과를 관찰하여 보겠습니다. 입력전압을 서서히 올려 갔더니 약 3V일 때 출력전압이 반전하였습니다.

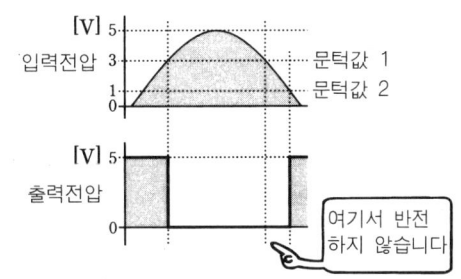

학생 2　앞에서와 거의 같습니다.

학생 1 계속해서 입력전압을 5V까지 올린 후 서서히 내려 보았습니다. 어어⋯⋯3V보다 작아져도 출력전압이 반전하지 않습니다. 입력전압이 약 1V까지 내려갔을 때 겨우 출력전압이 반전하였습니다.

박사 두 회로의 출력 결과를 비교해 봅시다.

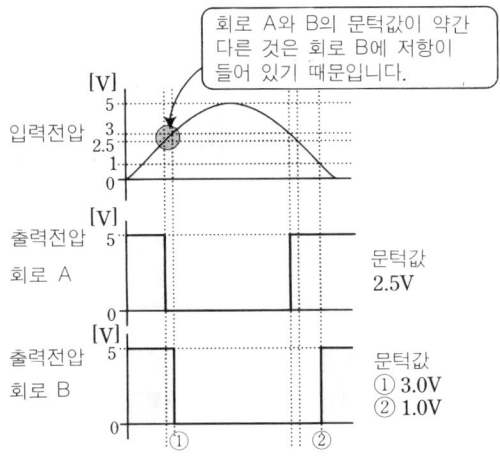

> 회로 A와 B의 문턱값이 약간 다른 것은 회로 B에 저항이 들어 있기 때문입니다.

학생 2 회로 B에서는 입력전압을 내리고 있을 때와 올리고 있을 때 문턱전압이 다릅니다.

박사 그렇습니다. 이러한 특성을 가진 회로를 슈미트 트리거라 부릅니다.

학생 1 왜 이러한 특성이 나타납니까?

박사 그러면 슈미트 트리거 동작에 관해 생각해 봅시다.

슈미트 트리거의 동작

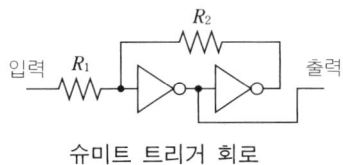

슈미트 트리거 회로

① 입력전압이 0일 때 회로는 다음과 같이 되어 있다고 생각할 수 있습니다.

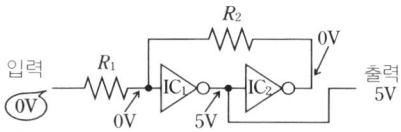

이 상태에서 입력전압을 올리고 있을 때 등가회로는 다음과 같이 됩니다. 게이트의 출력핀이 0일 때는 어스에 연결되어 있는 것으로 생각하였습니다.

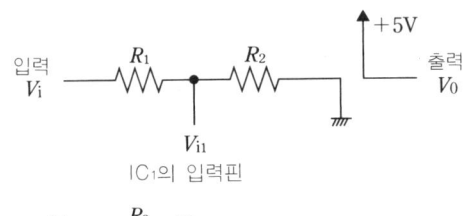

$$V_{i1} = \frac{R_2}{R_1 + R_2} V_i$$

IC_1의 입력핀은 R_2의 양끝 전압과 같아지기 때문에 입력전압을 R_1과 R_2로 분압한 것이 됩니다.

② 여기서 입력전압을 서서히 올려 갑니다. IC_1의 입력핀에 걸리는 전압은 서서히 올라가 IC_1의 문턱값을 넘으면 IC_1의 출력은 5V→0V로 반전합니다.

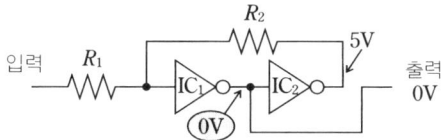

이 때 등가회로는 다음과 같이 됩니다.

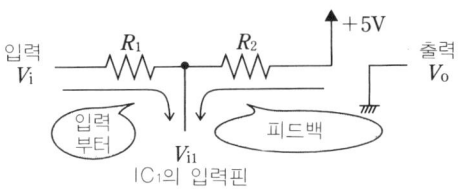

IC_2의 출력핀의 5V는 R_2를 통해 IC_1의 입력핀으로 피드백됩니다. 즉 IC_1의 입력핀의 전압은 이 피드백분만큼 상승하고 있습니다.

③ 이번에는 입력전압을 서서히 내립니

다. IC₁의 입력핀에는 피드백되어 온 분량만큼의 전압이 여분으로 가해지고 있기 때문에 IC₁의 입력핀을 IC₁의 문턱값 이하로 하기 위해서는 이 피드백된 전압을 상쇄할만큼 전압을 내릴 필요가 있습니다.

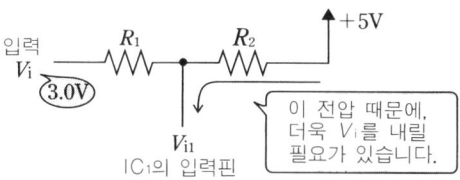

따라서 IC₁의 출력을 반전($0 \rightarrow 1$) 하기 위해서는, V_i로서 3V보다 낮은 전압을 줄 필요가 있습니다.

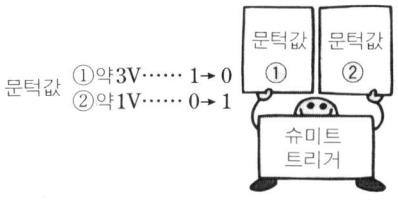

학생 2 일반적인 NOT 게이트와 슈미트 트리거형 NOT의 입출력 특성을 정리해 보겠습니다.

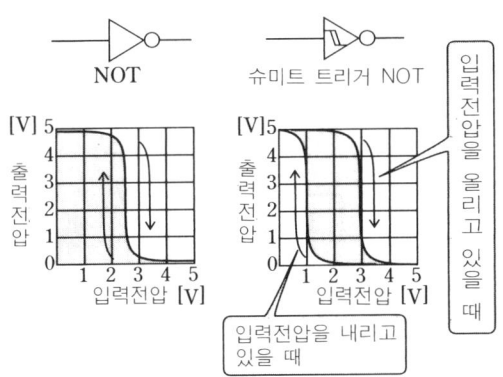

박사 슈미트 트리거의 특성을 히스테리시스라 부릅니다. 또, 입출력 특성의 그래프는 루프 모양으로 되어 있기 때문에 히스테리시스 루프라 합니다.

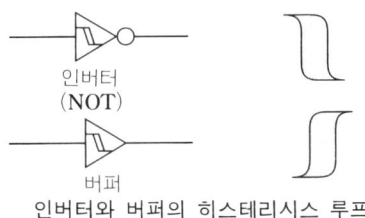

인버터와 버퍼의 히스테리시스 루프

슈미트 트리거의 특성을 가진 게이트 IC가 시판되고 있습니다.

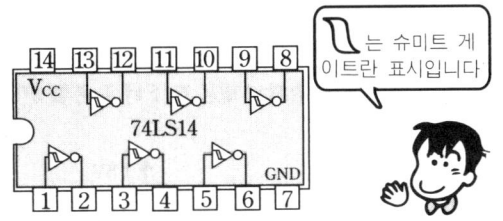

학생 1 슈미트 트리거 게이트는 그림 기호 속에 히스테리시스 루프를 그려 넣은 것이군요.

박사 또 일반적인 게이트를 사용하여 슈미트 트리거를 구성하는 경우에는 다음과 같은 점에 주의해 주십시오.

슈미트 트리거를 구성할 때의 주의사항

① C-MOS에서는 입력핀에 흐르는 전류는 무시할 수 있을 정도로 작기 때문에 입력전압원의 내부저항은 무시할 수 있습니다.

② TTL에서는 입력핀에 흐르는 전류를 무시할 수 없기 때문에 입력전압원의 내부저항이 낮을 때는 회로를 아래와 같이 구성할 필요가 있습니다.

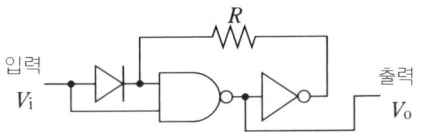

전원장치의 내부 임피던스가 낮은 경우의 슈미트 트리거 NOT (TTL)

다이오드에 걸리는 순방향 전압을 이용하여 히스테리시스를 얻고 있습니다.

학생 2 슈미트 트리거의 히스테리시스 특성을 조정할 수는 없습니까?

박사 IC_1의 입력핀에 피드백되어 있는 전압의 크기를 변화시킴으로써 히스테리시스 특성을 조정할 수 있습니다. 다이오드의 순방향 전압은 실리콘에서 $0.6V$ 정도임을 고려하여 필요한 수만큼 직렬로 접속합니다.

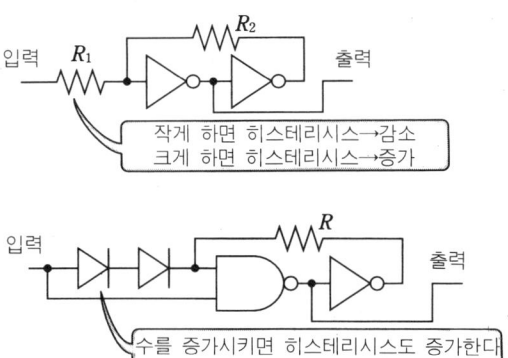

● 슈미트 트리거의 응용

학생 2 입력전압을 올리고 있을 때와 내리고 있을 때 문턱값이 서로 다른 회로를 슈미트 트리거라 한다는 것을 알았습니다. 그럼 슈미트 트리거는 어떻게 이용할 수 있습니까?

박사   슈미트 트리거는 잡음 제거에 자주 이용되고 있습니다. 예를 들어 다음과 같이 신호에 잡음이 들어간 예를 생각해 봅시다.

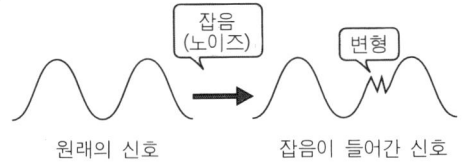

학생 1 이 잡음이 섞여 버린 신호를 일반적인 버퍼에 입력하면 출력파형은 다음과 같이 됩니다.

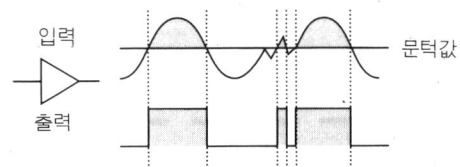

학생 2 두 개였던 펄스가 잡음 때문에 세 개로 증가하고 있습니다.

학생 1 입력펄스의 수에 따라 동작하는 디지털 회로 등에서는 잘못된 동작을 하게 되버리는군요. 어떤 좋은 해결법은 없습니까?

박사   같은 신호를 슈미트 트리거에 입력해 봅시다.

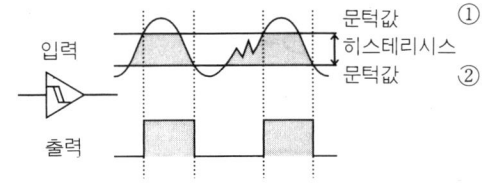

학생 2 슈미트 트리거의 히스테리시스 특성이 잡음의 영향을 흡수하여 출력신호에는 입력과 동일한 두 개의 펄스가 나타나고 있습니다. 즉 잡음에 의한 펄스 수의 에러를 제거한 것입니다.

박사   그렇지요. 그러나 슈미트 트리거는 만능은 아닙니다. 슈미트 트리거를 사용하면 언제라도 잡음을 제거할 수 있는 것은 아닙니다.

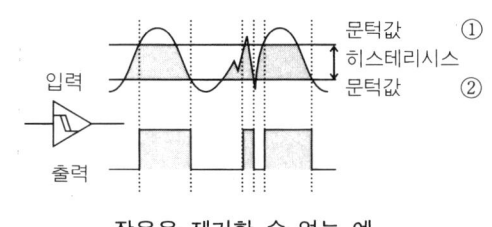

잡음을 제거할 수 없는 예

잡음에 대해 유효한 경우는 잡음이 히스테리시스 전압의 차 안에 들어 있을 때에 한합니다.

학생 1 제2장(51페이지)에서 기계식 스위치에서는 채터링이 발생한다는 것을 배웠습니다. 슈미트 트리거를 이용하면 채터링의 영향을 제거할 수 있지 않을까요?

박사 좋은 의견입니다. 다음에 슈미트 트리거를 스위치의 채터링 방지에 응용한 예를 제시해 보겠습니다.

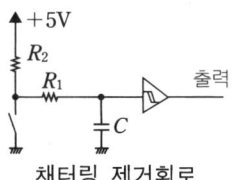

채터링 제거회로

확인문제

《문제 1》 다음 슈미트 트리거에 신호를 입력했을 때 출력파형은 어떻게 되는가?

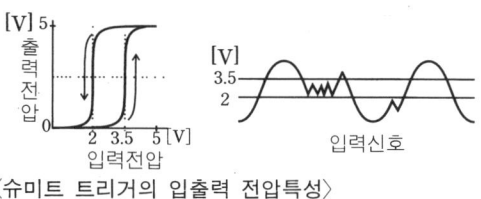

〈슈미트 트리거의 입출력 전압특성〉

☞ **답**

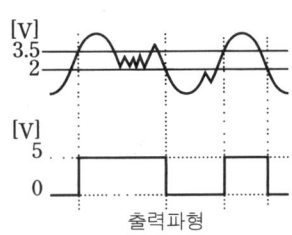

출력파형

❹ 실험 코너

멀티바이브레이터의 동작을 실험으로 확인해 보자

▌ 무안정 멀티바이브레이터

제 작

박사　무안정 멀티바이브레이터를 제작하여 몇 가지 실험을 해 봅시다.

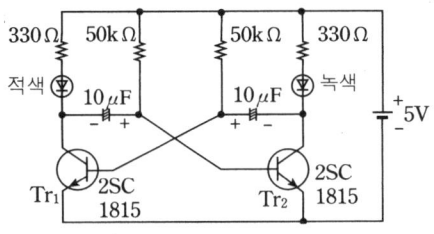

학생 1　다음 리스트에 나타낸 제품이 필요합니다.

무안정 멀티바이브레이터 부품표		
트랜지스터	2SC1815	2개
LED 적		1개
녹		1개
전해콘덴서	10μF	2개
저항	50kΩ	2개
	330Ω	2개

박사　직류전원은 제1장에서 제작한 것을 사용합니다. 트랜지스터는

2SC 타입이면 대개 됩니다. 저항이나 콘덴서의 값은 다소 틀리더라도 상관없습니다.

트랜지스터, LED, 전해콘덴서에는 핀에 극성이 있으므로 주의하기 바랍니다.

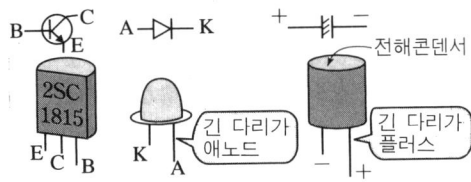

저항의 컬러 코드를 읽는 방법을 표시해 두었으므로 확인하기 바랍니다.

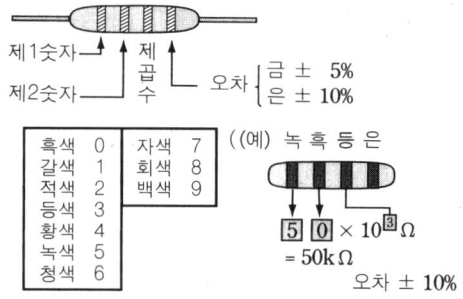

학생 2　프린트 기판은 어떠한 것을 사용하면 좋을까요?

박사　소형의 실험용 만능기판이 사용하기 쉽습니다. 구멍의 피치는 2.54mm가 좋습니다. 또 기판에는 종이 페놀형과 유리 에폭시형이 있습니다. 유리 에폭

시형은 강도 등에서 우수하지만 값이 비싸므로, 우리들이 하는 실험에는 종이 페놀형으로 충분합니다. 그러면 제작을 시작합시다.

학생 1 부품을 회로도대로 배치하여 납땜해 가면 간단합니다.

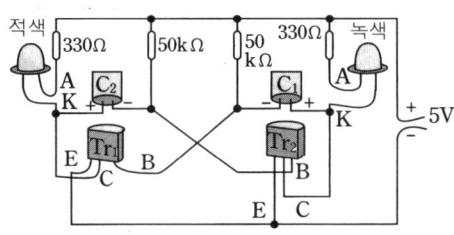

무안정 멀티바이브레이터의 배선

박사 제1장에서 배운대로 납땜을 해 주십시오. 제작이 끝났으면 반드시 배선을 확인하기 바랍니다.

측정 실험

박사 배선이 틀리지 않았는지를 확인했으면 전원을 접속합니다.

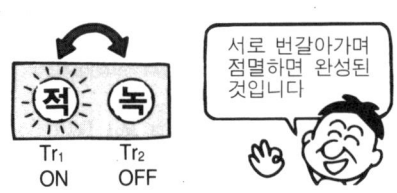

학생 1 됐다! 적색과 녹색의 LED가 서로 교대로 점등합니다.

박사 그렇게 동작하면 됩니다. 이 회로에서는 Tr_1이 ON일 때 적색의 LED가, Tr_2가 ON일 때 녹색의 LED가 점등합니다. LED의 점멸 상태를 구형파로 표시하면 다음과 같이 됩니다.

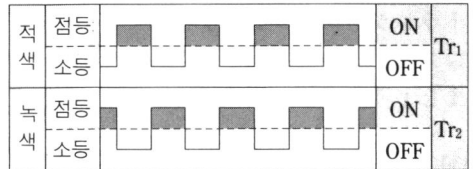

발생하는 구형파의 주기와 주파수를 회로도로부터 계산해 봅시다.

학생 1 무안정 멀티바이브레이터에서 발생되는 구형파의 주기 T는 다음 식으로 구할 수 있었습니다.

$$T = 0.7 \times (C_1 \times R_1 + C_2 \times R_2) \, [s]$$

제작한 회로의 C_1과 C_2는 모두 $10\mu F$로, R_1과 R_2는 $50k\Omega$이기 때문에 T는 다음과 같이 됩니다.

$$T = 0.7 \times (2 \times 10 \times 10^{-6} \times 50 \times 10^3)$$
$$= 0.7 \, [s]$$

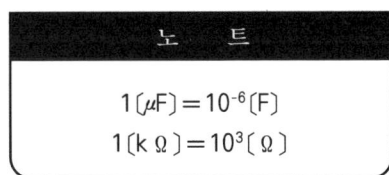

노 트
$1 \, [\mu F] = 10^{-6} \, [F]$
$1 \, [k\Omega] = 10^3 \, [\Omega]$

학생 2 주파수 f는

$f = 1/T \, [Hz]$이므로 $f = 1.4 \, [Hz]$입니다.

박사 그러면 다음에 제작한 회로에서 실제의 주기와 주파수를 측정해 봅시다. 시계를 사용하여 60초간에 몇 번 LED가 점등하는지를 측정해 주십시오. 이 회로에서는 $C_1 R_1 = C_2 R_2$이므로 적색, 녹색 어느 것의 LED를 측정해도 상관없습니다.

학생 1 적색의 LED는 60초간에 85번 점등하였습니다.

박사 그러면 주기는 몇 초가 됩니까?

학생 2 60초간에 85번 점등했기 때문에 주기는 $T = 60/85 =$ 약 $0.706 \, [s]$가 됩니다. 주파수는 $f = 1.416 \, [Hz]$입니다.

학생 1 그런데 회로도에서 구한 이론값과 실험에서 구한 실측값은 일치하지 않는군요.

일치하지 않습니다.

	이론값	실측값
주기 T	0.7(s)	0.706(s)
주파수 f	1.4(Hz)	1.416(Hz)

박사 실측값에는 반드시 오차가 포함되어 있습니다. 이번 실험에서는 이론값과 실측값의 차는 매우 작습니다.

학생 2 오차의 원인으로는 어떠한 것을 생각할 수 있습니까?

박사 아주 좋은 질문입니다. 대부분의 실험에서는 어떠한 경우라도 반드시 오차가 존재하기 마련이지만, 그 원인을 파악하기가 쉽지 않습니다. 이번 실험에서 생각할 수 있는 오차의 원인을 들어 봅시다.

① 회로도에서 주기를 $T = 0.7 \times (C_1 \times R_1 + C_2 \times R_2)$ (s)로 계산했습니다. 이 때 저항은 $50\text{k}\Omega$, 콘덴서는 $10\mu\text{F}$라고 했지만 부품의 값에는 반드시 오차가 포함되어 있습니다. 보통, 저항의 오차는 5~10%, 콘덴서의 오차는 그 이상입니다.

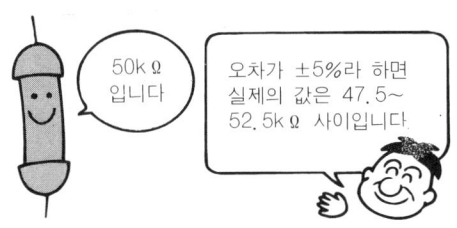

50kΩ 입니다

오차가 ±5%라 하면 실제의 값은 47.5~52.5kΩ 사이입니다

② LED의 점멸 횟수를 실측할 때의 오차도 생각할 수 있습니다. 예를 들어 시계로 재기 시작하는 순간이나 60초 경과했을 순간의 점멸은 세어야 할지 어떨지는 미묘한 문제입니다.

③ 측정기의 오차도 생각할 수 있습니다. 이 실험의 경우는 60초 측정에 시계를 사용하였습니다.

파형 관측

박사 다음은 구형파의 파형을 관측해 봅시다. 파형의 관측에는 오실로스코프를 사용합니다. 오실로스코프를 사용하여 파형을 측정하기에는, 지금의 주파수는 너무 낮다는 문제가 있습니다. 구형파의 주파수를 높이기 위해서는(LED의 점멸속도를 빠르게 하기 위해서는) 어떻게 하면 될까요?

학생 1 주파수는 주기의 역수이기 때문에 주파수를 높게(크게) 한다는 것은 주기를 작게 한다는 것을 의미하고 있습니다. 주기를 구하는 식으로부터 C나 R을 작게 하면 주기는 작아집니다.

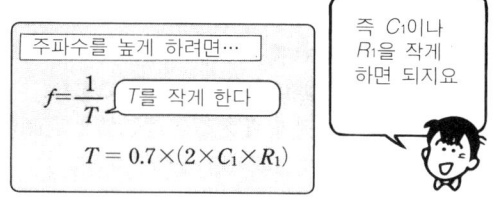

주파수를 높게 하려면…

$f = \dfrac{1}{T}$ $\boxed{T\text{를 작게 한다}}$

$T = 0.7 \times (2 \times C_1 \times R_1)$

즉 C_1이나 R_1을 작게 하면 되지요

박사 말한 대로입니다. 그러면 콘덴서를 작은 것으로 합시다. C_1과 C_2를 $0.01\mu\text{F}$로 교환합니다.

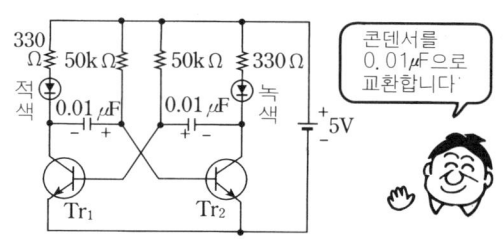

콘덴서를 $0.01\mu\text{F}$으로 교환합니다

학생 2 콘덴서를 교환해서 전원에 연결했더니 양쪽의 LED가 모두 켜진 채로 있습니다.

학생 1 무엇이 잘못되었을까요?

박사 잘못된 것을 알아보기 전에 회로 주기와 주파수를 계산해 봅시다.

주기는,

$$T = 0.7 \times (C_1 \times R_1 + C_2 \times R_2) \,[\text{s}]$$
$$= 0.7 \,(2 \times 0.01 \times 10^{-6} \times 50 \times 10^3) \,[\text{s}]$$
$$= 0.0007 \,[\text{s}]$$

주파수 $f = 1/T = 142.85 \,[\text{Hz}]$ 입니다.

학생 1 즉 LED는 0.0007초간에 1번의 비율로 점등한다는 말이군요.

박사 그렇습니다. 우리들의 눈에 두 개의 LED는 쭉 켜져 있는 것처럼 보이지만 실은 매우 빠른 속도로 점멸하고 있습니다. 이것을 오실로스코프로 확인해 봅시다.

트랜지스터의 컬렉터와 이미터 사이를 오실로스코프의 입력단자에 접속하고 파형을 살펴 봅시다.

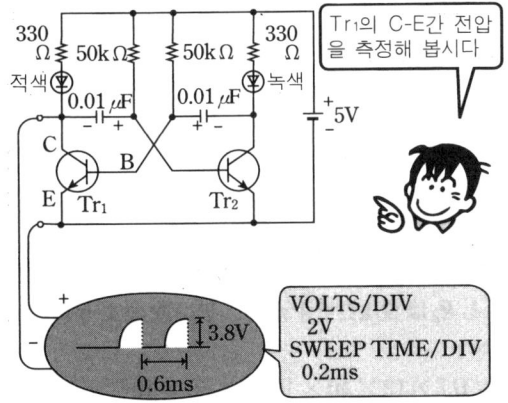

학생 2 트랜지스터는 ON-OFF를 반복하고 있음을 확실하게 관측할 수 있습니다. 관측 파형으로부터 주기를 읽었더니 0.0006초가 되었고 앞에서의 계산 결과와 거의 일치하였습니다.

박사 Tr_1 상태를 오실로스코프의 채널 1, Tr_2의 상태를 채널 2로 하여 동시에 관측해 봅니다.

학생 1 두 개의 트랜지스터가 서로 다르게 ON-OFF를 반복하고 있음을 알았습니다. 모두가 ON 혹은 OFF인 상태는 존재하지 않습니다.

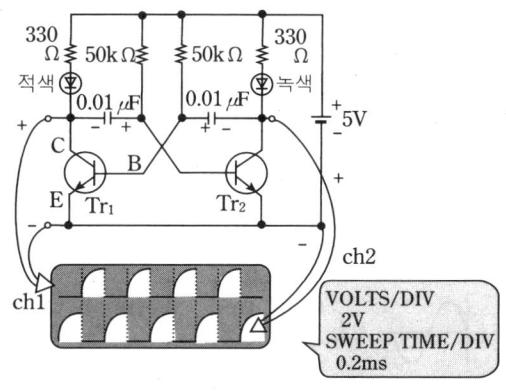

슈미트 트리거

박사 슈미트 트리거의 히스테리시스 특성을 조사해 봅시다. 실험회로는 다음과 같습니다.

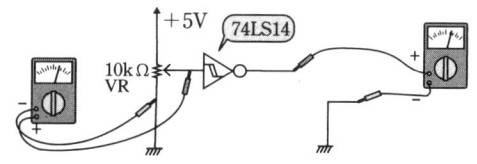

슈미트 트리거에 입력하는 전압을 변화시켜 전압을 올리고 있을 때와 내리고 있을 때의 입출력전압 특성을 측정하여 그래프로 나타내 봅시다.

입력전압	출력전압
0〔V〕	4.0〔V〕
0.2	4.0
0.4	4.0
0.6	4.0
5.0	0.0
4.8	0.0
4.6	0.0

도중에 입력전압을
되돌려서는 안됩니다.
주의해서 실험해
주십시오

커다란 가변저항기에 손잡이를
달아 사용하면 입력전압을
조절하기가 편리합니다.

학생 2   그래프는 히스테리시스 루프가 되
었습니다. 전압을 올리고 있을 때의 문턱값
은 1.4V, 전압을 내리고 있을 때의 문턱값

은 0.6V입니다.

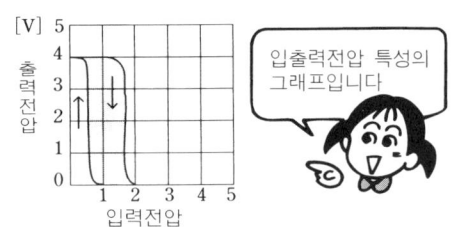

입출력전압 특성의
그래프입니다

박사   실험 결과를 제2장의 실험 코너에
서 조사했던 일반적인 NOT 게이
트의 입출력전압 특성의 그래프와 비교해 봅
시다.

학생 1 배운 것을 실제 실험으로 확인하면
훨씬 잘 이해할 수 있습니다.

확인문제

〖문제 1〗   단안정, 쌍안정 멀티바이브레이터를 제작하여 동작을 확인해 보아라.

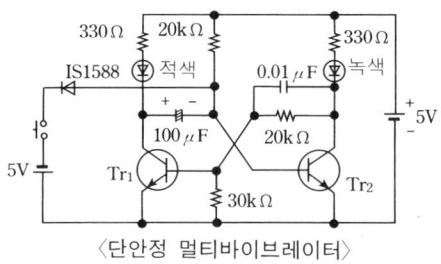

〈단안정 멀티바이브레이터〉

☞ **답**

생략. 동작에 대해서는 본문 참조.

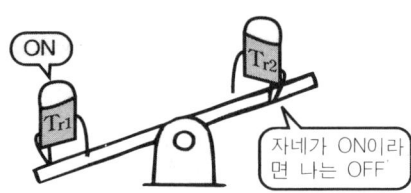

ON

Tr₂

Tr₁

자네가 ON이라
면 나는 OFF

제 4 장 도전 문제
(해답은 생략, 본문 참조)

1 각각의 멀티바이브레이터에는 몇 개의 안정점이 있는가?　　　　　　(☞ 해답)
　　① 무안정　　　② 단안정　　　③ 쌍안정

2 다음 멀티바이브레이터의 주기와 주파수를 계산하여라.　　　　　　(☞ 해답)

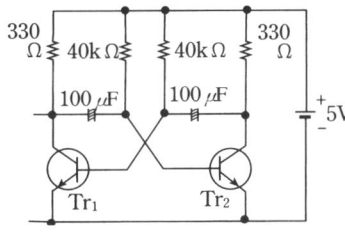

3 ①～④의 각 회로의 이름은?
　　각각의 회로에 신호를 입력했을 때의 출력파형을 생각해 보아라.　　(☞ 125～128쪽)
①

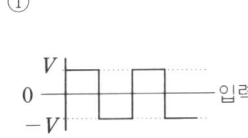 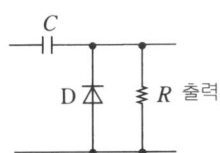

②

 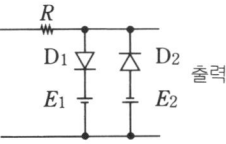

③

 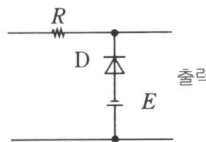

④

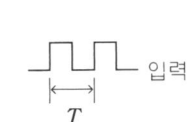 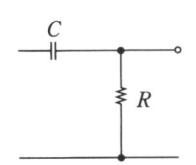

$(C \ll T)$

4 다음 그래프는 어느 쪽의 슈미트 트리거 게이트일까?

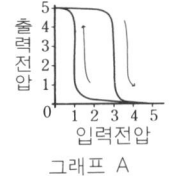 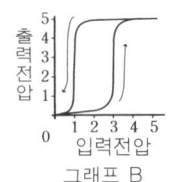

그래프 A　　　　　　그래프 B

①
②

☞ 답
1　　① 0　　　　　② 1　　　　③ 2
2 주기　$T = 0.7 \times 2 \times C \times R = 0.7 \times 2 \times 100 \times 10^{-6} \times 40 \times 10^3 = 5.6 \,[\text{s}]$

　　주파수　$f = \dfrac{1}{T} = \dfrac{1}{5.6} ≒ 0.179 \,[\text{Hz}]$

4 그래프 A ── ②　　　　그래프 B ── ①

제5장
기억회로를 마스터하자

이 장의 목표

지금까지 배워 온 디지털 회로는 현재 주어진 데이터에 따라 출력 상태를 결정하였다. 이러한 회로는 조합회로라고도 불린다. 한편, 현재의 데이터에 덧붙여 이전에 어떠한 데이터가 주어졌는가 라는 것에 의해 동작상태를 결정하는 회로를 순서회로라 한다.

순서회로는 데이터의 상태를 기억해 두는데 이용할 수 있다. 이 장의 초기에서는 1비트의 데이터를 기억하는 회로, 플립플롭에 대해서 배워 본다. 한마디로 플립플롭이라 하더라도 몇 가지의 종류가 있다. 여기서는 RS, T, D, JK형의 플립플롭에 대해 쉽게 설명한다. 각각의 회로 특징을 잘 이해해 주기 바란다.

또 장의 후반에서는 시프트 레지스터(Shift Register)에 대해 배운다. 데이터를 기억해 두는 회로를 레지스터라고도 부른다. 복수의 레지스터를 연결하고 데이터를 1비트씩 이동해 가는 회로가 시프트 레지스터이다.

이러한 순서회로는 지금까지 배운 조합회로가 기본으로 되어 있다. 그다지 어렵지 않으므로 걱정하지 말고 학습에 들어가자.

❶ RS 플립플롭

대표적인 플립플롭, RS-FF를 마스터하자

▌기억회로

박사 디지털 회로에서 말하는 '기억'이
라는 의미를 생각해 봅시다. 예를
들어 아래의 버퍼회로 A에 데이터 1을 입력
했다고 합시다.

학생 1 이 때 출력에는 역시 1이 나옵니다.

버퍼회로 A

박사 그렇습니다. 다음에 입력 데이터
를 0으로 하면 출력도 0으로 변합
니다. 즉 최초에 입력한 데이터에 대한 출력
은 바뀌어진 것이 됩니다.

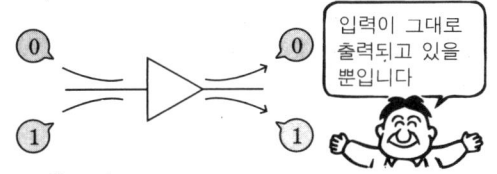

입력이 그대로
출력되고 있을
뿐입니다

한편 회로 B를 생각해 봅시다. 회로에 1
을 입력하여 출력 1을 얻었다고 합시다. 그
리고 다음에 어떠한 데이터를 입력해도 출력
은 그대로 1입니다.

다음에 어떠한 값을 입력해
도 출력은 변하지 않습니다

〈회로 B〉

학생 2 즉 회로 B는 최초의 출력(입력) 데
이터를 유지하고 있군요.

박사 이것이 기억회로입니다. 1비트의
데이터를 기억하는 회로를 플립플
롭이라고 부릅니다. 또 주어진 데이터를 유
지하는 것을 래치라고도 합니다.

▌플립플롭

학생 1 플립플롭이란 어떤 의미입니까?

박사 플립플롭(flip-flop)이란 '퍼덕퍼
덕'이란 소리를 나타내는 영어입니
다. 플립플롭은 두 가지 안정상태를 가지며,
입력에 의해 퍼덕퍼덕하고 어느 쪽인가의 안정
상태로 변하기 때문에 이렇게 불립니다.

또, 플립플롭은 FF라 약기하는 경우도 있
습니다. FF에는 몇 가지 종류가 있습니다.

비치샌들도
플립플롭이라
하지요

퍼덕 퍼덕

먼저 대표적인 FF인 리셋 세트 플립플롭에 대해 공부해 보기로 합니다.

RS-FF

박사   리셋·세트·플립플롭은 RS-FF라 약칭됩니다. 그림 기호는 다음과 같이 표기됩니다.

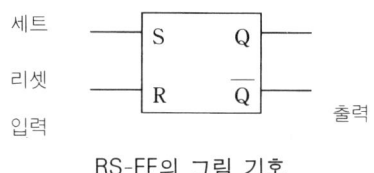

RS-FF의 그림 기호

그럼 실제의 RS-FF 회로를 봐 주십시오.

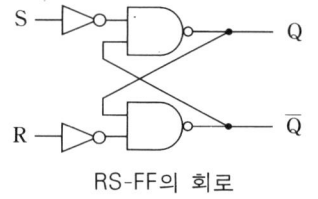

RS-FF의 회로

학생 2 게이트의 입력이 정해져 있지 않으므로 회로의 진리표를 그릴 수 없는데⋯⋯.

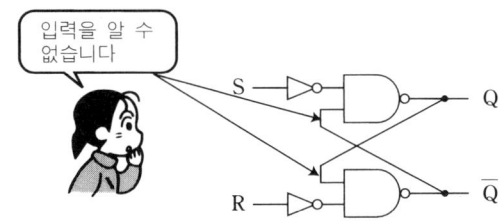

박사   그러면 RS-FF의 동작에 대해 설명하겠습니다.

RS-FF의 동작

① S=0, R=0일 때
ⅰ) Q가 0이라고 가정합니다.

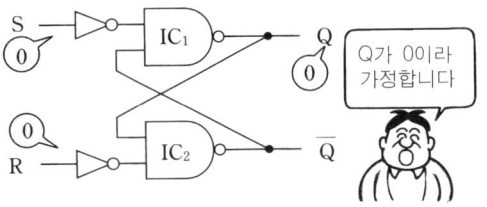

IC_2의 입력은 0·1이 되고 출력 $\overline{Q}$는 1이 됩니다.

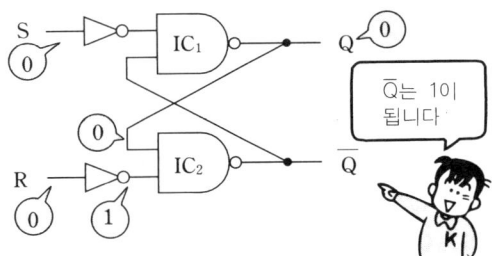

$\overline{Q}$가 1이므로 IC_1의 입력은 1·1이 되고 출력 Q는 0이 됩니다. 이것은 처음에 Q가 0이라고 한 가정과 같습니다. 즉 Q의 값은 변화하지 않습니다.

ⅱ) Q가 1이라고 가정합니다.

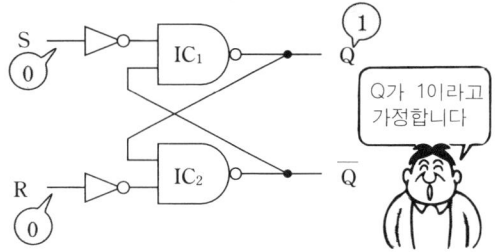

IC_2의 입력은 1·1이 되고 출력 $\overline{Q}$는 0이 됩니다.

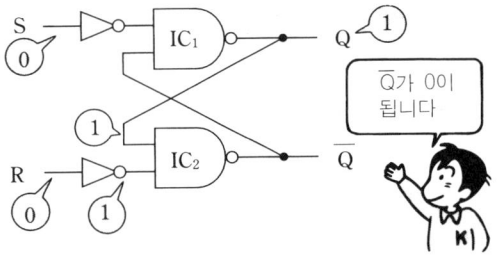

Q가 0이므로 IC_1의 입력은 1·0이 되고 Q 는 1이 됩니다. 이것은 처음에 Q가 1이라고

한 가정과 같습니다. 즉 Q값은 변화하지 않았습니다.

결국 S=0, R=0일 때 출력 Q는 처음의 상태를 유지하게 됩니다.

S	R	Q	$\overline{Q}$
0	0	Q	$\overline{Q}$
0	1		
1	0		
1	1		

출력은 유지됩니다

② S=0, R=1일 때

IC_2의 입력핀에는 R로부터의 신호 1이 NOT되어 0이 입력되고 있습니다.

NAND 게이트의 하나의 입력핀에 0이 입력되면 출력은 1이 됩니다.

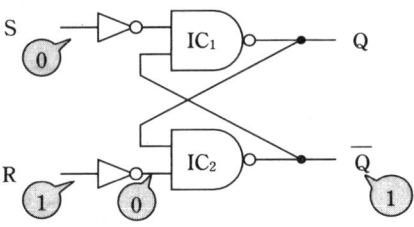

출력 Q가 1이기 때문에 IC_1의 입력은 1·1이 되고 출력 Q는 0이 됩니다.

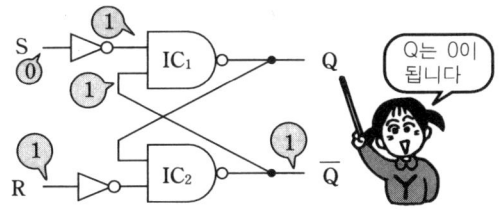

Q는 0이 됩니다

③ S=1, R=0일 때

IC_1의 입력핀에는 S로부터의 신호 1이 NOT되어 0이 입력되고 있습니다.

따라서 출력 Q는 1이 됩니다.

Q가 1이기 때문에 IC_2의 입력은 1·1이 되고 출력 $\overline{Q}$는 0이 됩니다.

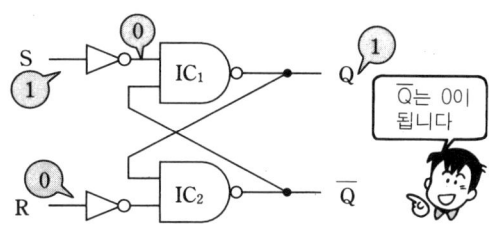

$\overline{Q}$는 0이 됩니다

④ S=1, R=1일 때

IC_1의 입력핀에는 S로부터의 신호 1이 NOT되어 0이 입력되고 있습니다.

따라서 출력 Q는 1이 됩니다.

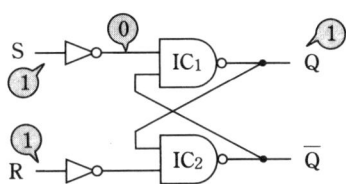

마찬가지로 IC_2의 입력핀에는 R로부터의 신호 1이 NOT되어 0이 입력되고 있기 때문에 출력 $\overline{Q}$는 1이 됩니다.

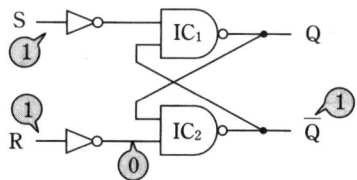

여기서 주의해야 할 것이 있습니다. 위에서 생각한 것처럼 S=1, R=1로 입력했을 때는 출력 Q=1, $\overline{Q}$=1로 안정됩니다. 그러나 이 상태에서 다음에 S=0, R=0을 입력하면 Q와 $\overline{Q}$는 0·1이 될지 1·0이 될지는 정해져 있지 않습니다.

학생 1 어떤 의미입니까?

박사 Q=1, $\overline{Q}$=1로 안정하고 있을 때 S=0, R=0을 입력하면 만약 IC_1쪽이 먼저 동작하면, 출력은 Q=0, $\overline{Q}$=1이 됩니다.

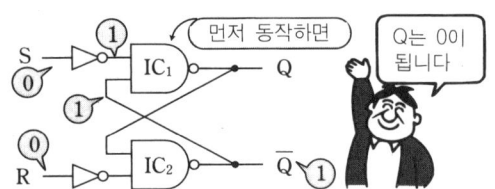

그러나 만약 IC₂쪽이 먼저 동작하면 출력은 Q=1, $\overline{Q}$=0이 됩니다.

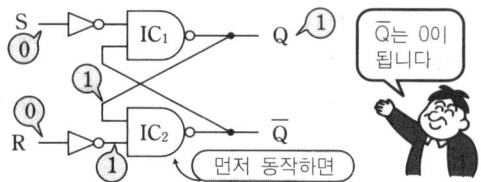

따라서 RS-FF에서는 다음 번의 출력이 일정하지 않고 S=1, R=1의 입력을 금지하고 있습니다.

최종적으로 RS-FF의 진리표는 다음과 같이 됩니다.

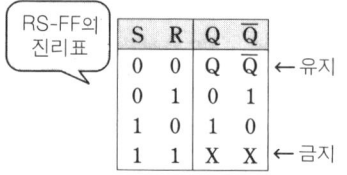

RS-FF의 진리표

S	R	Q	$\overline{Q}$	
0	0	Q	$\overline{Q}$	← 유지
0	1	0	1	
1	0	1	0	
1	1	X	X	← 금지

학생 1 RS-FF에서는 한번 세트 단자에 데이터 1을 입력하면, 그 후 세트 단자의 입력을 변경해도 처음에 입력한 데이터 1이 유지되는군요.

학생 2 그리고 리셋 단자에 1을 입력하면 유지되고 있던 데이터 1은 0으로 리셋되지요.

박사 그렇습니다. RS-FF가 1비트의 데이터를 기억하는 회로임을 이해할 수 있겠지요. 다음의 타임 차트로 RS-FF의 동작을 확인해 봅시다.

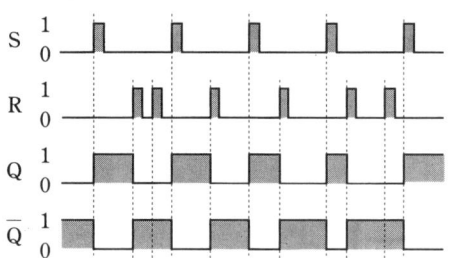

RS-FF의 응용

박사 RS-FF를 사용하면 기계식 스위치에서 발생하는 채터링을 방지할 수 있습니다.

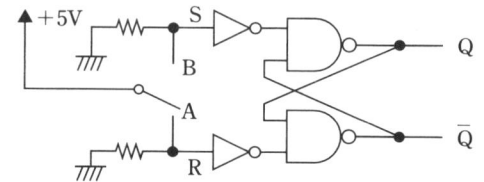

학생 1 이 회로는 스위치가 A의 위치에서는 출력 Q가 0으로 안정되고 있습니다.

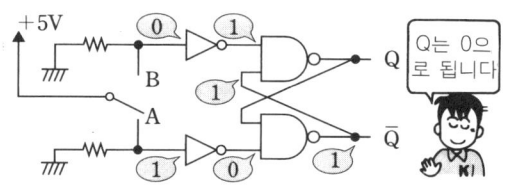

박사 스위치를 B로 바꾸면 채터링의 영향으로 S단자에 가해진 신호는 다음과 같이 변동됩니다.

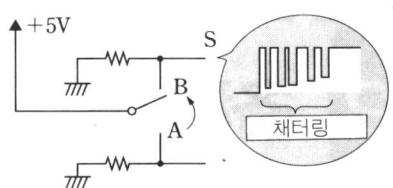

그러나 RS-FF에서는 S단자에 일단 1이 입력되면 이후는 0이나 1이 입력되더라도 출력 Q는 1의 상태를 유지합니다. 즉 출력 Q는 채터링의 영향을 받지 않습니다.

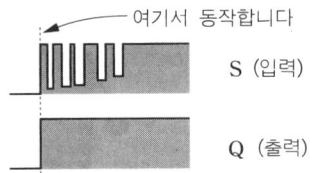

학생 2 RS-FF는 NOR 게이트를 사용해

도 만들 수 있군요.

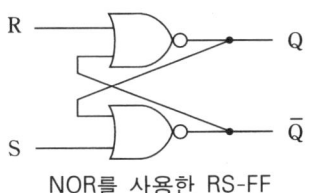

NOR를 사용한 RS-FF

박사 RS-FF는 NAND나 NOR 게이트 등을 사용하여 간단하게 구성

할 수 있지만 전용 IC도 시판되고 있습니다.

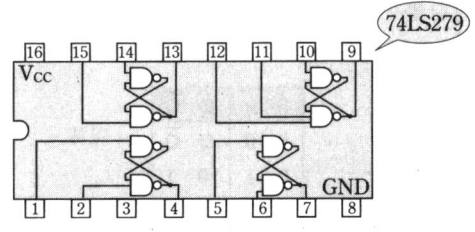

74LS279

확인문제

《문제 1》 RS-FF의 입력 S와 R에 다음과 같은 신호를 입력했을 때 출력 Q와 Q̄의 파형은 어떻게 되는가?

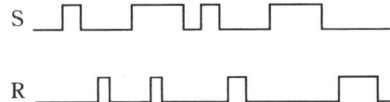

☞ 답

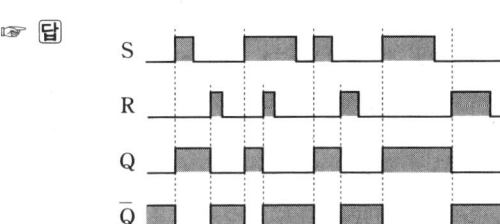

❷ 각종 플립플롭

T-FF, D-FF, JK-FF를 마스터하자

▮ 세트 우선 RS-FF

박사   RS-FF에 대해서는 앞에서 배웠
지만 입력 S와 R이 동시에 1이
되는 경우가 금지되어 있습니다. 이런 부적
합한 상태를 없애고 S=1, R=1이 입력되
었을 때 S의 입력을 우선하여 동작하는 것이
세트 우선 RS-FF입니다.

S	R	Q	$\overline{\text{Q}}$	
0	0	Q	$\overline{\text{Q}}$	← 유지
0	1	0	1	
1	0	1	0	
1	1	1	0	← 세트

세트 우선 RS-FF의 진리표

세트 우선 RS-FF의 회로를 살펴 봅시다.

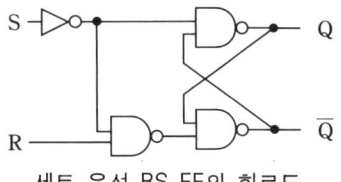

세트 우선 RS-FF의 회로도

학생 2 입력 S와 R이 동시에 1일 때 이외
에는 보통의 RS-FF와 같은 동작을 하지만
S와 R이 동시에 1이 되었을 때는 IC₁과 IC₂
의 입력은 각각 0, 1이 되고 출력은 Q=1,
$\overline{\text{Q}}$=0이 됩니다.

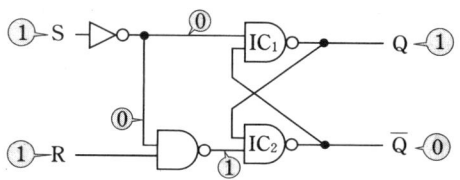

학생 1 즉 S=1, R=0으로 입력했을 때
와 같은 동작을 한다는 것이죠.

▮ T-FF

박사   토글 플립플롭을 T-FF라 약칭합
니다.

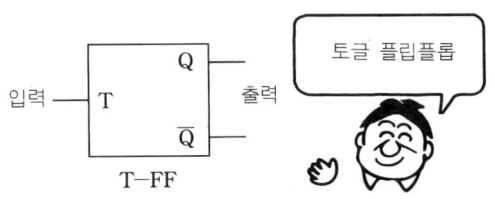

T-FF

T-FF는 펄스가 하나 입력될 때마다 출력
을 반전합니다.

다음의 타임 차트에서 T-FF의 동작을 확
인하기 바랍니다.

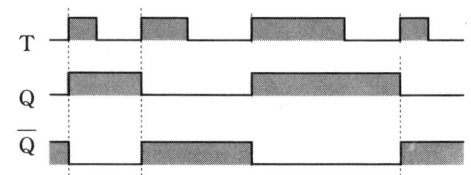

학생 1 이 타임 차트에서는 입력펄스가 0에서 1로 상승하는 순간에 T-FF가 동작하고 있습니다.

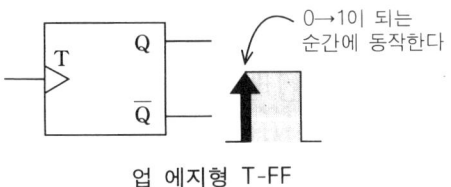

업 에지형 T-FF

학생 2 이러한 타입을 업 에지형이라 한다는 것은 제2장에서 배웠습니다.

박사 T-FF의 전용 IC는 별도로 준비해 두지 않았습니다. T-FF는 다른 FF를 사용하여 간단히 구성할 수 있기 때문입니다.

 **D-FF**

박사 딜레이 플립플롭을 D-FF라 약칭합니다.

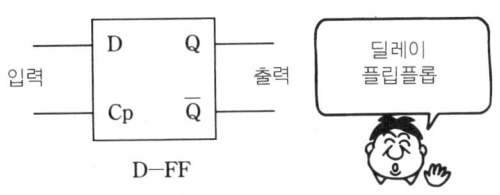

D-FF

D-FF는 유효한 클록 펄스가 입력되었을 때에 한해 입력 D를 받아들이고 출력 Q에 반영시킵니다. 다음의 타임 차트에서 업 에지형 D-FF의 동작을 확인해 봅시다.

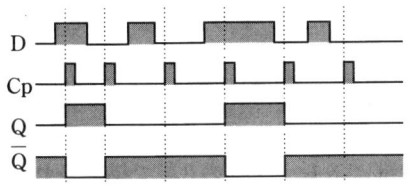

학생 1 클록 펄스 C_P가 0에서 1로 상승하는 순간에 입력 D의 상태가 읽혀져 출력 Q를 정하는 것이군요.

박사 D-FF에는 세트 단자와 리셋 단자를 가진 것도 있습니다.

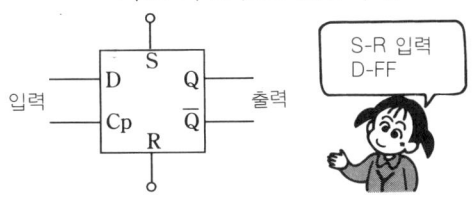

이 D-FF는 입력 D와 C_P에 관계없이 세트 단자로부터의 신호로 출력 Q를 1로 세트하고, 리셋 단자로부터의 신호로 출력 Q를 0으로 리셋합니다.

학생 2 D, C_P보다 S, R의 입력이 우선되고 있습니다.

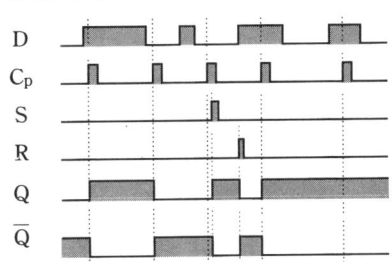

박사 S-R 입력 D-FF에는 C-MOS로는 4013B 등이 있습니다.

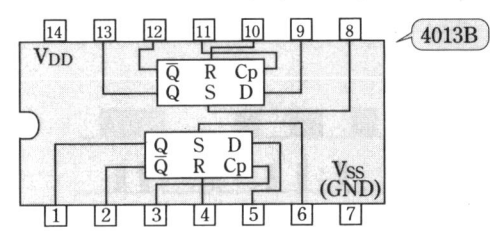

 **JK-FF**

박사 JK-FF는 가장 응용범위가 넓은 플립플롭입니다. 플립플롭의 왕이라는 의미에서 킹(King)과 잭(Jack)으로부터 이런 명칭이 붙은 것 같습니다.

일반적으로 RS-FF는 입력단자 R과 S에 동시에 1을 입력하지 못하게 되어 있어 불편했습니다. 이 단점을 개선한 것이 JK-FF입니다.

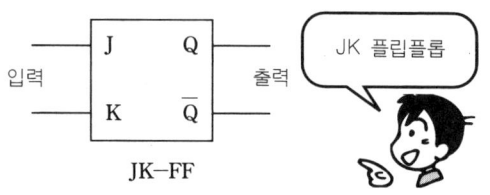

JK-FF

학생 2 그러면 기본적인 동작은 RS-FF와 같겠군요.

박사 그렇습니다. JK-FF의 J 입력을 세트, K 입력을 리셋으로 생각하면 됩니다.

학생 1 그러면 J와 K에 동시에 1이 입력되었을 때는 JK-FF는 어떻게 동작합니까?

박사 J와 K에 동시에 1이 입력되면 출력이 반전합니다. 즉 이 때는 T-FF로 동작하게 되는 것이지요.

J	K	Q	$\overline{Q}$	
0	0	Q	$\overline{Q}$	← 유지
0	1	0	1	← 리셋
1	0	1	0	← 세트
1	1	$\overline{Q}$	Q	← 반전

JK-FF의 진리표

다음의 타임 차트에서 JK-FF의 동작을 확인해 봅시다.

학생 2 두 개의 입력단자에 동시에 1을 넣어도 되는군요.

박사 그렇습니다. 다음에 클록 입력이 달린 JK-FF의 동작을 확인해 봅시다.

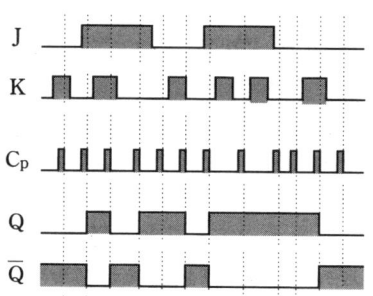

C_p : 다운 에지에서 동작

박사 JK-FF·IC에는 클리어(리셋) 단자가 달린 것이 있습니다. 클리어 단자에 유효한 신호를 입력하면 그 사이에는 클록 입력을 무시하고 출력 Q를 0으로 클리어합니다. 클리어 신호의 입력이 끝나면 다음 동작까지 상태를 유지합니다.

JK-FF·IC를 실제의 74LS73에서 살펴봅시다.

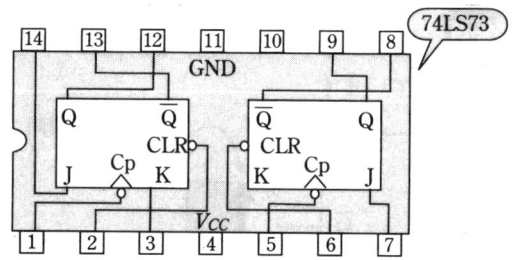

또 세트(프리셋), 리셋(클리어) 단자가 달린 JK-FF·IC도 시판되고 있습니다.

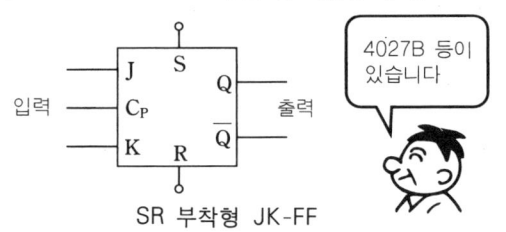

SR 부착형 JK-FF

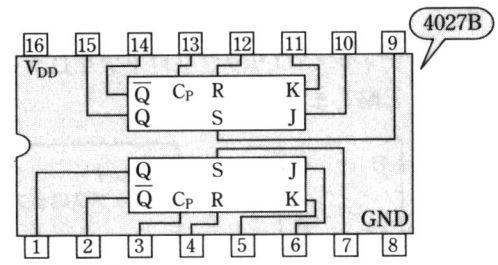

● 마스터슬레이브(master-slave)형

학생 1 규격표에서 플립플롭 IC를 조사했더니 마스터슬레이브형이라 쓰여져 있었는데, 무엇을 의미입니까?

박사 마스터슬레이브라는 단어는 마스터(주인)과 슬레이브(노예)에서 나온 말입니다. 이 이름에서와 같이 마스터슬레이브형 IC란 마스터부와 슬레이브부의 2단으로 구성되어 있는 IC를 말합니다.

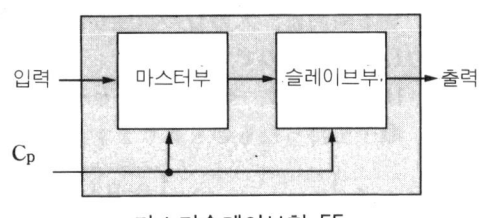

마스터슬레이브형 FF

슬레이브부는 마스터부의 동작을 받은 후 동작합니다.

마스터 슬레이브형 플립플롭은 입력펄스가 하강(다운 에지) 할 때 새로운 출력 상태를 결정합니다.

● FF의 기능 변환

박사 플립플롭은 서로 다른 플립플롭으로도 구성할 수 있습니다.

학생 1 예를 들어 D-FF에서 T-FF를 만들 수 있습니다.

박사 여기서는 몇 가지 변환 예를 소개하겠습니다.

① RS-FF의 구성

박사 세트, 리셋 단자가 달린 플립플롭을 사용하면 간단히 RS-FF를 구성할 수 있습니다.

학생 2 사용하지 않는 핀은 전원이나 어스에 접속해 두면 됩니다.

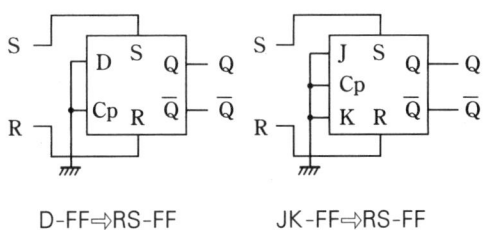

D-FF⇒RS-FF   JK-FF⇒RS-FF

② T-FF의 구성

박사 D-FF의 출력 $\overline{Q}$를 입력 D로 피드백해 두면, 출력 Q가 반전된 $\overline{Q}$가 다음 입력 D가 되기 때문에, 클록 펄스 C_P가 입력될 때마다 출력 Q는 반전하고, T-FF와 같은 동작을 합니다.

학생 1 JK-FF는 입력 J, K의 양쪽이 1일 때는 클록 펄스 C_P가 입력될 때마다 출력이 반전됩니다.

이 점을 이용하면 T-FF를 만들 수 있겠군요.

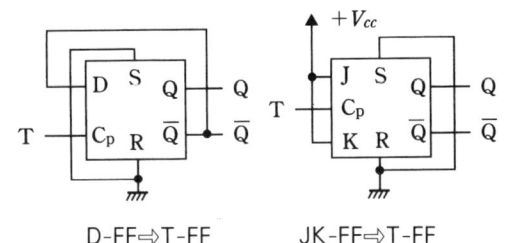

D-FF⇒T-FF   JK-FF⇒T-FF

③ D-FF의 구성

박사 JK-FF를 사용하여 D-FF를 구성한 예를 다음에 제시하였습니다.

학생 2 입력 D에 0을 입력하는 경우는 J=0, K=1이 되고 클록 펄스가 유효할 때에 출력 Q는 0이 됩니다. 입력 D에 1을 입력한 경우는 J=1, K=0이 되고 클록 펄스가 유효할 때 출력 Q는 1이 되는군요.

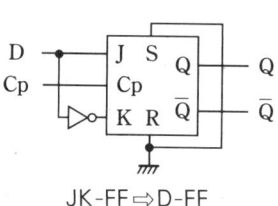

JK-FF⇒D-FF

④ JK-FF의 구성

박사 D-FF를 사용하여 JK-FF를 구성할 때는 다음과 같이 합니다.

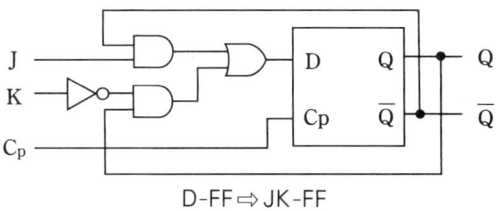

D-FF⇒JK-FF

학생 1 여기서 배운 플립플롭의 기능 변환법을 익혀 두면 갖가지 경우에 도움이 되겠군요.

확인문제

〚문제 1〛 D-FF에 다음과 같은 입력을 주었을 때 출력은 어떻게 될까요?

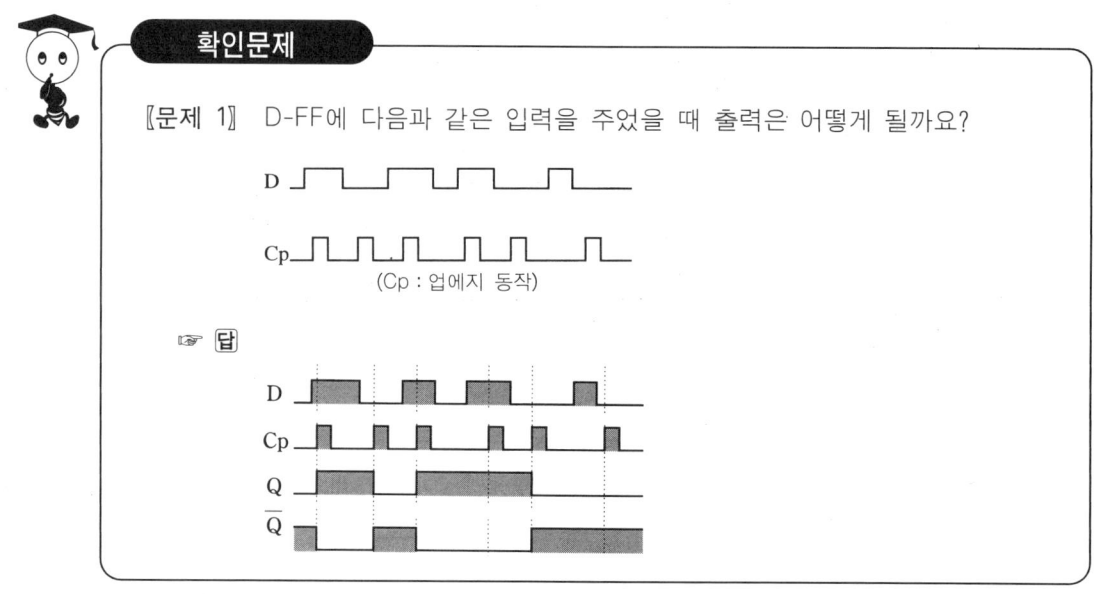

(Cp : 업에지 동작)

☞ 답

❸ 시프트 레지스터

FF를 연결하여 기억하는 구조를 마스터하자

레지스터

박사 데이터를 기억하는 회로를 기억회로(메모리 회로)라 하는데, 데이터를 일시적으로 기억해 두는 규모가 작은 기억회로는 레지스터라 부릅니다.

학생 1 레지스터는 메모장과 같은 것이군요.

레지스터는
메모장과 같은 것

박사 디지털 회로에서 레지스터는 매우 중요한 것으로 컴퓨터 내부에도 많이 사용되고 있습니다.

학생 2 대부분의 플립플롭은 레지스터로 사용할 수 있습니다.

박사 말한 대로입니다. 예를 들어 RS-FF의 세트 단자는 1을 기억할 때의 입력으로, 리셋 단자는 0을 기억할 때의 입력으로 생각할 수 있습니다.

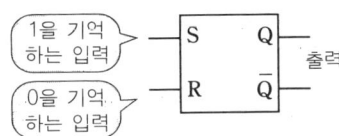

1을 기억
하는 입력

0을 기억
하는 입력

RS-FF도 레지스터

또 D-FF는 D 단자를 1, 0 양쪽의 데이터 입력용으로 사용합니다. C_P 단자는 데이터를 받아들이는 트리거가 됩니다.

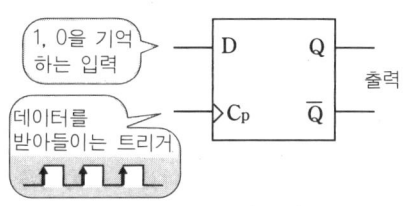

1, 0을 기억
하는 입력

데이터를
받아들이는 트리거

D-FF도 레지스터

학생 1 플립플롭은 1개로 1비트의 레지스터가 되므로 플립플롭을 필요한 수만큼 나열하면 복수 비트의 레지스터를 구성할 수 있겠군요.

박사 말한 대로입니다. D-FF를 두 개 나열하여 2비트의 레지스터를 만들어 봅시다.

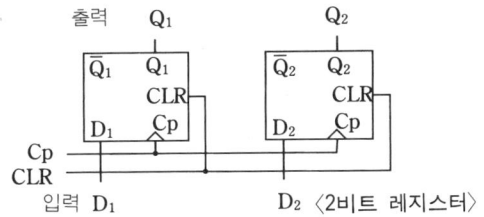

〈2비트 레지스터〉

클록의 업 에지에서 D_1, D_2의 데이터를 받아들이고 기억(출력)합니다. 그리고 클리어 단자에 신호를 입력하면 기억되고 있던 데이터가 일제히 클리어됩니다.

시프트 레지스터

박사 레지스터를 나열하여 데이터를 다루는 회로에 시프트 레지스터가 있습니다.

학생 2 앞에서 설명했던 레지스터 회로와는 어떻게 다른지요?

박사 앞에서의 레지스터 회로는 플립플롭을 나열하여 데이터를 기억할 수 있었습니다. 그러나 나열하고 있는 플립플롭끼리는 데이터를 주고 받을 수 없습니다.

반면, 시프트 레지스터는 옆에 나열된 플립플롭으로부터 데이터를 주고 받는 회로입니다.

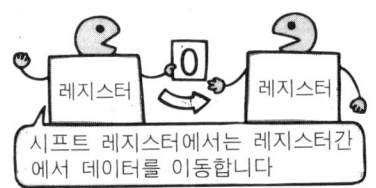

시프트 레지스터에서는 레지스터간에서 데이터를 이동합니다

학생 1 시프트 레지스터의 시프트(shift) 라는 것은 '옮긴다' 라는 의미이지요.

박사 이 이름대로 시프트 레지스터에서는 나열된 레지스터간을 데이터가 1비트씩 이동합니다.

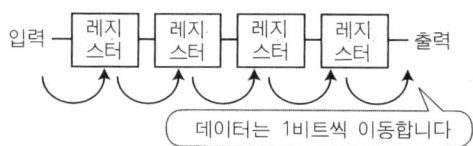

데이터는 1비트씩 이동합니다

학생 2 시프트 레지스터는 어떨 때 이용하는지요?

박사 예를 들어 1비트씩 입력되어 오는 4개의 데이터를 기억하려 합니다.

데이터

이 경우 시프트 레지스터를 사용하여 입력 데이터를 1비트씩 이동해가면서 기억해 두면 되겠지요.

데이터의 흐름

시프트의 구조

학생 1 실제로는 어떻게 자리이동을 합니까?

박사 D-FF 2개를 접속한 회로를 생각해 봅시다. 이러한 접속을 캐스케이드 접속이라 합니다.

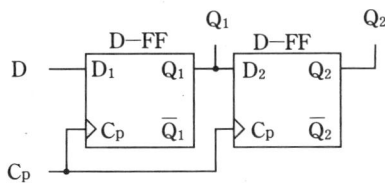

입력 D로부터 입력된 데이터는 클록 펄스 C_P가 상승하는 순간(업 에지)에서, D_1에 받아들여 Q_1으로 출력됩니다. 그리고 다음의 C_P가 입력되면 D_1은 새로운 D로부터의 데이터를 받아들입니다. 동시에 Q_1으로 출력되고 있던 앞에서의 데이터는 D_2에 받아들여 Q_2로 출력됩니다.

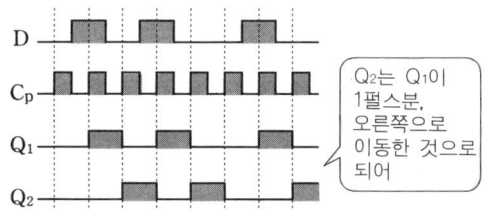

Q_2는 Q_1이 1펄스분, 오른쪽으로 이동한 것으로 되어

학생 2 데이터는 클록 펄스마다 왼쪽의 레지스터에서 오른쪽의 레지스터로 이동해 가는

군요.

학생 1　필요한 비트 수만큼 레지스터를 나열하면 많은 데이터를 자리이동하면서 기억할 수 있겠군요.

● 시프트 레지스터의 종류

박사　데이터가 직렬로 연결된 것을 시리얼(Serial), 병렬로 나열된 것을 패럴렐(Parallel)이라고 합니다.

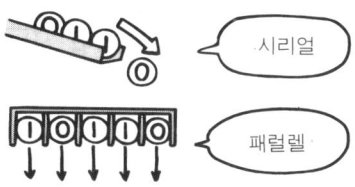

시프트 레지스터는 입출력 데이터를 시리얼, 패럴렐 어떤 식으로 다루느냐에 따라 구별됩니다.

① 시리얼 입력·시리얼 출력

시리얼로 입력한 데이터는 클록 펄스가 트리거될 때마다 1비트씩 레지스터에 받아들여지고, 레지스터 사이를 이동해 감으로써 최종적으로 시리얼인 상태로 출력되는 시프트 레지스터입니다.

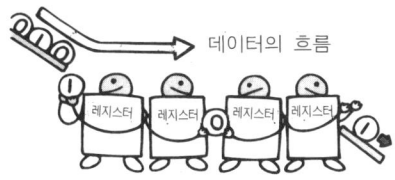

데이터의 흐름

74LS91은 8비트의 시리얼 입력·시리얼 출력의 시프트 레지스터입니다. 회로의 구성은 클록 입력 RS-FF 8개가 나열되어 있습니다.

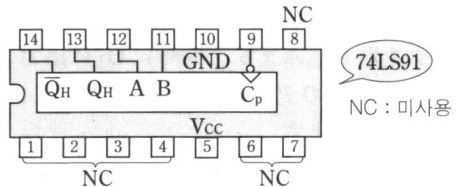

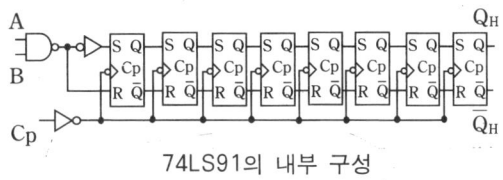

74LS91의 내부 구성

입력 B를 1개 고정해 두면 클록 펄스가 트리거로 되어 입력 A의 데이터를 받아들여 갑니다.

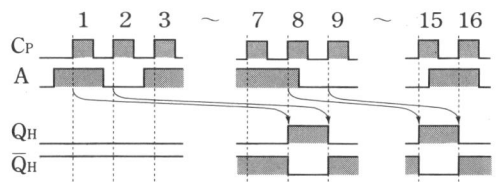

학생 2　최초의 입력 데이터는 8개째의 클록 펄스가 입력되었을 때 비로소 Q_H로 나오게 되는군요.

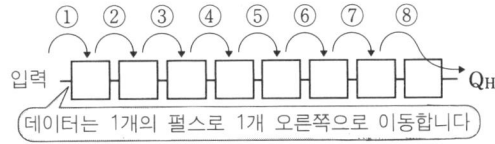

데이터는 1개의 펄스로 1개 오른쪽으로 이동합니다

박사　128비트의 시리얼 입출력 시프트 레지스터로서 C-MOS형의 4562B가 있습니다.

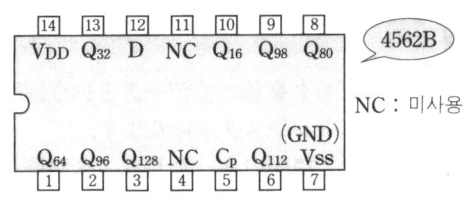

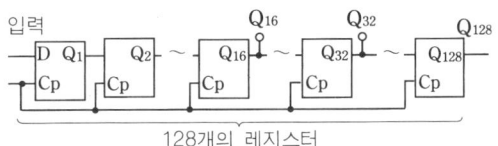

128개의 레지스터

학생 1 128비트라구요! 상당히 방대한 양이군요.

박사 이 IC는 자리이동되고 있는 데이터를 도중의 8곳으로부터 **빼낼** 수 있습니다.

② 시리얼 입력·패럴렐 출력

나열된 각각의 레지스터에 출력핀을 달면 도중에 받아들인 모든 데이터를 **빼낼** 수 있습니다.

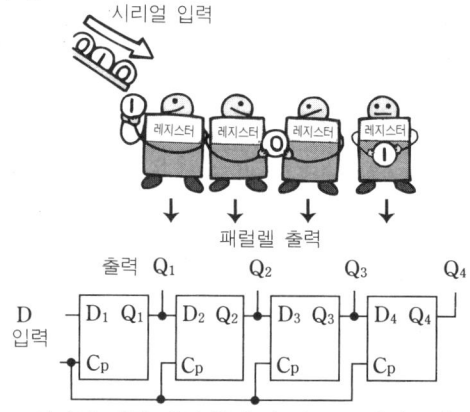

시리얼 입력·패럴렐 출력 시프트 레지스터

학생 2 즉 시리얼로 입력된 데이터를 패럴렐로 출력할 수 있다는 말이군요.

박사 74LS164는 8비트의 시리얼 입력·패럴렐 출력 시프트 레지스터입니다.

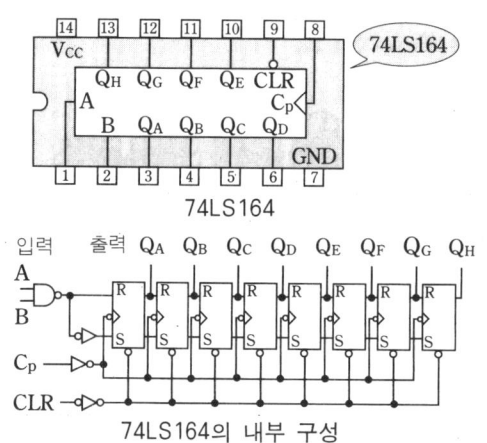

74LS164

74LS164의 내부 구성

이 IC는 클리어 단자가 달려 있기 때문에 받아들인 모든 데이터를 일제히 클리어할 수도 있습니다.

학생 1 임의의 출력단자 $Q_A \sim Q_H$를 사용하면 거기서부터 데이터를 시리얼로 **빼낼** 수 있겠군요.

③ 패럴렐 입력·시리얼 출력

박사 입력 데이터를 패럴렐로 받아들이고 자리이동에 의해 1비트씩 시리얼로 출력하는 시프트 레지스터입니다.

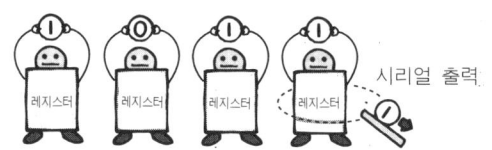

74LS165는 8비트의 패럴렐 입력·시리얼 출력의 시프트 레지스터입니다.

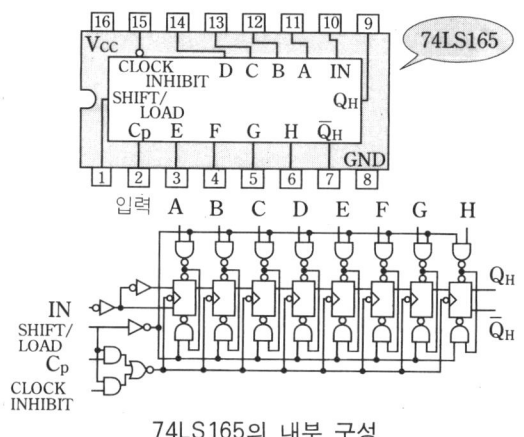

74LS165

74LS165의 내부 구성

SHIFT/LOAD 단자를 0으로 하면 각 레지스터에 8비트의 패럴렐 데이터를 받아들일 수 있습니다.

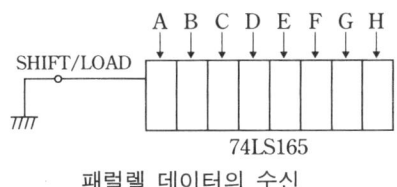

패럴렐 데이터의 수신

그리고 SHIFT/LOAD 단자를 1로 하고
CLOCK INHIBIT(록 펄스를 유효하게

한다) 단자를 0으로 하면, 클록 펄스의 업
에지마다 받아들인 데이터가 오른쪽으로 자리
이동되어 Q_H에 나타납니다.

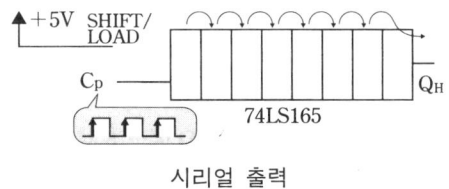

시리얼 출력

확인문제

〖문제 1〗 74LS173은 어떠한 기능을 하는 IC인가? 규격표로 알아보아라.

〖문제 2〗 다음 시프트 레지스터의 타임 차트를 완성하여라.

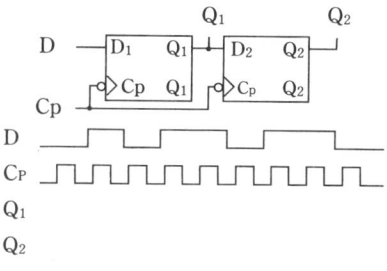

☞ **답**

1. 4비트 레지스터로 출력을 잘라놓은 3스테이트 기능이 있다.

2.

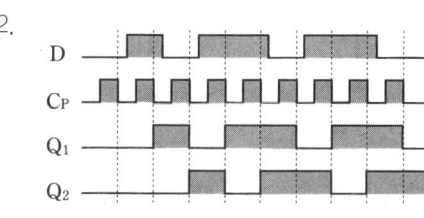

❹ 실험 코너

레지스터나 시프트 레지스터의 동작을 확인해 보자

● RS-FF

박사   RS-FF의 동작을 실험으로 확인해 봅시다.

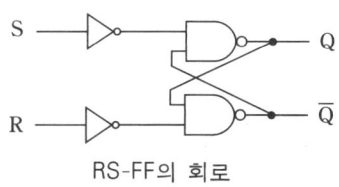

RS-FF의 회로

학생 1 위 회로는 NAND 게이트만으로도 구성할 수 있습니다.

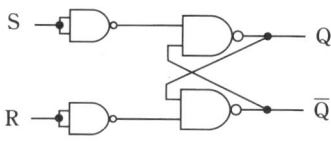

NAND만으로 구성한 RS-FF

박사   NAND 게이트 74LS00을 사용하여 실험회로를 만들어 봅시다.
세트 단자와 리셋 단자는 어느 쪽도 풀다운 저항으로 어스(0)에 접속해 있습니다. 리드선으로 5V(1)에 연결하여 입력을 변화시켜 봅시다.

실험 순서
① 리셋 단자에 1을 입력합니다. 이 때 LED가 꺼져 있는 쪽의 출력이 Q입니다.
② 세트 단자에 1을 입력합니다. 이 때 출력 Q가 1(LED 점등)이 되고 출력 $\overline{Q}$는 0(LED 소등)이 됩니다.
③ 세트 단자, 리셋 단자가 함께 0일 때(이 회로에서는 양쪽 단자에 아무 것도 입력되지 않은 상태)는 출력 상태가 그대로 유지됩니다.
④ 다시 리셋 단자에 1을 입력하면 출력 Q는 0(LED 소등)이 됩니다.
⑤ 실험 결과로부터 진리표를 만들어 봅시다.

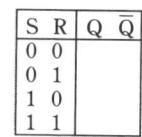

S	R	Q	$\overline{Q}$
0	0		
0	1		
1	0		
1	1		

완성시키세요

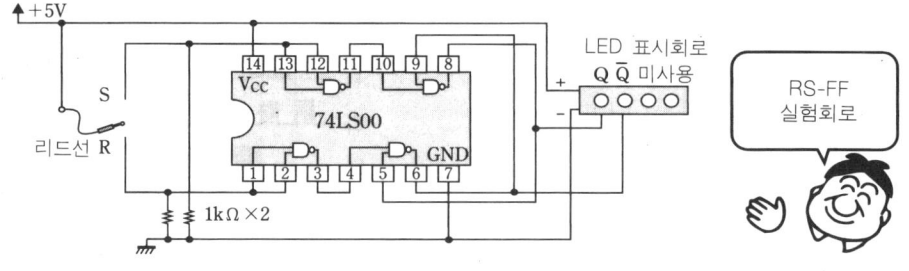

RS-FF 실험회로

학생 2 RS-FF에서는 세트 단자와 리셋 단자를 동시에 1로 하지 못하도록 되어 있었지요.

● T-FF

박사 T-FF의 동작을 실험으로 확인해 봅시다. T-FF의 동작을 기억하고 있습니까?

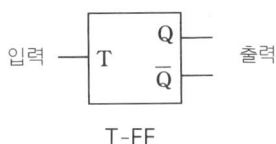
T-FF

학생 1 예. 입력 T에 클록 펄스가 하나 입력될 때마다 출력 Q가 반전됩니다.

박사 그렇습니다. T-FF는 다른 FF를 이용하여 구성할 수 있지만, 여기서는 NAND 게이트를 사용하여 만들어 봅시다. NAND 게이트를 사용한 T-FF의 회로를 나타내 보겠습니다. 이 회로는 클록 펄스의 다운 에지에서 동작합니다.

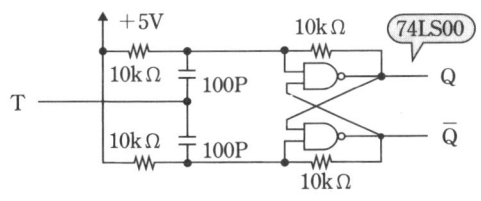
NAND로 구성된 T-FF

학생 2 주어진 클록 펄스는 어떻게 만들면 될까요?

학생 1 기계식 스위치를 사용하면 채터링의 영향으로 정확하게 1개의 펄스를 만들어 낼 수 없습니다.

박사 수동으로 채터링이 없는 펄스를 만드는데 RS-FF가 이용됩니다.

RS-FF의 실험회로에서 리드선으로 세트 단자를 1로 한 후, 리셋 단자를 1로 하면 채터링이 없는 펄스 1개를 출력할 수 있습니다.

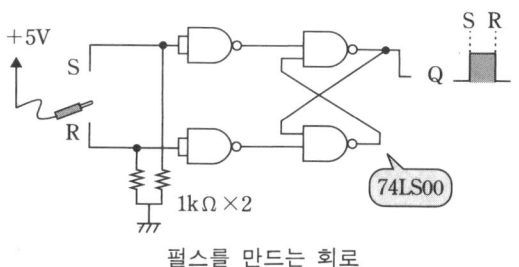
펄스를 만드는 회로

그러면 회로를 제작해 실험해 봅시다.

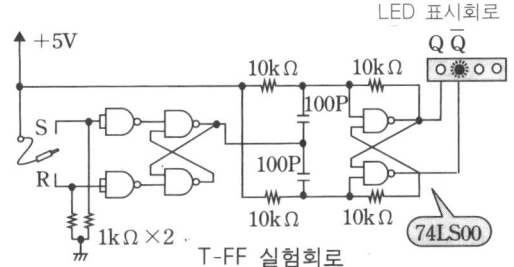
T-FF 실험회로

실험 순서

세트 단자, 리셋 단자를 차례로 1로 접속하여 출력 Q와 Q̄가 반전하는지를 확인합시다.

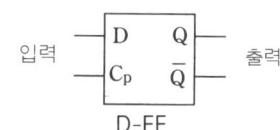

● D-FF

박사 D-FF의 동작을 실험으로 확인해 봅시다.

입력 — D   Q / Cp Q̄ — 출력
D-FF

학생 2　D-FF는 클록 펄스를 트리거함으로써 입력 D를 받아들이는 것이었지요.

박사　그렇습니다. C-MOS, 4013B 를 사용하여 실험해 봅시다. 이 IC 는 클록 펄스가 0에서 1로 상승할 때 읽어들인 데이터를 출력합니다.

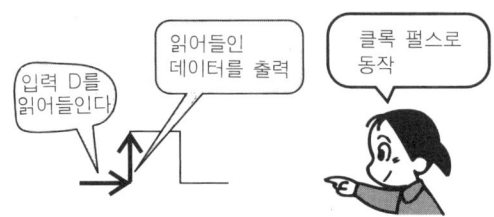

클록 펄스의 입력에는 T-FF의 실험에서 와 마찬가지로 RS-FF를 이용합니다

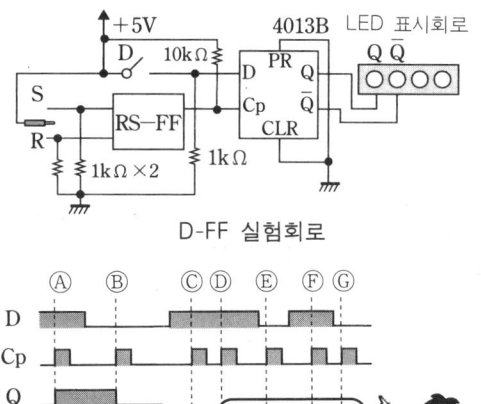

D-FF 실험회로

실험 순서

타임 차트와 같이 신호를 입력하고 출력 Q를 관측합시다.
●A의 상태
①출력 Q가 0임을 확인합니다.
②입력 D를 1로 하고 클록 펄스 1개를 입력한 후, 출력 Q를 관측합니다. Q는 1로 변화합니다.
●B의 상태
입력 D를 0으로 하고 클록 펄스 1개를 입력한 후, 출력 Q를 관측합니다. Q는 0으로 변화합니다.

학생 1　A에서 G까지의 신호를 입력했을 때 출력 Q, $\overline{Q}$를 관측한 결과는 다음과 같았습니다.

LED 표시회로는 출력 결과를 관측하는데 매우 효과적입니다.

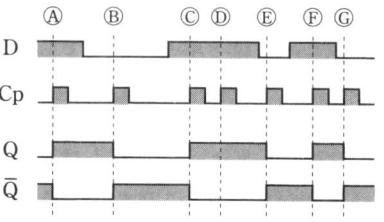

JK-FF

박사　이번에는 JK-FF의 동작을 실험으로 확인해 봅시다.

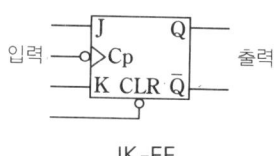

JK-FF

학생 2　JK-FF는 세트 단자, 리셋 단자를 동시에 1로 할 수 없다는 RS-FF의 결점을 해결한 FF입니다.

박사　맞습니다. TTL, 74LS73을 사용하여 실험회로를 만들어 봅시다.

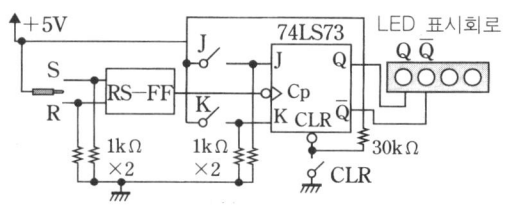

JK-FF 실험회로

이 IC는 클록 펄스의 다운 에지로 동작합니다. 클록 펄스의 입력에는 RS-FF를 이용합니다.

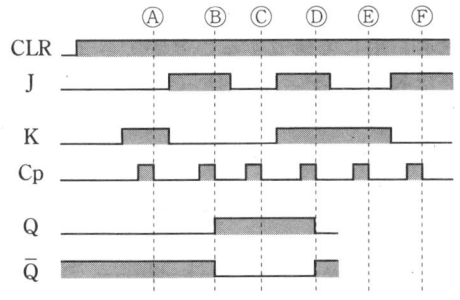

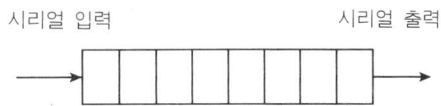

시프트 레지스터

박사　시리얼 입력·시리얼 출력의 시프트 레지스터의 동작을 실험으로 확인해 봅시다.

시리얼 입력　　　　　　　　　시리얼 출력

시리얼 입력·시리얼 출력 시프트 레지스터

실험 순서

타임 차트와 같이 신호를 입력하고 출력을 관측합니다.

잘 되기 위해 우선 클리어 단자에 0을 입력하여 FF를 클리어합니다. 출력 Q가 0, $\overline{Q}$는 1인지를 확인합니다.

● **A의 상태**
입력 J를 0, K를 1로 하여 클록 펄스 1개를 입력합니다. 출력 Q는 0, $\overline{Q}$는 1이 됩니다.

● **B의 상태**
입력 J를 1, K를 0으로 하여 클록 펄스 1개를 입력합니다. 이것으로 출력 Q는 1, $\overline{Q}$는 0이 됩니다.

● **C의 상태**
입력 J를 0, K를 0(이 회로에서는 양쪽 단자를 어디에도 접속하지 않은 상태)으로 하고 클록 펄스 1개를 입력합니다. 이것으로 출력 Q, $\overline{Q}$는 앞의 상태를 유지합니다.

● **D의 상태**
입력 J를 1, K를 1로 하고 클록 펄스 1개를 입력합니다. 이것으로 출력 Q와 $\overline{Q}$는 반전됩니다.

학생 2　8비트의 시리얼 입력·시리얼 출력의 시프트 레지스터 IC로 74LS91이 있었지요.

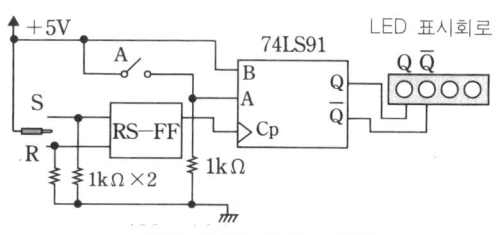

시리얼 입력·시리얼 출력
시프트 레지스터 실험회로

박사　이 IC는 클록 펄스의 업 에지에서 동작합니다.

실험 순서

① 입력 A를 1로 하고 클록 펄스 1개를 입력합니다. 이 때 출력 Q는 0이 나옵니다.

② 입력 A를 0으로 하고 클록 펄스 7개(①과 합쳐 8개)를 입력합니다. 7개째의 클록 펄스에서 출력 Q에 1이 나오고 있는지를 확인합니다.

학생 1　실험 결과는 다음과 같았습니다.

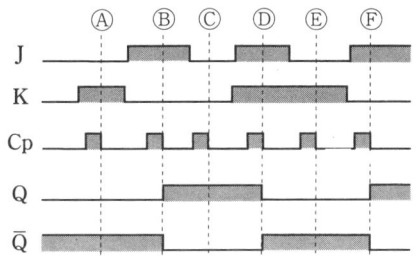

박사　다음에 시리얼 입력·패럴렐 출력의 시프트 레지스터의 동작을 실험으로 확인해 봅시다.

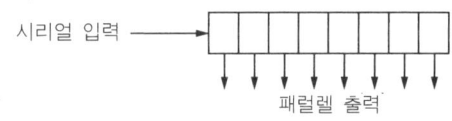

시리얼 입력　　　　　　　　

패럴렐 출력
시리얼 입력·패럴렐 출력 시프트 레지스터

IC는 클록 펄스의 업 에지로 동작하는 TTL, 74LS164를 사용합니다.

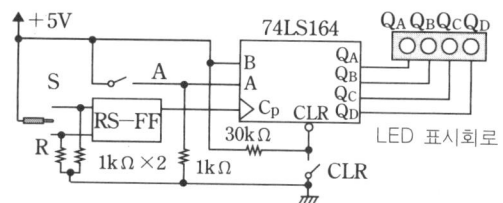

시리얼 입력·패럴렐 출력 시프트 레지스터 실험회로

| 실험 순서 |

① 잘 되기 위해 클리어 단자에 0을 입력하여 IC를 클리어합니다.

② 입력 A를 1로 하고 클록 펄스 1개를 입력합니다. 이것으로 출력 Q_A에 1이 나옵니다.

③ 입력 A를 0으로 합니다. 클록 펄스 1개를 입력할 때마다 Q_A에 있던 데이터가 Q_B-Q_C-Q_D로 자리를 옮겨 갑니다.

확인문제

《문제 1》 D-FF를 T-FF로 변환하여 동작을 실험으로 확인해 보아라.

☞ 답 74LS74를 사용한다

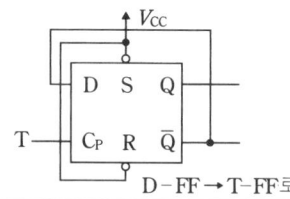

D-FF → T-FF로

제 5 장 도전 문제
(해답은 생략, 본문 참조)

1 RS-FF에 대해 설명하여라. (☞ 143쪽)

2 RS-FF를 응용하여 채터링을 방지하는 회로를 생각해 보아라. (☞ 146쪽)

3 RS-FF에 대해 다음의 타임 차트를 완성하여라. (☞ 해답)

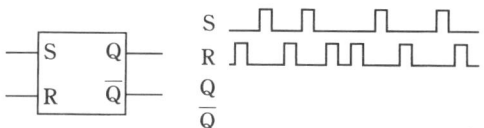

4 세트 우선 RS-FF에 대해 설명하여라. (☞ 148쪽)

5 T-FF에 대해 설명하여라. (☞ 148쪽)

6 T-FF에 대해 다음 타임 차트를 완성하여라. (☞ 해답)

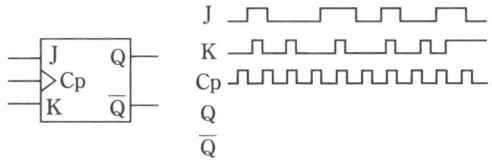

7 D-FF에 대해 설명하여라. (☞ 149쪽)

8 JK-FF에 대해 설명하여라. (☞ 149쪽)

9 JK-FF에 대해 다음 타임 차트를 완성하여라. (☞ 해답)

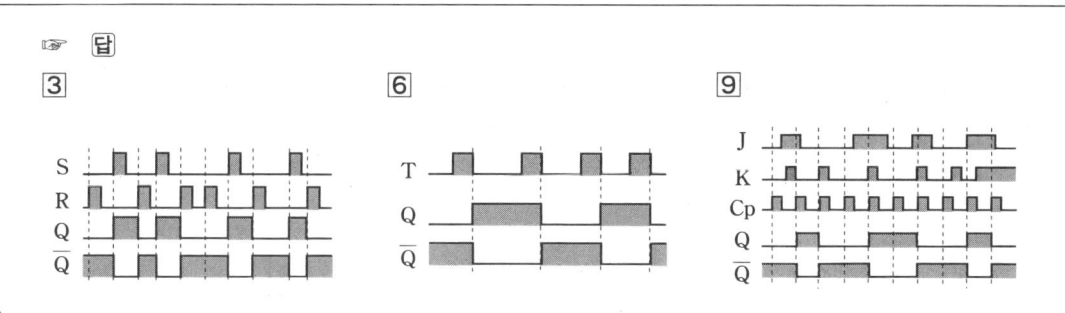

10 JK-FF를 이용하여 RS-FF를 구성하여라. (☞ 151쪽)

11 JK-FF를 이용하여 T-FF를 구성하여라. (☞ 151쪽)

12 JK-FF를 이용하여 D-FF를 구성하여라. (☞ 152쪽)

13 레지스터란 무엇인가? (☞ 153쪽)

14 시프트 레지스터란 무엇인가? (☞ 153쪽)

☞ **답**

3

6

9

제 6 장

계수회로를 마스터하자

이 장의 목표

입력펄스의 수를 세는 디지털 회로를 계수회로 또는 카운터라 부른다.

카운터는 플립플롭을 나열하여 접속하여 만든다.

카운터에는 비동기식과 동기식이 있다. 나열한 플립플롭이 차례차례 앞단 플립플롭의 영향으로 도미노 게임처럼 한쪽 끝에서 차례로 겹쳐 넘어지듯이 동작을 해 가는 것이 비동기식이다. 한편, 모든 플립플롭이 공통된 클록 펄스로 일제히 동작하는 것이 동기식이다.

지금까지 배워온 것처럼 디지털 회로는 2진수를 기본으로 하여 동작하고 있기 때문에 카운터로 세는 수도 기본적으로는 2진수이다.

그러나 좀 더 연구를 하면 2진수 이외의 임의의 n진수도 셀 수 있게 된다.

이 장의 처음 부분에서는 기초가 되는 2진 카운터의 구조에 대해 배운다. 그 후 2^n진 카운터, n진 카운터로 차츰 학습을 진행해 나갈 것이다. 각 항목을 정확하게 익혀두면 임의의 n진 카운터를 자유자재로 설계할 수 있게 될 것임을 확신한다.

회로에 입력하는 데이터에 의해 임의의 진수를 셀 수 있는 만능 카운터(프로그래머블 카운터)에 대해서도 배워 보자.

① 카운터의 구조

기초가 되는 2^n진 카운터를 마스터하자

2진수 카운터

박사　2진수를 카운트하는 회로를 생각해 봅시다. T-FF의 동작을 기억하고 있습니까?

학생 1　T-FF의 동작은 다음과 같습니다.

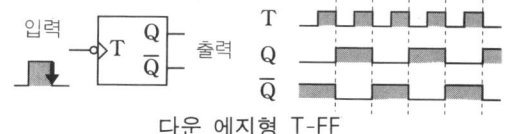

다운 에지형 T-FF

박사　T-FF의 입력과 출력 관계를 관찰해 봅시다.

학생 2　펄스가 2개 입력될 때마다 1개의 펄스가 출력되고 있습니다.

박사　계속해서 3개의 T-FF를 직렬로 캐스케이드 접속을 해 봅니다.

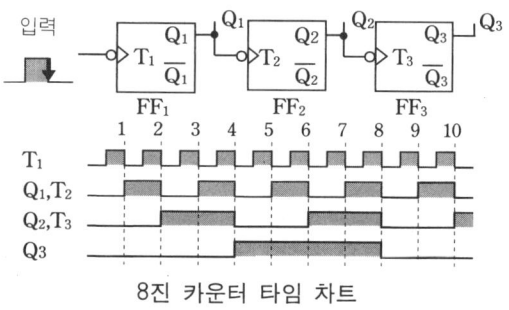

8진 카운터 타임 차트

학생 1　타임 차트를 보면 T-FF 1 단마다 2개의 펄스가 1개의 펄스로 변환되고 있습니

다.

박사　그렇습니다. 몇 개의 펄스마다 1개의 펄스를 출력하는 것을 분주(分周)라 합니다. 여기서는 1개의 T-FF마다 1/2분주가 행해지고 있습니다. 출력 Q_1, Q_2, Q_3를 각각 2진수의 2^0, 2^1, 2^2 비트째에 대응시켜 생각해 봅니다.

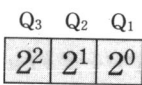 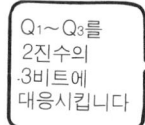 

타임 차트를 숫자로 표시하면 다음과 같이 됩니다.

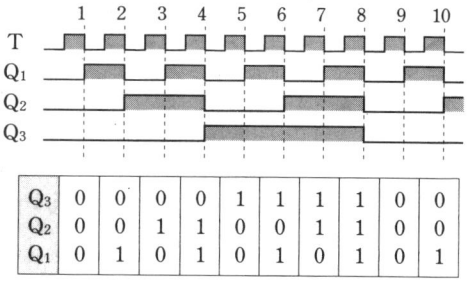

학생 2　이 회로는 입력펄스를 트리거로 하여 2진수 000에서 111까지를 카운트하게 되어 있군요.

박사　그렇습니다. 이것이 2진수 카운터의 동작 원리입니다. 이 회로에서는 출력 111 다음은 최초의 000으로 돌아가지만, 접속하는 T-FF의 수를 증가시켜 가면 셀 수 있는 범위를 넓힐 수 있습니다. 예를 들어 T-FF를 4개 접속하면 0에서 2^4-1까지의 2진수를 카운트할 수 있습니다.

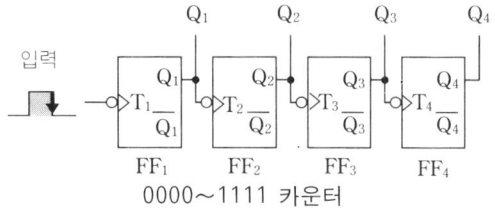

0000∼1111 카운터

앞의 회로에서는 다운 에지형의 T-FF를 사용하였지만, 업 에지형을 사용하면 어떻게 될까요?

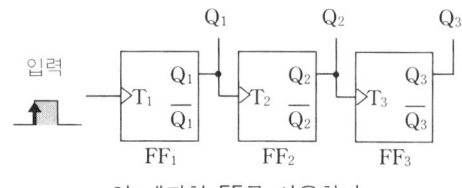

업 에지형 FF를 사용한다

학생 1   타임 차트를 그려보겠습니다.

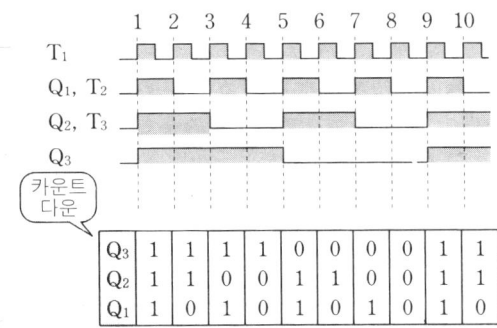

학생 2   앞에서와는 반대로 111에서 000으로 카운트 다운하는 카운터가 되었습니다.

박사   수를 차례대로 줄여 가는 카운터를 다운 카운터라 합니다. 이렇게 카운터에는 업 카운터와 다운 카운터가 있습니다.

학생 2   업 에지형의 T-FF를 사용하여 업 카운터를 구성하려면 어떻게 하면 될까요?

학생 1   출력 $\overline{Q}$를 사용하여 회로를 만들면 되지요.

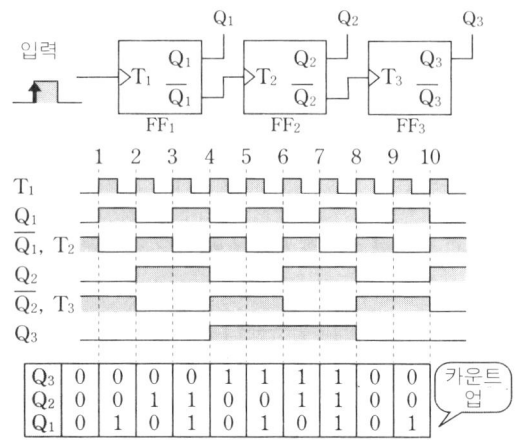

카운터 호칭법

박사   여기서 지금까지 배운 카운터의 호칭법을 정의해 봅시다. 몇 가지의 FF가 늘어선 경우에 모든 출력 Q가 0일 때를 기점으로 합니다. 여기부터 클록 펄스를 카운트해 가 n개째의 클록 펄스를 카운트하면 FF의 출력이 모두 0으로 돌아올 때 이것을 n진 카운터라 부르는 것으로 합니다.

학생 1   예를 들어 T-FF를 3개 접속한 카운터의 출력은 다음과 같습니다.

펄스	Q_3	Q_2	Q_1		펄스	Q_3	Q_2	Q_1
0	0	0	0		6	1	1	0
1	0	0	1		7	1	1	1
2	0	1	0		8	0	0	0
3	0	1	1		9	0	0	1
4	1	0	0		10	0	1	0
5	1	0	1		⋮			

8진 업 카운터의 동작표

이 회로에서는 8개째의 클록 펄스를 카운트하면 출력이 000으로 돌아옵니다. 즉 이것은 8진 카운터이지요.

🔵 2^n진 카운터

박사 T-FF를 n개 나열하여 캐스케이드 접속을 하면 2^n진 카운터를 구성할 수 있습니다.

학생 2 예를 들어 $2^2 = 4$진 카운터를 만들고 싶으면 T-FF를 두 개 접속하면 됩니다.

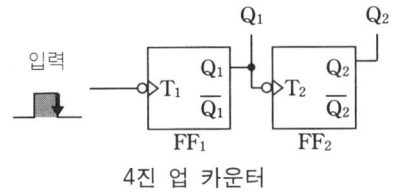

4진 업 카운터

학생 1 또 $2^4 = 16$진 카운터라면 T-FF를 4개 접속하면 되겠군요.

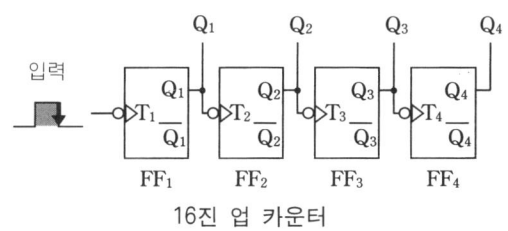

16진 업 카운터

박사 2^{12}진 카운터 IC, 4040B를 봐 주십시오.

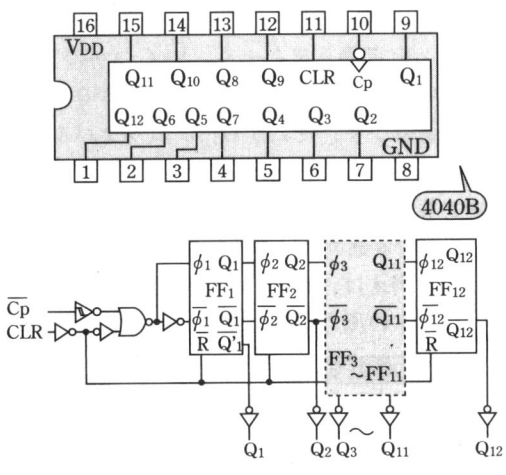

4040B의 내부 구성

이 IC는 클록 펄스의 다운 에지에서 동작합니다. 또 모든 플립플롭을 클리어하는 단자 CLR을 가지고 있습니다.

학생 2 4040B를 사용하면 0에서 $2^{12} - 1$까지 카운트할 수 있겠군요.

박사 이밖에 2^n진 카운터 IC로는 C-MOS의 4024B(7비트)나 TTL의 74LS93(4비트) 등이 시판되고 있습니다.

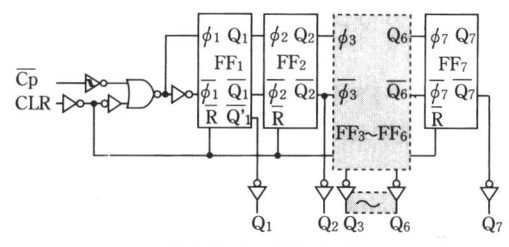

4024B의 내부 구성

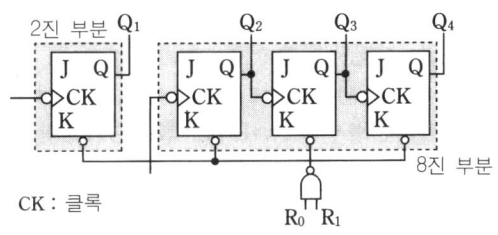

CK : 클록

74LS93의 내부 구성

IC에 따라서는 프리셋 기능을 갖춘 것이 있습니다. 이것은 외부로부터의 입력에 의해 카운트의 기점을 설정할 수 있는 기능입니다.

프리셋 기능

또 업 카운트와 다운 카운트를 바꿀 수 있는 기능을 가진 IC도 있습니다.

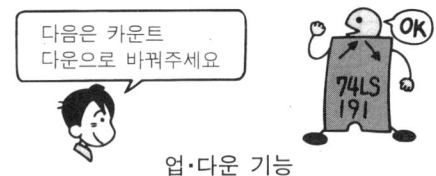

업·다운 기능

동기식과 비동기식

박사   전에 배운 2^n진 카운터의 동작을 시간적인 시점에서 생각해 봅시다.

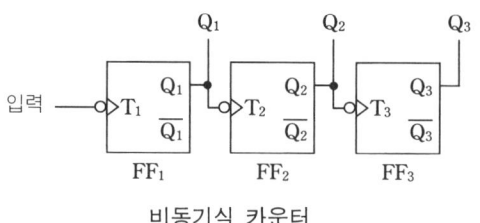

비동기식 카운터

이 회로의 T_1에 최초로 클록 펄스 1개를 입력하면 Q_1이 1이 되고 그 1이 T_2에 입력되고······이런 방식으로, FF는 하나 앞의 FF의 동작을 기다려 순서대로 동작하게 됩니다.

즉 첫단째의 FF가 클록 펄스를 받고 나서 모든 FF의 동작이 끝날 때까지는 어느 정도의 시간이 걸리게 됩니다. 이렇게 개개의 FF가 순서대로 동작해 가는 방식을 비동기식이라 합니다.

학생 2   접속된 FF이 모두 동시에 동작하는 카운터 회로도 있습니까?

박사   있습니다. 그러한 방식을 동기식이라 합니다.

그러면 동기식 카운터에 대해 설명하겠습니다.

JK-FF를 사용하여 4진 카운터를 구성한 예를 나타내면 다음과 같습니다.

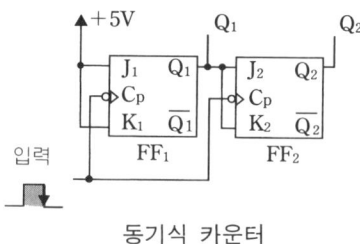

동기식 카운터

학생 1   JK-FF는 입력 J와 K의 양쪽이 1일 때는 T-FF로서 동작하는 것이지요.

박사   이 회로에서는 클록 펄스의 다운에지가 걸릴 때 모든 FF가 일제히 동작합니다.

학생 2   동기식과 비동기식은 어떻게 구분하여 사용합니까?

박사   비동기식 카운터의 결점은 동작이 순서대로 행해지기 때문에 최종적인 결과를 얻을 때까지 시간이 걸린다는 것입니다. 이 시간은 ns(nanosecond ; 나노세컨드)의 단위를 가집니다. 따라서 예를 들어 사람이 푸시 스위치를 누른 수를 카운트하는 경우 등, 클록 펄스가 매우 낮은 속도일 때는 비동기식 카운터로 충분합니다. 그러나 고속 동작이 요구되는 경우에는 회로 전체가 하나의 클록 펄스에서 동시에 동작하는 동기식이 적합합니다. 동기식과 비동기식 카운터에 대해서는 후에 상세하게 배울 것입니다. 각각의 방식에 대해 깊이 이해하기 바랍니다.

카운터의 이용

학생 1   카운터는 어떠한 곳에서 이용되고

있습니까?

박사　　디지털 회로에서 카운터의 응용 범위는 매우 넓습니다. 예를 들어 디지털 시계 등은 카운터 그 자체이지요. 디지털 시계에서는 1Hz(1초에 1개의 펄스)의 펄스를 60개 카운트하면 1분, $60 \times 60 = 3600$〔개〕 카운트하면 1시간이 됩니다. 또 카운터는 분주에도 잘 이용됩니다. 예를 들어 100kHz의 클록 펄스로부터 10kHz의 클록 펄스를 얻고자 하는 경우 등이 자주 있습니다. 이러한 때는 원래의 클록 펄스 10개마다 1개의 클록 펄스를 출력하는 카운터(10진 카운터)를 사용하면 됩니다.

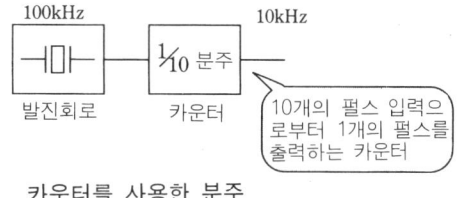

카운터를 사용한 분주

확인문제

〔문제 1〕　64진 카운터를 만들려면 몇 개의 플립플롭이 필요한가?

☞ **답**　$2^6 = 64$이므로 6개

❷ 비동기식 n진 카운터

임의의 n진 카운터(비동기식)를 구성해 보자

● 비동기식 2^n진 카운터

박사   비동기식 2^n진 카운터 회로에 대해 복습해 봅시다.

학생 1   T-FF를 n개 캐스케이드 접속을 하면 2^n진 카운터를 만들 수 있었지요.

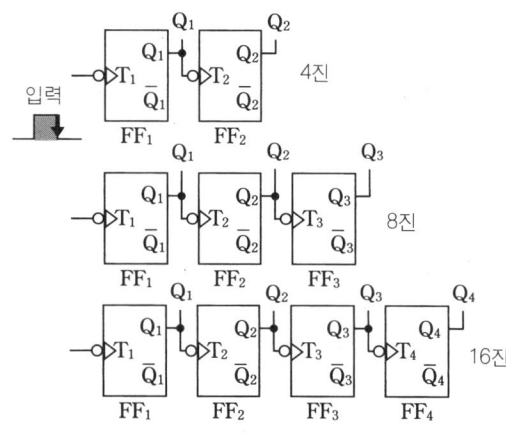

비동기식 2^n진 카운터

● 비동기식 3진 카운터

박사 2^n진 이외의 카운터 예를 들어 3진 카운터에 대해 생각해 봅시다.

학생 1   3은 2^n으로는 표시할 수 없으므로

다른 방법이 필요합니다.

박사   그렇습니다. 4진 카운터를 기본으로 하여 3진 카운터를 구성하는 방법에 대해 생각해 봅시다. 또 T-FF는 실제로는 IC화되어 있지 않으므로, 여기서는 D-FF를 사용한 카운터 회로를 생각합니다. D-FF로부터 T-FF를 구성하는 방법을 기억하고 있습니까?

학생 2   예. D-FF의 입력 D를 출력 $\bar{Q}$에 접속하면 T-FF로 변환할 수 있습니다.

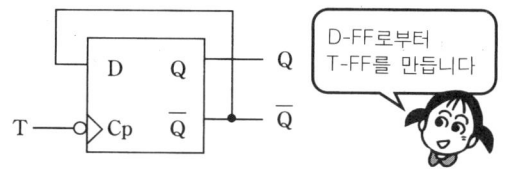

D-FF로부터 T-FF를 만듭니다

학생 1   D-FF를 사용한 비동기식 4진 카운터의 회로는 다음과 같습니다.

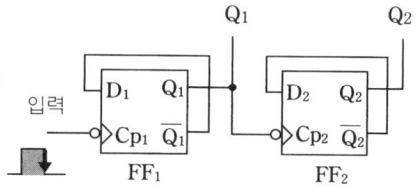

D-FF를 사용한 비동기식 4진 카운터

학생 2　FF가 두 개 접속되어 있으므로 2^2 ＝4진 카운터로 동작하게 됩니다.

박사　4진 카운터와 3진 카운터의 동작 표를 비교해 주십시오.

펄스	Q_2	Q_1
0	0	0
1	0	1
2	1	0
3	1	1
4	0	0

4진 카운터

펄스	Q_2	Q_1
0	0	0
1	0	1
2	1	0
3	0	0

3진 카운터

학생 1　4진 카운터에서는 3개째의 클록 펄스를 카운트하면 Q_1, Q_2는 모두 1이 됩니다. 그러나 3진 카운터에서는 이 때 Q_1, Q_2가 함께 0이 되면 되는군요.

박사　말한 대로 4진 카운터에서 1·1이 카운트될 때, FF를 클리어해 버리면 3진 카운터로 동작하게 됩니다.

학생 2　리셋 입력이 달린 D-FF를 사용하면 FF를 강제적으로 리셋할 수 있겠군요.

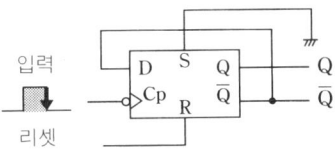

박사　그렇습니다. 그러면 Q_1, Q_2가 모두 1이 되는 순간에 FF를 리셋하는 회로를 생각해 봅시다.

학생 1　이 D-FF에서는 리셋 단자에 1을 입력하면 출력이 0으로 리셋됩니다. 따라서 1·1의 입력으로 1을 출력하는 AND 게이트를 사용하면 될 것으로 봅니다.

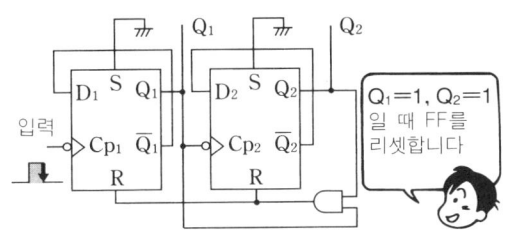

$Q_1=1, Q_2=1$ 일 때 FF를 리셋합니다

박사　그대로입니다. 학생은 출력 Q_1, Q_2를 사용했지만 $\overline{Q_1}$, $\overline{Q_2}$를 사용할 때는 0·0의 입력으로 1을 출력하는 NOR 게이트를 사용하면 되지요.

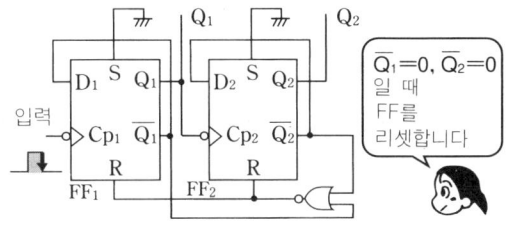

$\overline{Q_1}=0, \overline{Q_2}=0$ 일 때 FF를 리셋합니다

타임 차트에서 3진 카운터의 동작을 확인해 주십시오.

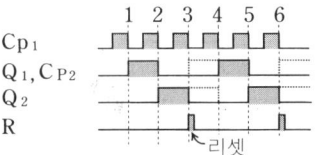

〈비동기식 3진 카운터·타임 차트〉

비동기식 n진 카운터

박사　임의의 비동기식 n진 카운터도 3진 카운터와 같은 방식으로 구성할 수 있습니다.

① 비동기식 5진 카운터

학생 2　그렇다면 저는 비동기식 5진 업 카운터의 설계에 도전해 보겠습니다. 5진 카운터에서는 Q_3, Q_2, Q_1이 각각 1·0·1이 될 때 FF를 리셋하면 되겠군요.

펄스	Q_3	Q_2	Q_1
0	0	0	0
1	0	0	1
2	0	1	0
3	0	1	1
4	1	0	0
5	0	0	0

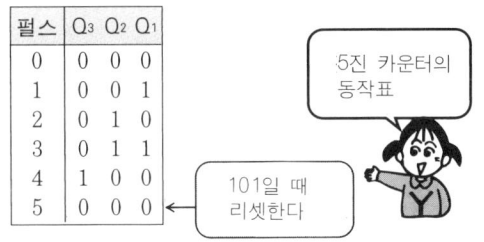

5진 카운터의 동작표

101일 때 리셋한다

입력이 1·0·1일 때만 1을 출력하는 회로는 AND 게이트를 사용하여 만들 수 있습니다.

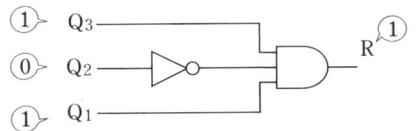

이것으로부터 5진 카운터의 회로는 다음과 같이 구성할 수 있습니다.

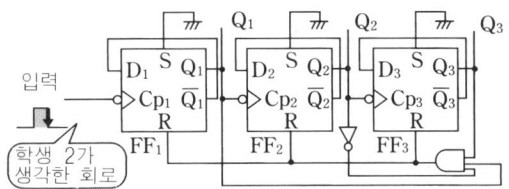

박사 아주 잘 만들었습니다. 동작표를 보고 좀더 생각하면 최초로 Q_3, Q_1 양쪽이 1이 될 때에 Q_3, Q_2, Q_1이 각각 1·0·1이 됨을 알았습니다.

이 점을 이용하면 5진 카운터 회로는 다음과 같이 간략하게 할 수 있습니다.

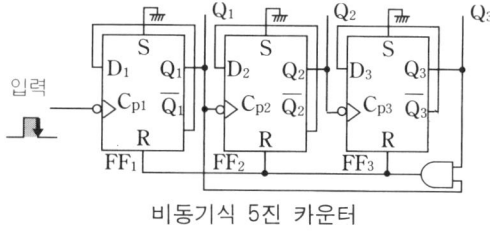

비동기식 5진 카운터

② 비동기식 6진 카운터

학생 1 6진 업 카운터는 Q_3, Q_2, Q_1이 각각 1·1·0이 될 때에 FF를 리셋하면 되겠군요. 동작표를 잘 살펴보면 최초로 Q_3, Q_2 양

펄스	Q_3	Q_2	Q_1
0	0	0	0
1	0	0	1
2	0	1	0
3	0	1	1
4	1	0	0
5	1	0	1
6	0	0	0

6진 카운터의 동작표

110일 때 리셋한다

쪽이 1이 될 때에 Q_3, Q_2, Q_1이 각각 1·1·0이 됨을 알 수 있습니다.

따라서 6진 카운터 회로는 다음과 같이 되겠군요.

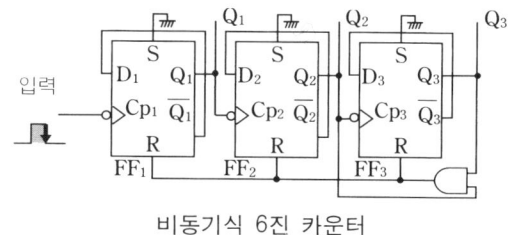

비동기식 6진 카운터

③ 비동기식 10진 카운터

우리들에게 가장 친숙한 10진 카운터를 구성해 봅시다. 10진 카운터에서는 FF를 4개 접속한 $16(2^4)$진 카운터를 기본으로 합니다.

펄스	Q_4	Q_3	Q_2	Q_1
0	0	0	0	0
1	0	0	0	1
2	0	0	1	0
3	0	0	1	1
4	0	1	0	0
5	0	1	0	1
6	0	1	1	0
7	0	1	1	1
8	1	0	0	0
9	1	0	0	1
10	0	0	0	0

10진 카운터의 동작표

1010일 때에 리셋한다

학생 2 10진 업 카운터는 Q_4, Q_3, Q_2, Q_1이 각각 1·0·1·0이 될 때에 FF를 리셋하면 되겠군요. 동작표를 잘 살펴보면 최초로 Q_4, Q_2 양쪽이 1이 될 때에 Q_4, Q_3, Q_2, Q_1이 각각 1·0·1·0이 됨을 알 수 있습니다. 따라서 10진 카운터 회로는 다음과 같이 되는군요.

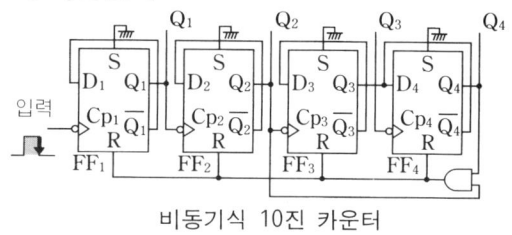

비동기식 10진 카운터

업 카운터와 다운 카운터

박사　비동기식의 다운 카운터와 업 카운터의 관계를 생각해 봅시다. JK-FF를 사용한 경우를 예로 들어 설명하겠습니다.

8진 업 카운터와 다운 카운터의 회로를 비교해 주십시오.

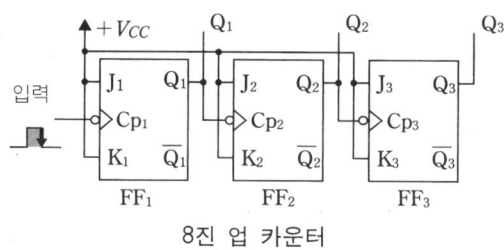

8진 업 카운터

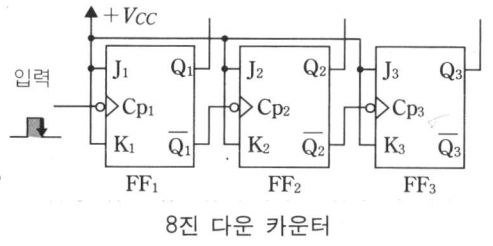

8진 다운 카운터

학생 1　업 카운터에서는 앞단의 출력 Q가 다음 단의 C_P 단자에 입력되어 있습니다. 한편 다운 카운터에서는 앞단의 출력 $\overline{Q}$가 다음 단의 C_P 단자에 입력되어 있습니다.

학생 2　게이트회로를 이용하여 C_P 단자에 가하는 입력이 Q나 $\overline{Q}$의 어느 쪽인가를 선택할 수 있도록 하면, 업 카운터와 다운 카운터를 바꿀 수 있겠군요.

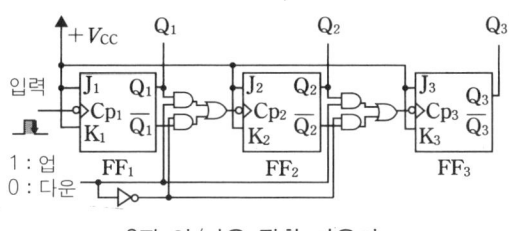

8진 업/다운 전환 카운터

비동기식 n진 카운터의 연습 문제

〖문제 1〗 다운 에지형 JK-FF를 사용하여 비동기식 3진 업 카운터를 구성하여라.

학생 1　JK-FF를 T-FF로 변환하는 방법은 제5장에서 배웠습니다.

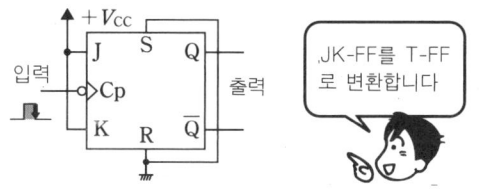

다운 에지 동작의 JK-FF를 사용한 비동기식 3진 카운터 회로는 다음과 같이 됩니다.

☞ 답

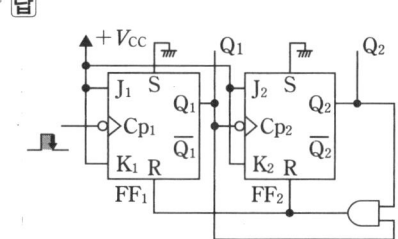

〖문제 2〗 비동기식 7진 업 카운터를,
　① 다운 에지형 JK-FF
　② 업 에지형 D-FF
　를 사용하여 구성하여라

☞ 답

①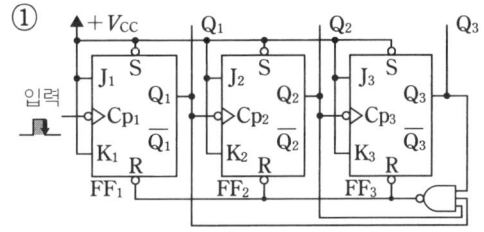

②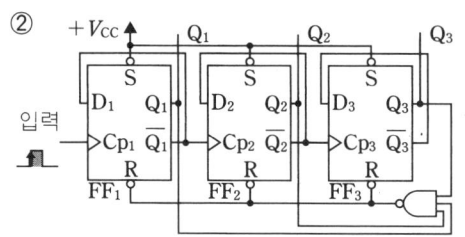

사용하는 FF의 종류, 업 에지형인가 다운 에지형인가, 업 카운터인가 다운 카운터인가 등에 주의하여 설계해 주십시오.

박사 임의의 비동기식 n진 카운터를 설계할 수 있게 되었습니까?

up/down

확인문제

《문제 1》 다음의 카운터는 어떤 동작을 하는지 설명하고, 타임 차트를 그려라.

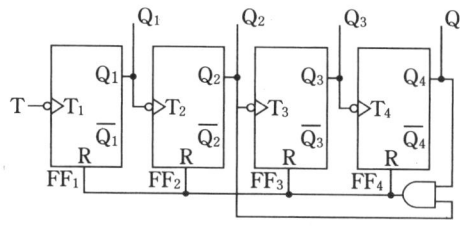

☞ **답** 비동기식의 10진 업 카운터

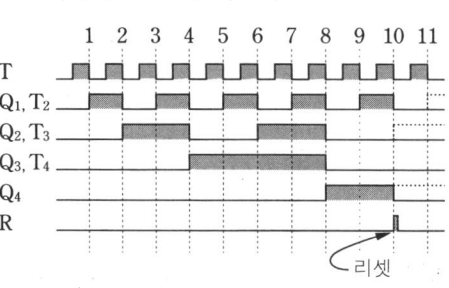

❸ 동기식 n진 카운터

임의의 n진 카운터(동기식)를 구성해 보자

▌ 동기식 카운터

박사   여기서는 동기식 n진 카운터에 대해 배워 보겠습니다.

학생 2   비동기식 카운터는 FF이 앞단의 출력을 받아 순서대로 동작해 갔습니다. 그러나 동기식 카운터는 공통된 클록 펄스를 트리거로 하여 각 FF가 일제히 동작하는 것이었습니다.

박사   그렇습니다. 동기식 카운터에서는 비동기식과 달리 모든 FF가 일제히 동작합니다. 따라서 동작할 때의 입력 조건은 직전 상태를 고려하게 되므로 주의해 주십시오.

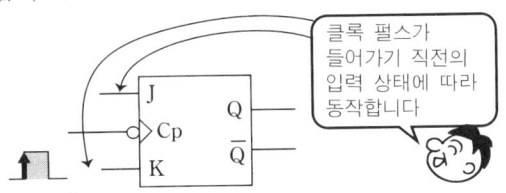

> 클록 펄스가 들어가기 직전의 입력 상태에 따라 동작합니다

▌ 동기식 2^n진 카운터

박사   동기식 카운터도 T-FF의 동작이 기본이 됩니다. 그러나 T-FF의 IC는 시판되고 있지 않으므로, 여기서는 JK-FF를 사용하여 동기식 2^n진 카운터를 구성하는 방법을 배워 봅시다.

학생 1   JK-FF의 입력 J, K의 양쪽을 1에 접속해 두면 클록 펄스가 입력될 때에 반전 동작을 하는 T-FF로 변환할 수 있습니다.

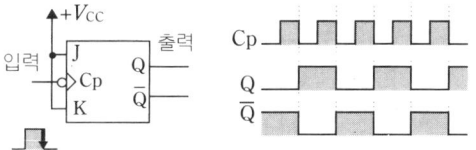

JK-FF를 T-FF로 변환한다

박사   그럼 4(2^2)진 카운터로부터 생각해 봅시다. 4진 카운터의 동작표는 다음과 같습니다.

펄스	Q_2	Q_1
0	0	0
1	0	1
2	1	0
3	1	1
4	0	0

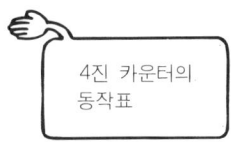

> 4진 카운터의 동작표

출력 Q_1은 클록 펄스가 올 때마다 반전하고 있습니다.

이것은 T-FF의 동작 그 자체이므로 FF_1의 J, K 단자를 모두 1에 접속해 둡니다. 출력 Q_2는 Q_1이 1에서 0으로 바뀔 때만 반전하고 있습니다. 다시 말하면 Q_2가 반전하기 직전에는 반드시 Q_1이 1로 되어 있다는

말입니다. 그래서 FF₂의 J, K단자는 Q₁에
접속합니다.

C_p 단자는 FF₁, FF₂ 모두 직접 클록 신
호를 입력합니다.

학생 1   동기식 4진 업 카운터의 회로는 다
음과 같이 되는군요.

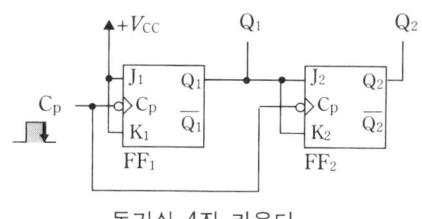

동기식 4진 카운터

학생 2   동기식 $8(2^3)$진 카운터는 어떻게
하면 될까요?

학생 1   8진 카운터의 동작표를 생각해 봅
시다.

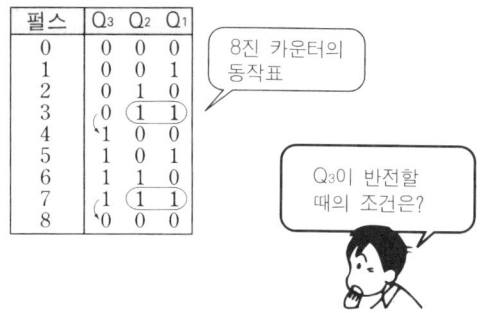

박사   Q₁, Q₂에 대해서는 앞에서의 4진
       카운터와 마찬가지입니다. Q₃이
반전할 때의 조건을 생각해 주십시오.

학생 2   Q₃이 반전하기 직전에는 Q₁, Q₂
모두 1로 되어 있습니다.

박사   주의력이 뛰어나군요. 학생이 말
       한 대로 FF₃가 반전 동작을 하기
직전에는 Q₁, Q₂ 모두 1로 되어 있습니다.
즉 Q₁, Q₂, C_P의 AND를 FF₃의 C_P 입력
으로 하면 된다는 것이지요.

학생 1   그러면 동기식 8진 업 카운터의 회

로는 다음과 같이 되겠군요.

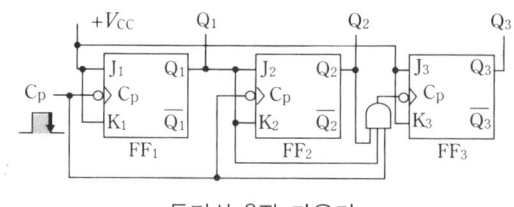

동기식 8진 카운터

박사 $16(2^4)$진 카운터는 어떻게 될까요?

학생 2   마찬가지로 동작표를 그려보면 Q₄
가 반전하기 직전에는 Q₁, Q₂, Q₃ 모두 1
임을 알 수 있습니다.

학생 1   Q₁, Q₂, Q₃, C_P의 AND를 FF₄
의 C_P 입력으로 하면 되겠군요.

학생 2   그렇다면 16진 카운터의 회로는 다
음과 같이 됩니다.

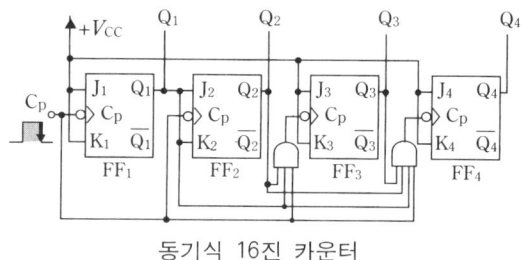

동기식 16진 카운터

박사   이렇게 생각해 가면 임의의 동기식
       2^n진 카운터를 구성할 수 있습니다.

학생 2   이 방법에서는 FF를 증가해 나감에
따라 입력이 여러 개인 AND 게이트가 필요
하기 때문에 회로가 복잡해져 버리겠군요. 무
언가 좋은 해결방법은 없을까요?

박사   2입력의 AND 게이트로 동기식
       2^n진 카운터를 구성할 수 있습니
다. 그러나 회로는 간단하게 되지만 고속 동
작에는 대응할 수 없습니다.

   고속 동작에 대응할 수 없는 이유를 생각해
보세요.

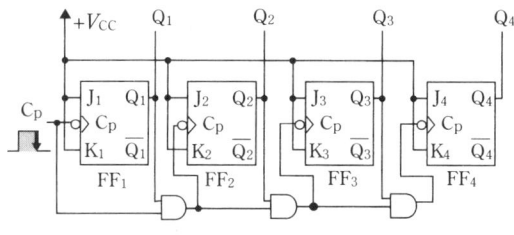

저속형 동기식 16진 카운터

학생 1　입력이 여러 개인 AND 게이트를 사용한 회로에서는, 각각의 C_P 입력에 걸리는 신호는 1개의 AND 게이트밖에 통과하지 않습니다. 한편, 2입력 AND 게이트를 사용하여 간단하게 만든 회로에서는, 각 C_P 입력에 걸리는 신호는 앞단까지의 모든 AND 게이트를 통과하게 됩니다.

박사　역시 똑똑하군요. 게이트에는 지연시간이 있기 때문에 많은 게이트를 통과하면 그만큼 출력을 얻을 때까지 걸리는 시간이 증가해 버리는 것입니다.

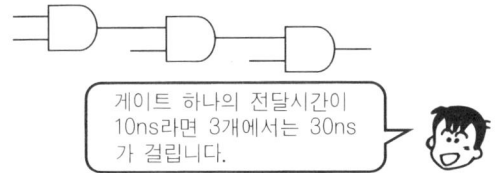

게이트 하나의 전달시간이 10ns라면 3개에서는 30ns가 걸립니다.

박사　J, K 단자를 제어해도 마찬가지로 동기식 2^n진 카운터를 구성할 수 있습니다.

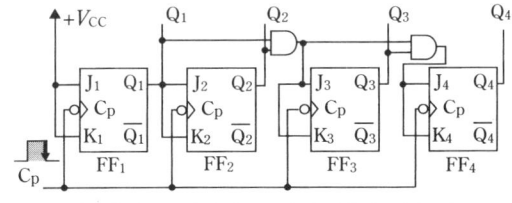

JK 단자를 제어한 동기식 16진 카운터

동기식 3진 카운터

박사　동기식 3진 카운터를 구성하는 방법을 나타냈습니다. JK-FF를 사용하여 생각해 봅시다.

3진 카운터에서는 3개째의 클록 펄스가 입력되었을 때에 Q_1, Q_2가 모두 0으로 리셋되면 됩니다.

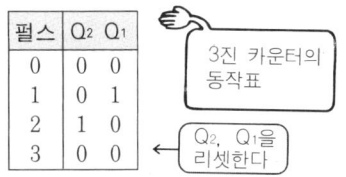

펄스	Q_2	Q_1
0	0	0
1	0	1
2	1	0
3	0	0

3진 카운터의 동작표

Q_2, Q_1을 리셋한다

회로를 보면서 동작을 생각해 주십시오.

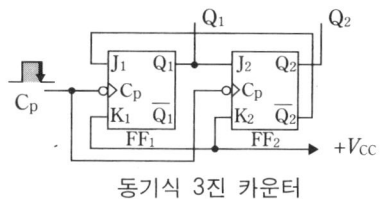

동기식 3진 카운터

이 회로에서는 FF의 K 입력이 1에 접속되어 있습니다. 따라서 J 입력이 0일 때는 Q는 리셋되어 J 입력이 1일 때 Q는 반전합니다.

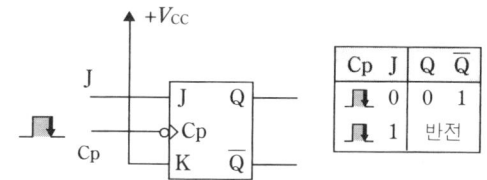

C_P	J	Q	$\overline{Q}$
↟	0	0	1
↟	1	반전	

동기식 3진 카운터의 동작

① 처음에는 Q_1, Q_2가 모두 0입니다.
　이 상태에서는 $\overline{Q_1}$, $\overline{Q_2}$는 모두 1로 되어 있습니다.

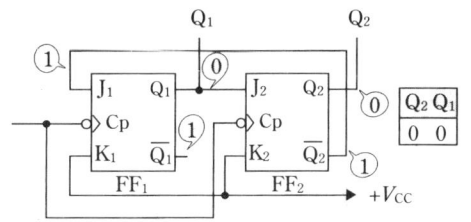

Q_2	Q_1
0	0

② 1개째의 클록 펄스가 입력되면 FF₁은
$J=1$, $K=1$이므로 반전 동작을 하여
$Q_1=1$, $\overline{Q}_1=0$이 됩니다.

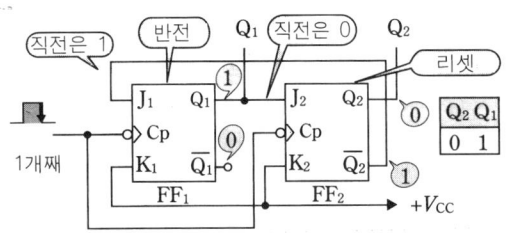

또 FF₂에는 직전까지 $J=0$이 입력되어
있기 때문에 $Q_2=0$, $\overline{Q}_2=1$인 상태로 변
화하지 않습니다.

③ 2개째의 클록 펄스가 입력되면 FF₁은
$J=1$, $K=1$이므로 반전동작을 하여 Q_1
$=0$, $\overline{Q}_1=1$이 됩니다. 또 FF₂에는 직전
까지 $J=1$이 입력되어 있었기 때문에 반
전동작을 하여 $Q_2=1$, $\overline{Q}_2=0$이 됩니다.

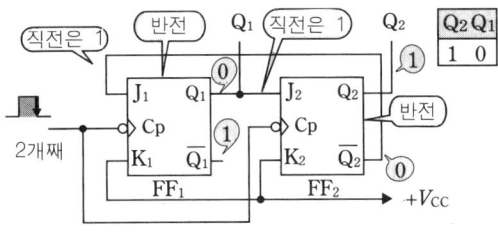

④ 3개째의 클록 펄스가 입력되면 FF₁은
$J=0$, $K=1$이므로 리셋되어 $Q_1=0$,
$\overline{Q}_1=1$이 됩니다. 또 FF₂에는 직전까지
$J=0$이 입력되어 있었기 때문에 이것도
리셋되어 $Q_2=0$, $\overline{Q}_2=1$이 됩니다.

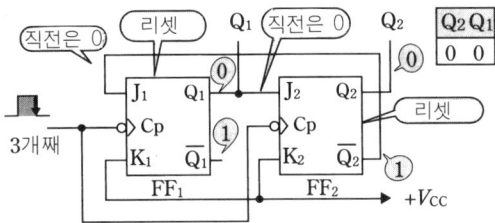

①에서 ④는 3진 카운터의 동작을 나타내

고 있습니다. 타임 차트에서 동기식 3진 업
카운터의 동작을 확인해 주십시오.

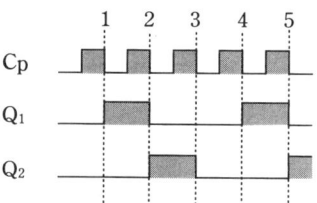

동기식 n진 카운터

박사 　임의의 동기식 n진 카운터도 3진
　　　　카운터와 같은 방식으로 구성할 수
있습니다. 동기식 5진 업 카운터를 구성해
봅시다.

학생 2 동기식 8진 카운터를 이용하여 5개
째의 클록 펄스가 입력되었을 때, 모든 FF
이 리셋되도록 하면 되겠군요.

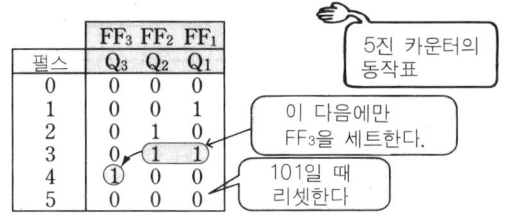

박사 　필요한 조건에 따라 회로를 생각해
　　　　봅시다.

① FF₁은 5개째의 클록 펄스에서 세트되
　지 않도록 하기 위해 5개째의 클록 펄스
　직전에서 $\overline{Q}_3$가 0이 되는 것을 이용합니
　다. 즉 J를 $\overline{Q}_3$에 접속하고 직전에 $\overline{Q}_3$이
　0이 되었을 때는 세트할 수 없도록 해 둡
　니다.

② FF₂는 5개째의 클록 펄스에서 $Q_2=0$
　이 되기 때문에 그 상태로 상관없습니다.

③ FF₃은 직전이 $Q_2=Q_1=1$일 때만 세
　트되고 그밖의 경우에는 리셋되기 때문에

Q_1과 Q_2의 AND를 J 입력으로 합니다.

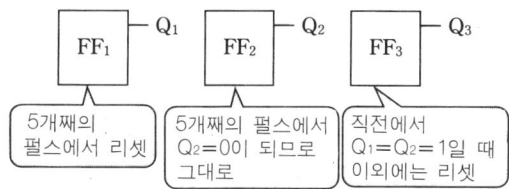

이로부터 동기식 5진 카운터 회로는 다음과 같이 구성할 수 있습니다.

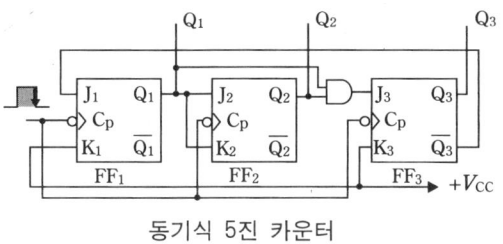

동기식 5진 카운터

박사　동기식 6진 업 카운터의 회로를 나타내었으므로 동작을 생각해 보십시오.

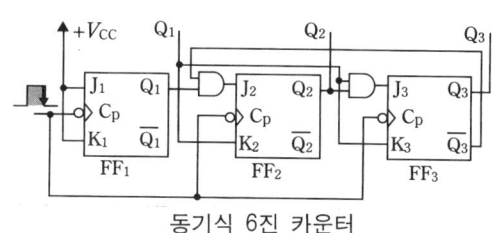

동기식 6진 카운터

확인문제

〖문제 1〗 다운 에지형 JK-FF를 사용하여 다음의 카운터를 구성하여라.

① 동기식 4진 다운 카운터

② 동기식 3진 다운 카운터

☞ 답　①

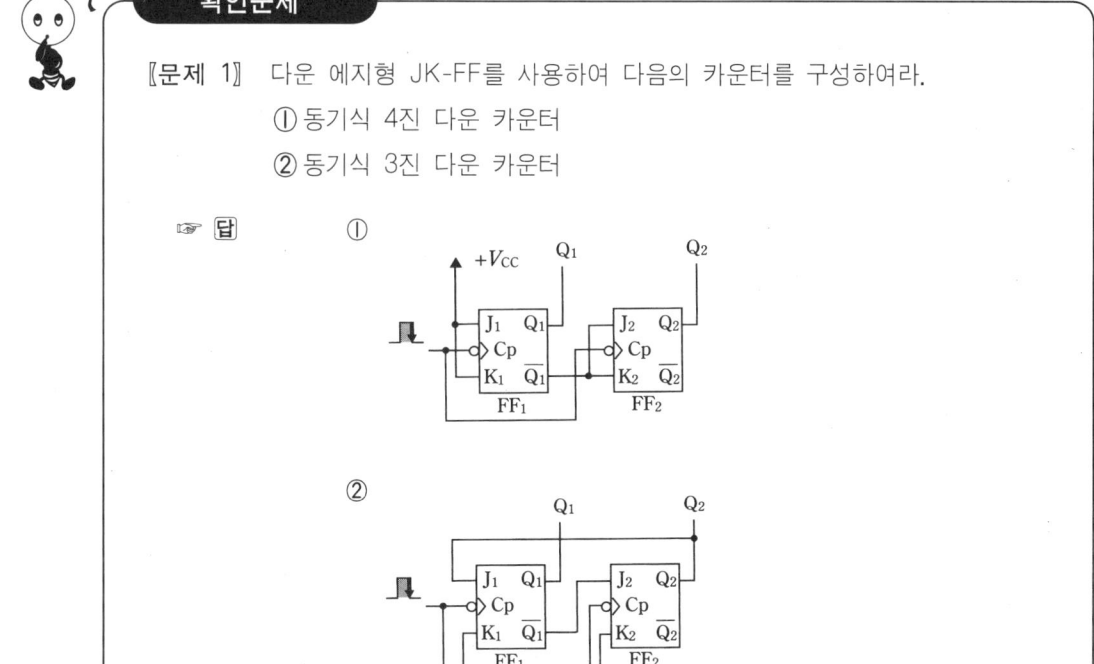

❹ 각종 카운터

시프트 레지스터를 응용한 카운터 등을 배워 보자

존슨 카운터(Johnson counter)

박사   시프트 레지스터의 동작을 응용한
카운터에 존슨 카운터가 있습니
다. D-FF를 다음과 같이 4개 접속한 경우
를 생각해 봅시다.

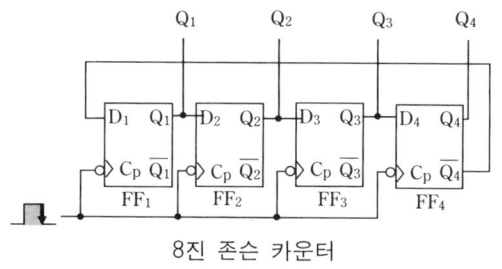

8진 존슨 카운터

학생 1   마지막 단의 출력 $\overline{Q}_4$가 처음 단의
입력 D_1으로 피드백하고 있군요.

박사   먼저 모든 FF를 리셋한 후 클록
펄스를 하나씩 입력했을 때 각
FF의 출력을 생각해 보세요.

학생 2   모든 FF를 리셋한 직후에는 FF_1
의 D_1 단자에 1이 입력되어 있습니다. 계속
하여 클록 펄스를 입력해 가면 $Q_1 \sim Q_4$는 다
음의 타임 차트와 같이 변화해 갑니다.

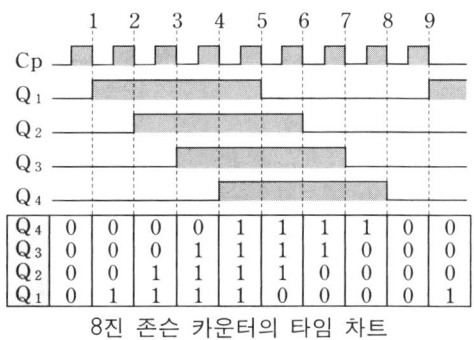

8진 존슨 카운터의 타임 차트

학생 1   8개째의 클록 펄스에서 모든 FF는
리셋되기 때문에, 이것은 8진 카운터로 동작
박사   하고 있는 것이군요.

   그렇습니다. 이러한 카운터를 존
슨 카운터라 합니다. 존슨 카운터에서는 n개
의 FF를 나열하여 접속하면 $2 \times n$진 카운터
를 구성할 수 있습니다.

학생 2   확실하게, 이 8진 카운터에서는 8
가지의 출력을 얻고 있지만 출력은 2진수로
수를 카운트하는 경우와는 다른데‥‥.

펄스	2진수	존슨 카운터
0	0 0 0 0	0 0 0 0
1	0 0 0 1	0 0 0 1
2	0 0 1 0	0 0 1 1
3	0 0 1 1	0 1 1 1
4	0 1 0 0	1 1 1 1
5	0 1 0 1	1 1 1 0
6	0 1 1 0	1 1 0 0
7	0 1 1 1	1 0 0 0

박 사 그렇습니다. 존슨 카운터의 출력을 2진수 형식으로 하기 위해서는 디코더가 필요합니다.

학생 1 이 경우 다음과 같은 진리표를 얻을 수 있는 디코더를 사용하면 되는 것이군요.

펄스	입 력				출 력		
	Q_4	Q_3	Q_2	Q_1	X_3	X_2	X_1
0	0	0	0	0	0	0	0
1	0	0	0	1	0	0	1
2	0	0	1	1	0	1	0
3	0	1	1	1	0	1	1
4	1	1	1	1	1	0	0
5	1	1	1	0	1	0	1
6	1	1	0	0	1	1	0
7	1	0	0	0	1	1	1

디코더용 진리표

회로의 구성은 다음과 같습니다.

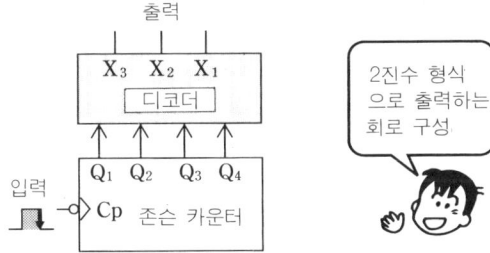

박 사 또 8개의 출력단자를 준비하여 각 단자에 0에서 7의 수를 할당하여 생각하면 다음과 같은 디코더가 됩니다. 이러한 디코더를 1 of 8 디코더라 합니다.

학생 2 1 of 8 디코더에서는 8개의 출력 중 어느 것인가 1개만이 1로 되어 있군요.

펄스	입 력				출 력							
	Q_4	Q_3	Q_2	Q_1	X_0	X_1	X_2	X_3	X_4	X_5	X_6	X_7
0	0	0	0	0	1	0	0	0	0	0	0	0
1	0	0	0	1	0	1	0	0	0	0	0	0
2	0	0	1	1	0	0	1	0	0	0	0	0
3	0	1	1	1	0	0	0	1	0	0	0	0
4	1	1	1	1	0	0	0	0	1	0	0	0
5	1	1	1	0	0	0	0	0	0	1	0	0
6	1	1	0	0	0	0	0	0	0	0	1	0
7	1	0	0	0	0	0	0	0	0	0	0	1

1 of 8 디코더용 진리표

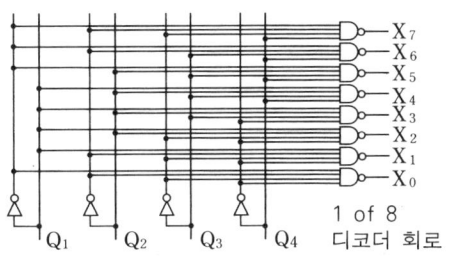

1 of 8
디코더 회로

링 카운터

박 사 또 하나의 시프트 레지스터를 응용한 카운터를 배워 봅시다. 링 카운터라 불리는 것입니다. 다음의 회로동작을 생각해 봅시다.

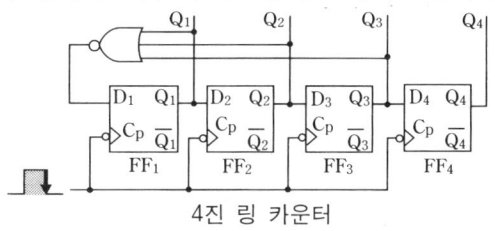

4진 링 카운터

학생 2 마지막 단을 제외한 모든 출력 Q의 NOR를 취한 것이 처음 단의 FF D_1 단자에 입력되어 있습니다. 따라서 최초로 모든 FF를 리셋한 직후에는 D_1에만 1이 입력되어 있습니다.

학생 1 타임 차트를 그려 보겠습니다.

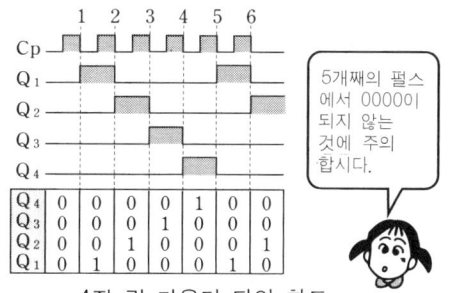

5개째의 펄스에서 00000이 되지 않는 것에 주의합시다.

4진 링 카운터 타임 차트

학생 2 클록 펄스를 입력할 때마다 1개의 1이 순서대로 FF를 자리이동해 갑니다.

학생 1 마지막 단의 FF_4까지 자리이동이 끝나면 또 처음 단의 FF_1로 1이 되돌아옵니다. 이것은 1 of 4 카운터의 동작이지요.

펄스	Q_1	Q_2	Q_3	Q_4
1	1	0	0	0
2	0	1	0	0
3	0	0	1	0
4	0	0	0	1

1 of 4형식 카운터

박사 이와 같이 링 카운터에서는 n개의 FF를 나열하여 접속하면 n진 카운터를 구성할 수 있습니다.

학생 2 링 카운터를 이용하면 전자 룰렛을 만들 수 있다고 생각합니다.

박사 링 카운터의 각 출력에 LED를 접속하여 적당한 속도로 클록 펄스를 만드는 발진기를 준비하면 만들 수 있습니다.

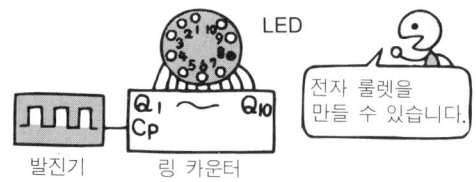

카운터의 조합

박사 TTL, 74LS93을 살펴 봅시다.

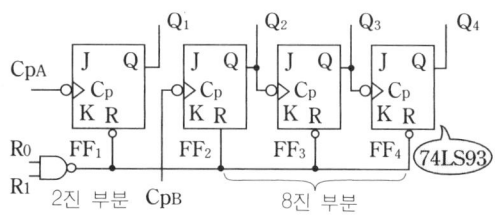

학생 2 이 IC는 4개의 FF를 이용한 비동기식 카운터군요.

학생 1 그러나 FF_1과 FF_2가 접속되어 있지 않으므로 FF_2의 C_P는 독립되어 있습니다.

박사 이 IC는 FF_1에서 2진 카운터, FF_2~FF_4에서 8진 카운터로서 독립하여 사용할 수 있습니다. 물론 FF_1의 출력을 FF_2의 입력에 접속하면 보통의 16진 카운터로 동작합니다.

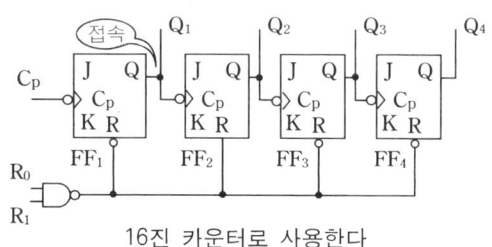

16진 카운터로 사용한다

또 74LS390에는 2진 카운터와 5진 카운터가 각각 2개 들어 있습니다.

학생 1 74LS390을 사용하면 카운터 4개의 조합으로 여러 가지 n진 카운터를 구성할 수 있습니다.

진	조 합
2	2진×1
4	2진×2진
5	5진×1
10	2진×5진
20	2진×2진×5진
25	5진×5진
50	2진×5진×5진
100	2진×2진×5진×5진

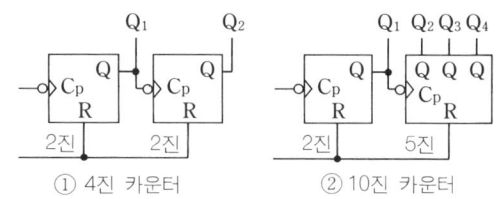

① 4진 카운터　　② 10진 카운터

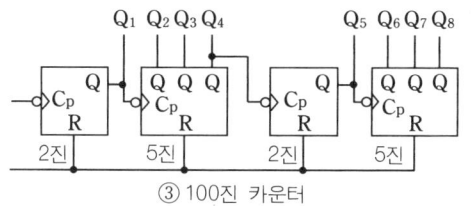

③ 100진 카운터

74LS390을 사용한 *n*진 카운터의 구성 예

프로그래머블 카운터

박사 카운터에 대해서는 이해했습니까?

학생 2 예. *n*진 카운터를 구성하는 여러 가지 방법을 알았습니다.

박사 지금까지는 FF를 조합하여 임의의 *n*진 카운터를 만드는 방법을 배워 왔습니다. 여기서는 같은 회로에서 몇 진 카운터로 할까를 자유롭게 프로그램할 수 있는 프로그래머블 카운터에 대해 설명하겠습니다.

① 프리셋 기능의 카운터를 응용하면 프로그래머블 카운터를 만들 수 있습니다.

74LS191을 예로 들어 생각해 봅시다.

학생 1 74LS191은 4비트의 프리셋 기능의 업 다운 전환 카운터이지요.

박사 이 IC에서는 LOAD 단자에 0이 입력되었을 때 프리셋되는 것을 이용합니다. 예를 들어 3진 다운 카운터로 동작시키려면 프리셋 입력단자 D~A에 0010을 입력해 둡니다. Q_1, Q_2가 모두 1이 될 때 프리셋되도록 NAND 게이트를 두면 프

리셋에 의해 Q_1, Q_2는 0, 1로 되돌아옵니다.

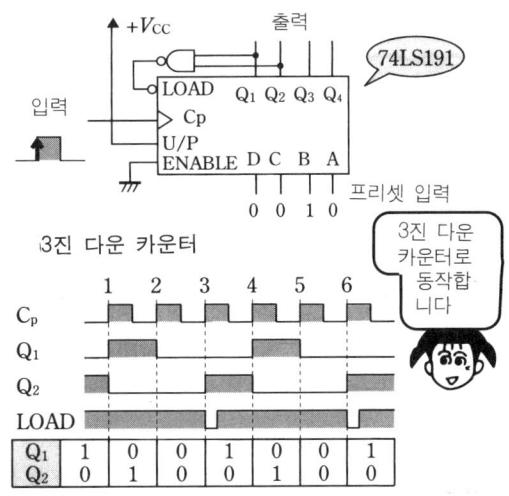

3진 다운 카운터

학생 2 이것은 3진 다운 카운터의 동작이군요.

박사 이렇게 연구하면 프리셋 단자에 세트하는 데이터에 의해 임의의 *n*진 카운터를 만들 수 있습니다.

② 시판되고 있는 프로그래머블 카운터 IC를 소개하겠습니다.

프로그래머블 카운터 IC는 입력핀에 주는 데이터에 의해 임의의 *n*진 카운터로 동작하는 매우 편리한 카운터 IC입니다. 예로서 C-MOS의 4522B를 살펴 봅시다.

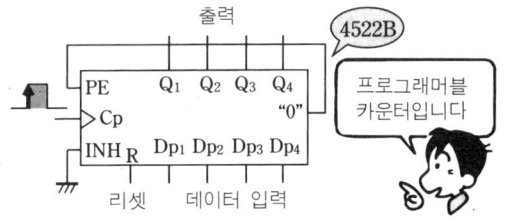

학생 1 이 IC는 4비트의 Q 출력이 있으므로 16진 카운터로 동작하겠군요.

박사 그대로입니다. 또 입력핀 D_{P1} ~D_{P4}에 세트하는 데이터에 의해

임의의 n진 카운터가 됩니다.

학생 2　단 최고 16진까지이지요.

박사　　1개의 IC에서는 학생이 말한 것처럼 최고 16진까지의 카운터입니다. 그러나 이 IC는 다음과 같이 해서 복수개를 접속할 수 있습니다. 2단 접속을 하면 256진까지의 카운터를 만들 수 있지요.

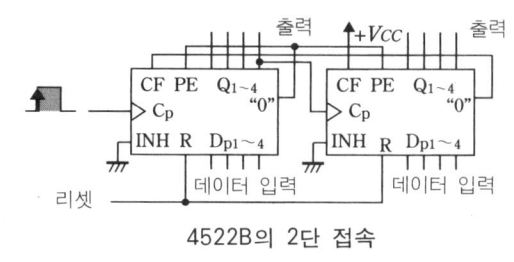

4522B의 2단 접속

확인문제

〖문제 1〗　JK-FF를 사용하여 4진 링 카운터를 구성하여라.

☞ **답**

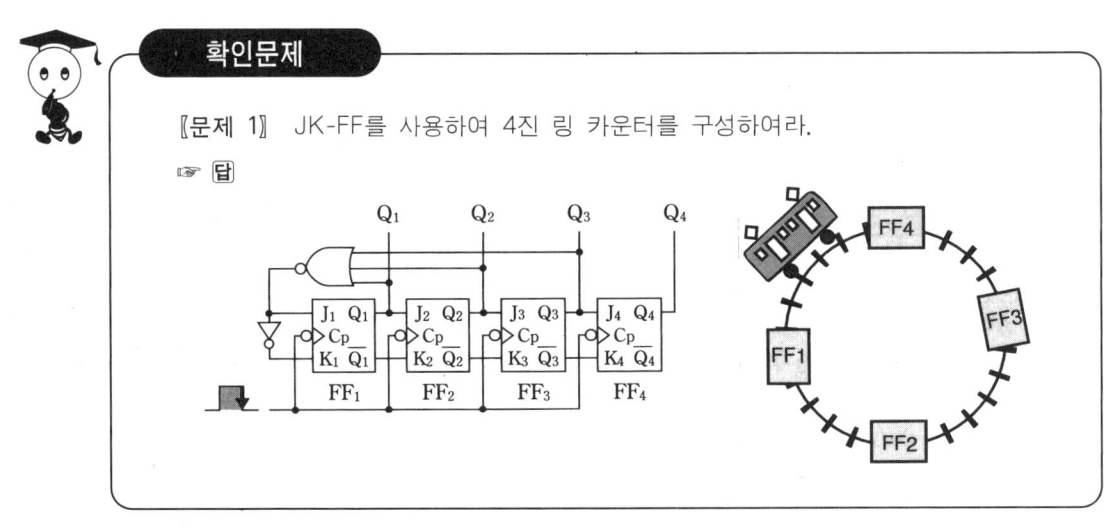

❺ 실험 코너

실제로 카운터를 만들어 수를 카운트해 보자

비동기식 4진 카운터

박사 D-FF를 2개 사용하여 비동기식 4진 업 카운터를 제작해 봅시다.

학생 1 회로는 다음과 같습니다.

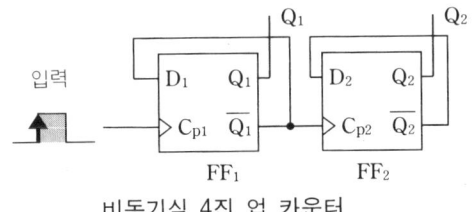

비동기식 4진 업 카운터

박사 D-FF는 TTL의 74LS74를 사용합니다.

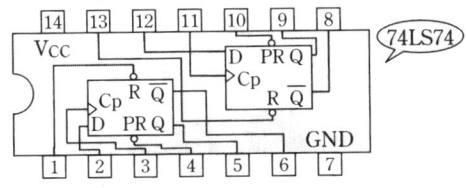

학생 2 클록 펄스의 입력에는 RS-FF를 이용할 수 있겠군요.

+V_{CC}에 접속된 리드선을 리셋, 세트 단자에 서로 교대로 접촉시킴으로써 클록 펄스를 만들 수 있습니다.

제5장의 실험 코너에서 제작한 RS-FF의 실험회로를 이용합니다.

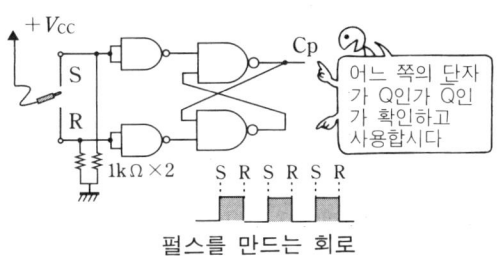

펄스를 만드는 회로

학생 1 그러면 실험회로를 조립하고 실험에 들어가겠습니다.

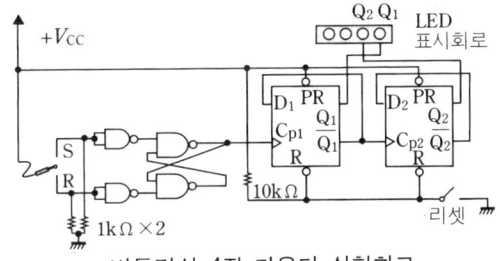

비동기식 4진 카운터 실험회로

박사 다음의 동작표를 완성시키세요.

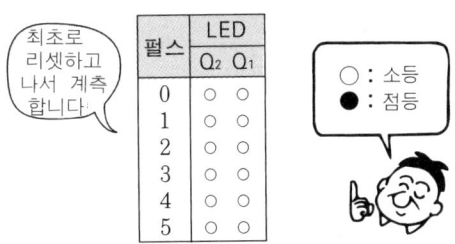

펄스	LED	
	Q_2	Q_1
0	○	○
1	○	○
2	○	○
3	○	○
4	○	○
5	○	○

○ : 소등
● : 점등

학생 1 클록 펄스를 1개 입력할 때마다 출력은 카운트 업되어 4개째의 펄스에서 리셋됩니다.

학생 2   이것은 4진 카운터의 동작을 나타
내고 있네요.

펄스	LED	
	Q_2	Q_1
0	○	○
1	○	●
2	●	○
3	●	●
4	○	○
5	○	●

실험 결과입니다

박사   리드선으로 세트, 리셋 단자에 접
촉시키는 것이 번거로울 때는 2접
점 푸시버튼 스위치를 사용하세요. $+V_{CC}$가
버튼을 누르고 있는 동안은 세트 단자에, 누
르고 있지 않을 때는 리셋 단자에 걸리도록
배선합니다.

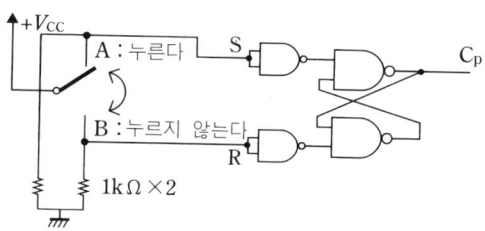

2접점 푸시버튼 스위치를 사용한다

비동기식 3진 카운터

박사   앞에서의 비동기식 4진 카운터를
약간 변경하여 비동기식 3진 업
카운터를 제작해 봅시다.

학생 1   3개째의 클록 펄스에서 FF를 리셋
하기 위해 OR 게이트를 하나 사용합니다.
비동기식 3진 업 카운터의 회로는 다음과
같습니다.

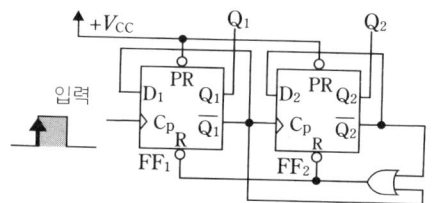

비동기식 3진 업 카운터

학생 2   리셋용으로 NAND 게이트를 사용
하는 경우는 FF의 Q 출력을 사용하면 됩니
다. 회로는 다음과 같습니다.

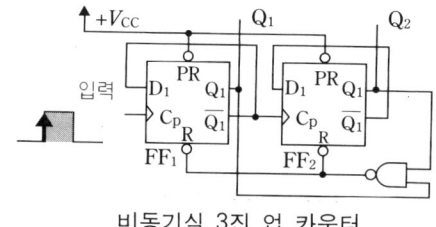

비동기식 3진 업 카운터

박사   실험회로에 클록 펄스를 입력하고
LED의 점등으로 카운터의 동작
을 확인해 봅시다.

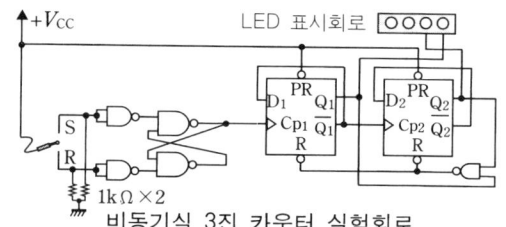

비동기식 3진 카운터 실험회로

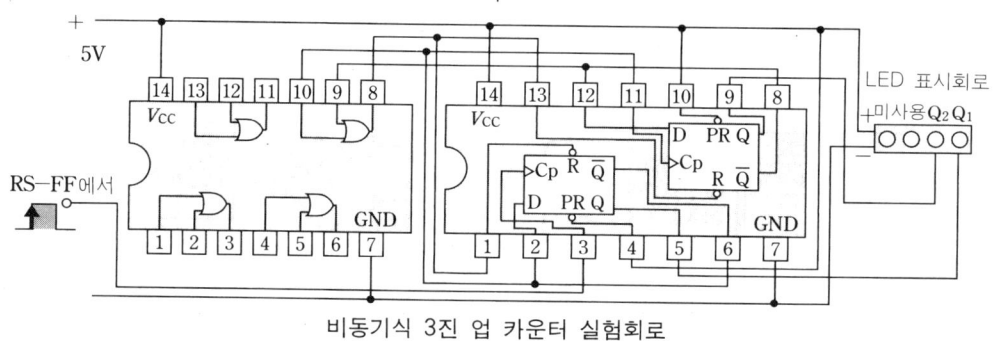

비동기식 3진 업 카운터 실험회로

다음의 동작표를 완성시키시오.

펄스	LED	
	Q₂	Q₁
0	○	○
1	○	○
2	○	○
3	○	○
4	○	○
5	○	○

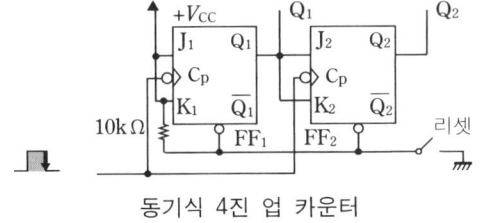

○ : 소등
● : 점등
을 기입하세요

학생 2 3개째의 클록 펄스에서 카운터가 리셋됩니다. 이것은 3진 카운터의 동작이지요.

펄스	LED	
	Q₂	Q₁
0	○	○
1	○	●
2	●	○
3	○	○
4	○	●
5	●	○

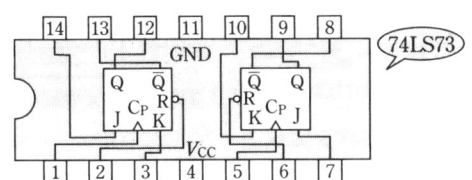

실험결과입니다

동기식 4진 카운터

박사 다음은 동기식 카운터에 대해 실험해 봅시다. JK-FF를 2개 사용하여 동기식 4진 업 카운터를 제작합니다.

학생 1 회로는 다음과 같습니다.

동기식 4진 업 카운터

박사 JK-FF는 TTL의 74LS73을 사용합니다.

74LS73

학생 1 실험회로를 조립하고 실험에 들어갑시다.

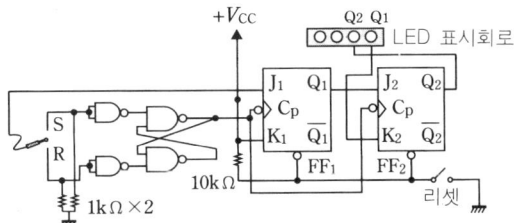

동기식 4진 카운터 실험회로

박사 다음의 동작표를 완성시키시오.

펄스	LED	
	Q₂	Q₁
0	○	○
1	○	○
2	○	○
3	○	○
4	○	○
5	○	○

한번 리셋하고 나서 계측합니다.

○ : 소등
● : 점등
을 기입하세요

학생 1 완성한 동작표를 보면 클록 펄스를 하나 입력할 때마다 출력은 카운트 업되고 4개째의 펄스에서 리셋되고 있습니다.

학생 2 이것은 4진 카운터의 동작을 나타내고 있네요.

박사 앞에서 실험한 비동기식 4진 카운터와 언뜻 같은 동작을 하고 있는 것처럼 보이지만 그 차이를 알겠습니까?

학생 1 예. 비동기식 카운터에서는, FF는 앞단에서 나오는 신호를 받고 나서 동작하지만, 동기식 카운터에서는 같은 클록 펄스에서 모든 FF가 일제히 동작합니다.

비동기

동기

동작의 차이를 생각해 봅시다

학생 2 접속하는 FF의 수를 증가시키면 가장 큰 수까지 카운트할 수 있게 되는군요.

동기식 3진 카운터

박사 동기식 4진 카운터를 약간 변경하여 동기식 3진 업 카운터를 제작해 보겠습니다.

학생 1 동기식 3진 업 카운터의 회로는 다음과 같이 되는군요.

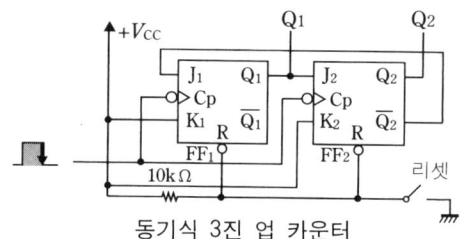

동기식 3진 업 카운터

실험회로를 제작합시다.

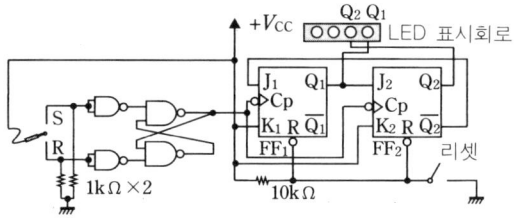

동기식 3진 카운터 실험회로

박사 클록 펄스를 입력하고 LED의 점등으로 카운터의 동작을 확인해 봅시다.

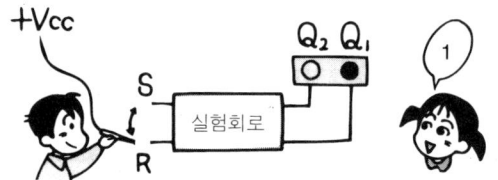

다음 동작표를 완성시키시오.

한번 리셋하고 나서 계측합니다

펄스	LED	
	Q₂	Q₁
0	○	○
1	○	○
2	○	○
3	○	○
4	○	○
5	○	○

○ : 소등
● : 점등
을 기입하세요

학생 2 3개째의 클록 펄스에서 카운터가 리셋됩니다. 이것은 3진 업 카운터 동작이네요.

펄스	LED	
	Q₂	Q₁
0	○	○
1	○	●
2	●	○
3	○	○
4	○	●
5	●	○

실험 결과입니다

박사 배선을 약간 변경하면 다운 카운터로 동작시킬 수 있습니다. 실험으로 동작을 확인해 주십시오.

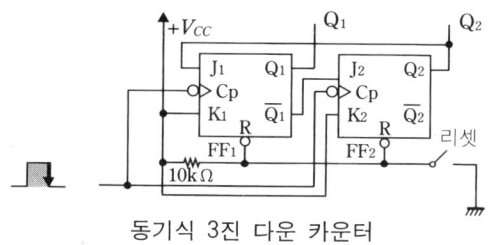

동기식 3진 다운 카운터

링 카운터

박사 D-FF을 4개 사용하여 4비트의 링 카운터를 제작해 봅시다.

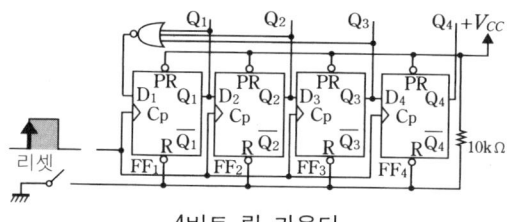

4비트 링 카운터

D-FF에 74LS74, 3입력 NOR에 74LS27을 사용합니다.

먼저 R 단자를 어스에 접속하고 FF를 리셋하고 나서 클록 펄스를 입력해 갑니다.

학생 1 1개의 1이 순환해 가는 것을 확인할 수 있었습니다.

펄스	LED			
	Q_4	Q_3	Q_2	Q_1
0	○	○	○	○
1	○	○	○	●
2	○	○	●	○
3	○	●	○	○
4	●	○	○	○
5	○	○	○	○
6	○	○	●	○
7	○	●	○	○

리셋

실험 결과입니다

박사   실험 결과를 얻었다고 해서 그것으로 실험을 끝내지 말고, 스스로 회로 동작을 생각하여 실험 결과와 비교, 검토해 주십시오.

확인문제

〔문제 1〕 2진＋8진 카운터 IC, 74LS93을 사용하여 16진 카운터를 구성하고 실험으로 동작을 확인하여라.

☞ **답** 16진 카운터 회로(1핀과 12핀을 접속합니다)

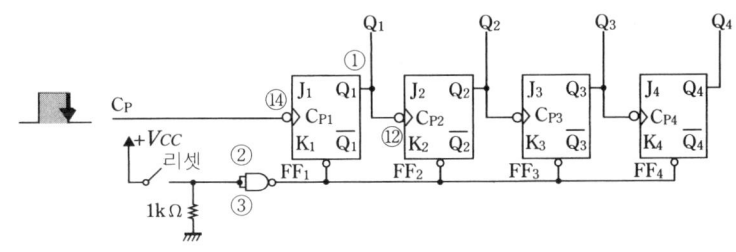

제 6 장 도전 문제

(해답은 생략, 본문 참조)

1 다음 회로를 사용하여 비동기식 카운터와 동기식 카운터의 동작에 대해 설명하여라.

(☞ 170쪽)

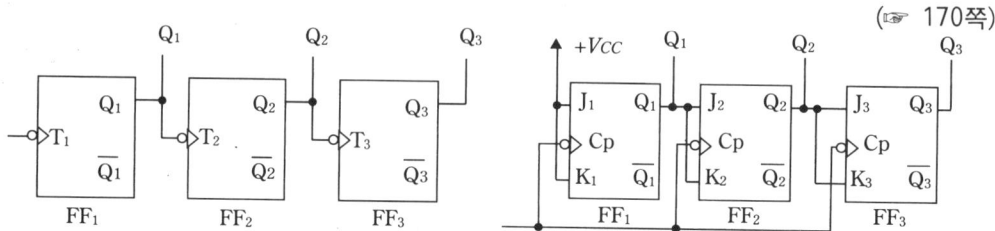

2 다음 회로를 사용하여 업 카운터와 다운 카운터의 동작에 대해 설명하여라. (☞ 177쪽)

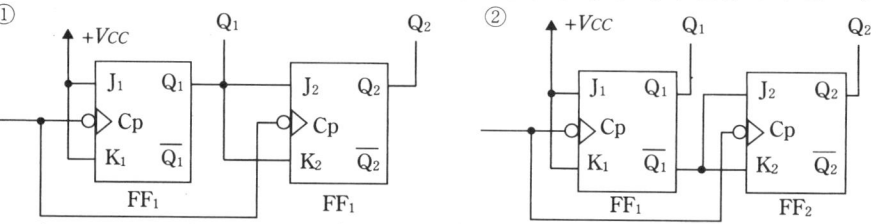

3 다음 회로에서 클록 펄스를 업 에지형과 다운 에지형으로 동작시킨 경우, 그 차이를 설명하여라.

(☞ 167쪽)

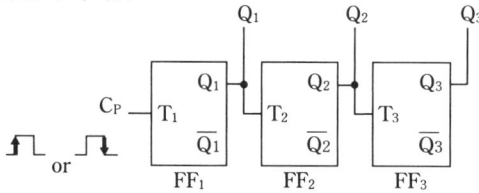

4 다음 카운터는 무엇이라 부르는가? 또 동작에 대해 설명하여라.

(☞ 182쪽)

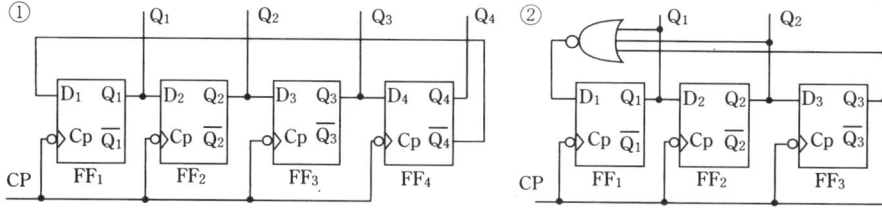

5 분주란 무엇인가?

(☞ 171쪽)

6 카운터 IC의 프리셋 기능에 대해 설명하여라.

(☞ 169쪽)

7 프로그래머블 카운터에 대해 설명하여라.

(☞ 185쪽)

☞ 힌트

2 ① 동기식 4진 업 카운터 ② 동기식 4진 다운 카운터

3 업 에지형으로 동작시키면 8진 다운 카운터가 되고, 다운 에지형으로 동작시키면 8진 업 카운터가 된다.

찾 아 보 기

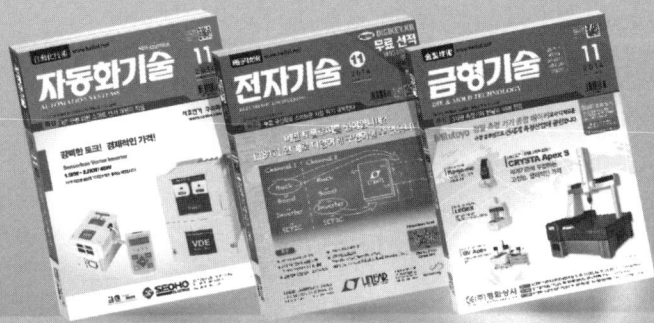

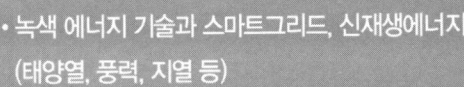

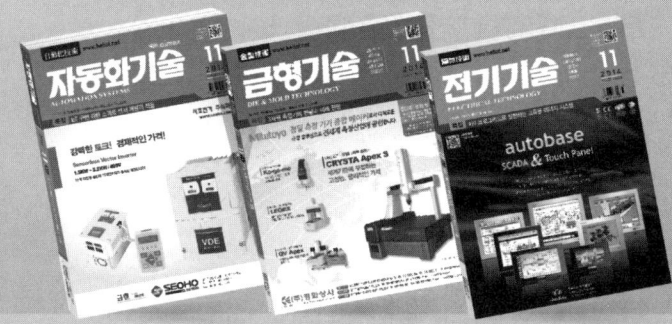

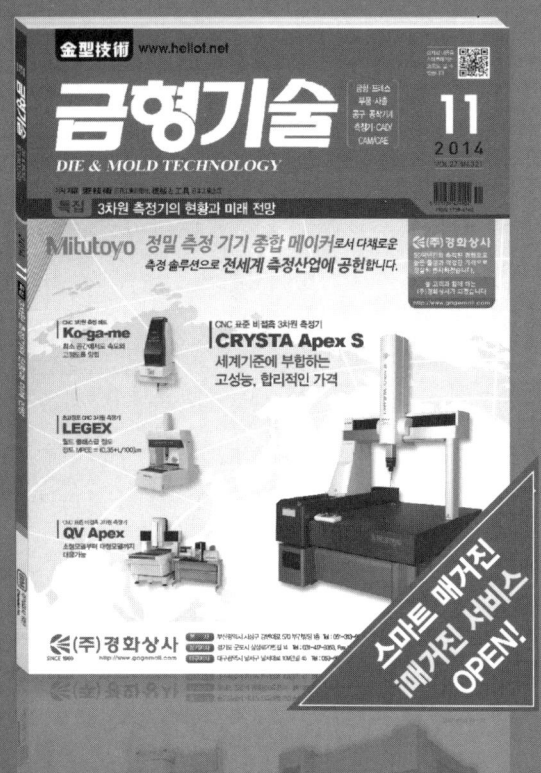

디지털 회로 입문

2013. 9. 16. 장정개정판 1쇄 발행
2016. 3. 24. 장정개정판 2쇄 발행

지은이 | 호리 케이타로
옮긴이 | 박승만
펴낸이 | 이종춘
펴낸곳 | **BM** 주식회사 **성안당**

주소 | 04032 서울시 마포구 양화로 127 첨단빌딩 5층(출판기획 R&D 센터)
     | 10881 경기도 파주시 문발로 112(제작 및 물류)

전화 | 02) 3142-0036
     | 031) 950-6300

팩스 | 031) 955-0510
등록 | 1973.2.1 제406-2005-000046호
출판사 홈페이지 | **www.cyber.co.kr**
ISBN | 978-89-315-3248-7 (13560)
정가 | 18,000원

이 책을 만든 사람들

교정·교열 | 이태원
전산편집 | 김인환
표지 디자인 | 박원석
홍보 | 전지혜
국제부 | 이선민, 조혜란, 김해영, 김필호
마케팅 | 구본철, 차정욱, 나진호, 이동후, 강호묵
제작 | 김유석